左岸科學人文 353

二十一世紀機器人新律

如何打造有AI參與的理想社會？

NEW LAWS of ROBOTICS

Defending Human Expertise in the Age of AI

Frank Pasquale
法蘭克・巴斯夸利——著
李姿儀——譯

目次

3 超越機器學習者……103

4 AI自動化媒體的「異智慧」……143

各方推薦

作者勾勒出對於人類專業智能在人工智慧潮流下應該扮演的角色，嘗試為儼然已經到來的演算法社會，奠定「人之所以為人」的理論基礎。這個「以人為本」的人工智慧原則，也促使像我這樣關心憲法議題的資訊法學者思考，民主憲政的運作所遭遇的另一波嚴峻挑戰。

——劉靜怡，台灣大學國家發展研究所教授

作者使我們思考：在政治與經濟決策中，類似的多目標最佳化問題履見不鮮。這些問題不同於單目標問題，往往沒有最佳的答案，而必須經由社會成員共同討論形成共識……對這些問題，機器人在數學上無法求得最佳解，同時也不應該為社會做決定。如何為機器人訂立定律，以避免機器人對多目標最佳化問題得出不合理的近似解，是我們必須謹慎思考的問題。

——王柏堯，中央研究院資訊科學研究所研究員

艾西莫夫的「機器人三律法」與巴斯夸利的「機器人新律法」，雖然都以機器人的律法為名，

但後者更直截了當地點出，真正該受規範的其實並非機器人或人工智慧系統本身，而是開發「機器人」與「AI」、賦予其功能也給予其限制、並加以利用的真實人類。唯有瞭解此一關鍵，人類才可能駕馭當代AI所應許的美好未來。巴斯夸利的「機器人新律法」則為人類找到一條通抵應許之地的可能路徑。

——邱文聰，中央研究院法律學研究所研究員兼中央研究院智財技轉處處長

我們正朝著一個機器統治、人被削弱及被排斥的未來前進。作者透過這本書證明這種AI未來既不是無法避免，也不令人嚮往；相反地，他為我們建構了迫切需要的替代方案，擘劃了科技、公共政策和法律所需的原則和實踐方向，帶領我們走上新的人性數位化未來的道路。無論你是公民還是立法者，我們的未來都需依靠本書的指引。

——祖博夫（Shoshana Zuboff），《監控資本主義時代》作者

面對人工智慧在我們社會中所造成的不均與不公平的後果，本書作者是全球最重要的意見領袖之一。在這本書中，他展示了我們可以如何保護勞工，並創造一個無害、無歧視性技術的世界。每位政策制定者都應該好好閱讀這本書，並尋求其洞見。

——諾布爾（Safiya Noble），《壓迫的演算法》（*Algorithms of Oppression*）作者

在作者大膽而人性化的願景中，機器人和人工智慧科技讓我們的生活變得更美好，它與人合作並且為人服務，而不是模仿或取代人類；它促進社會合作而不是無情的競爭；它改善職業實踐而不是瓦解人類的職業。作者從健康、金融、教育、警務和社交媒體的例子，說明他的「機器人新律」將如何讓我們重新思考經濟、知識的利用以及生活方式。

——巴金（Jack M. Balkin），耶魯大學法學院「資訊社會計畫」中心主任

作者不僅是當今世上最前瞻的法律學者之一，還是最善良人道的法律學者之一。他這本新書回應了我們迫切的需求，為即將到來的人工智慧和機器人世界制定一個簡單而明智的治理框架——一個科技為人性服務的框架，而不是反其道而行。

——福洛荷（Rana Foroohar），《切莫為惡：科技巨頭如何背叛創建初衷和人民》（*Don't Be Evil*）作者

引人入勝、極富洞見且不偏頗，本書為我們揭示了日益自動化的時代下所面臨的艱難選擇。作者凸顯了機器人技術和人工智慧背後複雜的誘因與權力的失衡，並提出有力與迫切的論證，呼籲以更民主與公平的方式來監管這個領域。

——克勞馥（Kate Crawford），紐約大學AI Now研究所（AI Now Institute）共同創辦人

推薦序

人類社會的演算法：我們將往何處去？

劉靜怡｜台灣大學國家發展研究所教授

本書作者巴斯夸利是我相熟多年的哈佛學弟和學術界好友，除了長年以來在歐美法學界相當活躍之外，目前更是美國商務部「國家人工智慧諮詢委員會」（National Artificial Intelligence Advisory Committee，簡稱NAIAC）這個法定委員會中，絕無僅有的兩位具法律學者背景的諮詢委員之一（另一位是任教於史丹佛大學的Daniel Ho教授）。

這個委員會是根據《國家人工智慧創新法案》（the National AI Initiative Act of 2020）此一聯邦法律的授權於二〇二一年秋季正式成立，接著在二〇二二年春季確定委員人選而開始運作的。這個委員會的職責，主要是針對人工智慧（AI）相關議題向美國總統及其他聯邦政府機關提供建議，究其目的，不單單是美國想藉此確保其在人工智慧研發上的領導地位而已，也決意在公私部門中推動「可信賴的人工智慧」（responsible AI）此一價值取向濃厚的原則，並且針對人工智慧對勞動力與工作樣貌所帶來的影響預作準備，以及討論人工智慧對個人基本權利所造成的衝擊等等。

對於熟悉作者學術關懷和學術成就者而言，巴斯夸利作為NAIAC首任委員這個在美國人工智慧領域極具象徵意義的重要職位，可謂實至名歸。而對於作者著述來說，本書是其在哈佛大學出版社所出版的第二本專書，其誕生可以說是他學術寫作生涯中極其自然的發展。

就近年來歐美學界關於演算法相關議題的開發耕耘歷史來看，作者的前一本書，也就是同樣由哈佛大學出版社二〇一五年所出版的《黑箱社會：控制金錢和信息的數據法則》（簡體中譯名，*The Black Box Society: The Secret Algorithms That Control Money and Information*）這本書，可以說是具有定錨作用。在該書中，作者以相當細膩的描寫手法說明了各種目的及其運作幽微不清的公私部門資料庫，以及相應之下各種人工智慧演算法的運用，對於政治、教育、財金、商業等領域，帶來了哪些幾乎難以逆轉的負面影響，並且，基於上述觀察，巴斯夸利也從法學者獨有的訓練和視野出發，在該書中提出了不少既具有嚴謹論證特色又堪稱務實的主張和建議。

二〇一五年《黑箱社會》出版至今，在歐美學界各領域均獲得高度重視和廣泛引用，幾乎已是不容否認的事實。例如嗣後在二〇一九年出版《監控資本主義時代》（*The Age of Surveillance Capitalism: The Fight for a Human Future at the New Frontier of Power*）此一巨著備受矚目的哈佛商學院教授肖莎娜・祖博夫（Shoshanna Zuboff），就曾經明白指出巴斯夸利的論述，對她的思維與寫作產生頗為深遠的影響。

於是，隨著書名，「黑箱社會」廣為人知而逐漸成為資訊及演算法相關議題的主軸之一後，人類社會在人工智慧的潮流下，到底將走向何方，自然而然成為作者接下來難以拒卻的知識探索和寫作之旅。

因此，作者在新冠疫情全球爆發之際於二〇二〇年所出版的第二本書中，以艾西莫夫（Isaac Asimov）的「機器人定律」為基礎，提出「機器人四大新律」的主張，並且具體而微地以醫療、教育和媒體等領域當成分析和探究對象，說明人工智慧的優劣長短所在，並且進一步從各種AI評分判斷系統、自動武器系統的正反辯論、人工智慧政治經濟學分析、以及以人為本的AI（human-centered AI）等面向，勾勒出作者對於人類專業智能在人工智慧潮流下應該扮演何種角色的看法。以上所述種種，在我讀來，幾乎都可以說是作者延續了前一本書所提出的主張，進而透過旁徵博引和更為深入的論證，嘗試為儼然已經到來的演算法社會，奠定「人之所以為人」的理論基礎。

巴斯夸利可說是人工智慧的樂觀主義者，他認為人類應該有能力延續「維護的文化」而非「破壞的文化」，此種人工智慧文化的內涵，是對人類的輔助與補充，而不是取代人類。雖然，乍看之下，本書在提倡二十一世紀機器人新律之餘，似乎是以人類專業知能在人工智慧社會中如何繼續扮演核心角色為論述主軸。然而，這個以人為本的人工智慧原則，似乎也促使我們思考演算法社會「人之所以為人」的另一個重要面向：當人工智慧相關科技衍生出對人類社會的各種衝擊時，對於像我這樣關心憲法議題的資訊法學者來說，正是民主憲政的運作又遭受另一波嚴峻挑戰的關鍵時刻。

換言之，如果「以人為本」是「我們」「人類」對人工智慧或演算法社會的基本共識，那麼，人類的憲法傳統運作模式，究竟應該以及如何因應演算法社會的「人類基本權利」保障挑戰，以免披著技術決定論與效率外衣的演算法所形塑和支撐的各種有形無形權力，可以巧妙而令人難以察覺地迴避民主監督，導致民主憲政的基本價值在科技創新的口號下遭到淹沒或稀釋。保障人類基本權利或許也是我們在思索作者所期待的由人類治理而不是機器統治的世界是如何可能、如何維護之際，必須齊心合力做好的功課。最後，要附帶一提的是，在這本書的寫作與誕生過程中，作者曾經受筆者之邀三度來到台灣進行學術訪問，所以，本書絕大部分的內容，曾經在訪台期間多個演講中發表過，作者也就本書內容和台灣人工智慧法律和科技等相關領域多位學者深入討論過，這也是本書謝辭中出現多位台灣法律學者名字的背景。然而，更重要的是，如果要說台灣出版這本書中譯本具有任何重要意涵的話，不應該僅止於這本書與台灣的連結，而是向來追求科技潮流的台灣社會，應該認真思考這本書所標舉的「以人為本的人工智慧」，其真正價值與啟示所在。

推薦序

人工智慧無法到達的他方

王柏堯—中央研究院資訊科學研究所研究員

近年人工智慧技術急速地發展，日常生活中引入具備人工智慧的機器人的情境，可能在不久的未來成為現實。過去數十年在科幻小說中各種具爭議的情節，可能出現在真實世界中，影響你我的生活。在文明發展的過程中，這些具爭議的問題，往往需要社會道德規範，甚或是制定法律來解決。由此可推測，在未來出現機器人的文明世界中，社會必須為機器人所帶來的問題，建立道德規範或法律制度，以避免採取更激烈的手段（如：戰爭）來平息爭議。本書的作者整理機器人過去帶來的爭議，提出並討論四個新機器人律法對現在及未來文明社會之影響。期望社會藉由這些討論，逐次地建立道德規範或是法律制度，以減少未來的爭議。

大多數人對機器人常有錯誤的想像，以為人工智慧足以解決這些爭議，其實不然。人工智慧非常善於從看似雜亂無章的資訊中，找出隱藏的規律以解決問題。對下棋到辨識醫療影像等問題，人工智慧確實有優異的表現，有時甚至能超過專家。這些人工智慧善於解決的問題，都可視為單目標最佳化問題。下棋的目標就是要贏得勝利，而選擇最好的棋步以達到目標，則是最佳化的問題。辨識醫療影像的目標是正確診斷疾病，而選擇最可能的診斷則是最佳化的問題。自駕車的目標是為乘客提供安全而舒適的乘車經驗，而選擇最安全而快速的駕駛方式則是最佳化問題。由於人工智慧在單目標最佳化問題上成功的例子很多，便逐漸形成人工智慧足以解決所有問題的誤解。

除了單目標最佳化問題外，數學上還有多目標最佳化問題。這類的問題需要在多個目標下，找出最好的解答。購買物品就是在價格與品質兩個目標下，常見的多目標最佳化問題。事實上，許多經濟、政治上的問題，往往牽涉多重目標而被視為多目標最佳化問題。而多目標最佳化問題，由於目標可能互相衝突，往往造成不存在最佳解答的困境。

在購買物品的問題中，價格與品質就是互相衝突的目標。顧客支付的價格愈高，通常代表物品品質愈好，因此沒有以最低價格購得最高品質的最佳解。由於可能沒有最佳解答，多目標最佳化問題往往藉由重新定義目標，利用單目標模擬多目標，以求得多目標最佳化問題中的近似解。在購買物品中，「性價比」就是一種以單目標近似多目標最佳化問題的方式。而這些近似的方式，往往隨不同人的價值觀而異，視情況而有不同的標準。這類多目標最佳化問題由於牽涉價值或是道德判斷，具備人工智慧的機器人無法自行解決，必須藉由討論達到社會共識才得以解決。

人工智慧對於多目標最佳化問題，似乎不像單目標最佳化問題那麼得心應手。二〇二二年二月，美國特斯拉公司召回五三八三三輛具備全自行駕駛（full self-driving）功能的車輛。根據美國道路行駛法規，車輛在行經有停止號誌的路口時，必須停車確認路況才得以繼續行駛。當啟動自行駕駛功能且行經有停止號誌的路口時，若是感應器判斷無其他來車，特斯拉車輛會違反法規而緩慢地穿越路口。

這是一個多目標最佳化問題中，較不具爭議的實例。全自行駕駛試圖解決一個考量乘客安全性、舒適性、以及合法性的多目標最佳化問題。為了安全性，全自行駕駛會判斷路口是否安全；為了舒適性，全自行駕駛決定緩慢地行駛而非停車。顯然全自行駕駛判斷乘客的舒適性優於合法性，因此選擇緩慢行駛而違反法律。換言之，全自行駕駛求得的近似解明顯違法，特斯拉公司只能召回車輛並修改設計。當多目標最佳化問題不存在最佳解時，人工智慧可能會求出明顯錯誤的近似解，這樣看起來人工智慧似乎不是無所不能。

特斯拉公司全自行駕駛中發生的問題，由於明顯違法，因此較不具爭議。而人工智慧在解決其他多目標最佳化問題時，確實容易衍生極具爭議的問題。試想，若是全自行駕駛必須在乘客及路人的安全性兩項目標下，解決最佳化問題。而乘客又往往是特斯拉公司的顧客，特斯拉公司是否會視其顧客安全優於路人安全，導致其所開發的全自行駕駛系統求得不合理的近似解？

在政治與經濟決策中，類似的多目標最佳化問題屨見不鮮。這些問題不同於單目標問題，往往沒有最佳的答案，而必須經由社會成員共同討論形成共識，由社會全體共同承擔後果。對這些問題，機器人在數學上無法求得最佳解，同時也不應該為社會做決定。如何為機器人訂立律法，以避免機器人對多目標最佳化問題得出不合理的近似解，是我們必須謹慎思考的問題。

本書作者利用大量的實例，討論機器人對未來社會可能造成的影響，並建議制定相對的制度，以避免造成無法挽回的錯誤。經由書中的討論及建議，作者鼓勵讀者對此一與大眾息息相關的問題多加思考，以決定機器人在未來社會中應該扮演的角色。而譯者為了使讀者瞭解書中所引用的內容，在註解中詳細補充相關資料及背景。這對於與作者文化背景不同的台灣讀者，提供了更完整的資訊以瞭解書中的內容。這是此一中文翻譯本非常吸引人的特色。

推薦序

通抵應許之地的律法

邱文聰－中央研究院法律學研究所研究員
兼中央研究院智財技轉處處長

「與人類共存的自主機器人，若不受人類社會規範的約制，將可能反身來傷害或消滅人類」，這應該是許多人在科幻小說與電影裡曾見過的末世場景，也應該是不少人面對人工智慧科技時，心中隱約曾浮現的憂慮。遵守「優先不傷害人類或坐視人類受害」、「次而服從人類命令」、「最後保護自己」的機器人三大誡命，便是科幻小說家艾西莫夫多年之前，在虛構情節中為機器人訂立的律法。

「機器人三律法」看似完整也淺顯易懂，卻純粹是虛構故事中的產物。以艾西莫夫寫作機器人系列科幻小說當時的一九四〇年代科技能力而言，「機器人三律法」實際上還未有真實世界適用的可能性。八十餘年後的今天，以巨量資料與深度學習技術為核心的當代人工智慧（AI），從大量而多樣的先例資料，分析人類各種社會生活中行為模式與思考模式，已經取得模仿人類在生活中形成決策行動並與他人進行互動的能力、洞察出各種表象行為模式後不為人知的細節關聯，甚至在達成特定目標上發展出比人類更優越的執行能力。相較於一九五〇年代開始發展的第一代人工智慧，當前的新AI技術不再仰賴將有限知識編碼轉換為機器程式語言的策略，得以突破默會或隱性技能知識（tacit knowledge）很難透過語言符號加以表述而無法轉換為程式編碼的困境，讓人類更接近原本只是虛構的機器人未來世界。

究竟艾西莫夫的「機器人三律法」，在現實中是否足以因應當代人工智慧機器人所帶來的真實挑戰？分析並學習模仿人類思維及行動的當代人工智慧技術，真的可能在有朝一日取代人類的所有決策判斷？這樣的人工智慧究竟會因取代人類而造成問題，還是因突破人類生理極限而帶來效率的利益？如果艾西莫夫的「機器人三律法」不足以因應新人工智慧的挑戰，更多的機器人律法究竟是避免人類走向反烏托邦末路的必要手段，還是成為阻礙中立的科技往前進展的絆腳石？

作者法蘭克．巴斯夸利是一位傑出的中生代美國法學教授，專長為醫藥衛生法與資訊法，目前也是美國國家人工智慧諮詢委員會（NAIAC）的委員，直接向美國總統拜登及商務部提供人工智慧發展策略的諮詢意見。但《二十一世紀機器人新律》絕非一本艱澀枯燥的法律教科書。巴斯夸利以淺顯易懂的文字進行嚴謹的說理，帶領讀者探詢上述一連串問題的可能答案，並解說他所提出「機器人新四大律法」的意涵。巴斯夸利為本書所設定的讀者群，至少包含以下幾個群體：

首先，不論你是AI的樂觀主義福音派或是悲觀主義懷疑論者，你都應該閱讀此書。樂觀主義者相信以大數據與預測性分析為基礎的第二代AI將會無所不能地獲取人類現有的各種能力，甚至超越人類極限，也相信AI的應用必能為人類創造最大福祉，因此無須杞人憂天或想方設法限制AI的發展與應用。反之，悲觀主義者則認為人類已走上終將被AI完全取代的不歸路，法律也只能落後科技進展而做出徒勞無功的補救。樂觀主義與悲觀主義在看似相反的價值立場間，其實都同樣接受了當代AI將會無所不能的事實性前提。巴斯夸利則嘗試向讀者論證，第二代AI既不可能取代，也不應該取代人類的專業與道德判斷。他不反對AI可以為人類帶來利益，但也從醫療、教育、媒體、軍事、勞動市場、警察執法等各種AI應用中，揭示AI可能帶來的威脅。因此，無條件的樂觀主義無疑背離現實；樂觀必須建立在AI受到適當法制約束的條件之上。正因為人類不僅可能，也應該透過法律來超前引導科技的發展與應用，而非宿命地認為科技必然決定人類的未來，因此有必要為當代的AI發展與應用定出四大「機器人新律法」。

其次，不論你是一位堅信科技發展無涉對錯的科技中立主義者，還是一位洞悉科技本身就深嵌於其所處之政治社會文化的建構主義者，你都應該閱讀此書。巴斯夸利指出，科技並非獨立於我們的價值而存在，科技更具有形塑價值的能力；在發展AI過程中，選擇哪些資料被納入訓練與計算，哪些是不具代表性的資料因而需加以排除，本身就是政治性的；不存在一種中立於現存社會價值的科技，也不應天真地以為科技不會透過外表中立客觀的形象，灌注特定價值或強化既有刻板印象。不過，巴斯夸利並未在指出AI科技的政治性後就此打住。他進一步主張應該透過民主法治途徑，直接參與技術政治性的論辯與治理。他的四大「機器人新律法」正是這個政治目的下的具體提案。

巴斯夸利的「機器人新律法」在艾西莫夫的「機器人三律法」之外，進一步要求機器人與AI，應僅為補充與輔助而非取代專業人士的角色、不應該假冒人性、不得強化零和軍備競賽、必須隨時標示其創造者控制者及擁有者的身份。艾西莫夫的「機器人三律法」與巴斯夸利的「機器人新律法」，雖然都以機器人的律法為名，但後者更直截了當地點出，真正該受規範的其實並非機器人或人工智慧系統本身，而是開發「機器人」與「AI」、賦予其功能也給予其限制、並加以利用的真實人類。唯有瞭解此一關鍵，人類才可能駕馭當代AI 所應許的美好未來。巴斯夸利的「機器人新律法」則為人類找到一條通抵應許之地的可能路徑。

CHAPTER 1 緒論

追求科技發展的風險日益上升，只要運用越來越便宜的微型無人機，再結合人臉辨識資料庫，你就能擁有前所未見、精準且致命的全球性暗殺力量，而且這股暗殺力量是匿名的。科技是把雙面刃，能殺人也能助人；倘若我們在科學研究發展中注入更多投資，機器人能大幅拓展醫藥進步的途徑；企業也已逐步將聘僱流程、客戶服務、甚至公司管理都予以自動化。這些發展都改變了機器與人類之間日常的平衡。

想要好好利用人工智慧（Artificial Intelligence，簡稱AI）的商業潛力，同時又想避免發展AI而造成的不良後果，關鍵在於我們如何有智慧地促進人與機器之間的平衡。為了達成這個目標，也為了改善我們的生活，本書提出三個論點：首先是從實證經驗所獲得的心得，就目前而言，AI和機器人與人類勞動力之間，大部分時候是互補的，而非互相取代的關係；其次是價值的選擇，意即在很多場域，我們必須選擇維持現狀的平衡關係；最後一個重點則是個政治判斷，我們的治理機制確實能夠達成人機平衡的結果。因此，本書的基本前提是，我們現在已經擁有工具，能夠引導自動化科技，而非受到自動化科技的侷限，或者因而被迫轉型。

很多人會認為這些想法只是基本常識，為何需要寫一本書來論述？因為這些想法裡面蘊含驚人的意涵，而這些意涵將會改變我們如何組織社會合作關係，以及處理衝突的方式。舉例來說，當下有太多經濟體倚重資本、輕忽勞動，偏重消費者勝過生產者，假如我們想要一個正義且永續的社會，就必須修正這樣的偏斜現象。

然而，修正並非容易之事。無所不在的管理顧問專家會告訴你未來工作的單一想像；他們說，假如機器可以記錄與模仿你做的事情，你就會被取代[1]。機器將會導致大量失業的說法，已經盤據政策制定者的腦袋，這種說法也預言功能更為強大的軟體、機器人與預測分析，將使人類成為多餘的勞動力。這說法還可以繼續延伸下去，主張管理階層只要有足夠的攝影機與感應器，就可以模擬出你的「雙重數據」（data double）——一種可以複製你的日常數據資料、執行你工作的全像攝影（hologram）或機器人，而花費的成本只需要你薪水的一小部分；因此，若不是製造機器人，就是被機器人取代[2]，只有二擇一的結果。但是，這種看法是僵化、缺乏變通的。

我們還有另一種可能的想像，而且這種想像的確更為合理。事實上，對各行各業來說，機器人（robotics）[3]系統可以讓勞動力變得更有價值，而非貶抑勞動力的價值。這本書討論醫生、護理、老師、居家照護服務員、記者，以及其他「與」機器學家或電腦科學家共同工作的人，他們才是故事的主角，而不只是被化約成機器運算的資料來源，最終遭到取代。他們的合作關係，預示了科技進展可以帶來更好的醫療照護與教育等多重面向的好處，同時又能維持有意義的工作。他們的故事也展現出法律與公共政策能夠如何協助人類，達到與機器和平共存的目標，而不是帶來「人類與機器的對決」[4]。因此，我們唯有更新機器人發展法則，指引我們對於科技進展的想像，才能達到共利共榮的未來。

以撒・艾西莫夫（Isaac Asimov）的機器人定律

以撒・艾西莫夫在一九四二年所發表的作品《轉圈圈》（*Runaround*）中，提出著名的機器人三定律。以撒・艾西莫夫在該書中所描寫的機器人，可以感測周邊環境、處理資訊，並且據以行動[5]。《轉圈圈》的故事中提到一本來自二〇五八年的《機器手冊》第五十六版（*Handbook of Robotics, 56th Edition*），書中提出機器人三定律的命令：

1. 機器人不得傷害人類，或坐視人類受到傷害。
2. 在不違反第一定律的前提下，機器人必須服從人類的命令。
3. 在不違反第一與第二定律的前提下，機器人必須保護自己。

艾西莫夫的機器人三定律對後世影響甚大，這些定律看似清晰，但卻不容易應用；例如，一部自主運行的無人機可不可以炸掉一個恐怖份子組織陣營？機器人第一定律的前半段（「機器人不得傷害人類」）似乎是禁止這樣的行為，然而，一個機器人士兵可能很快就陷入第一定律後半段的兩難（「禁止「坐視人類受到傷害」的行為），到底要遵守第一定律的前段還是後段？因此，我們必須再檢視其他的價值標準[6]。

這類曖昧模糊的情形，不會僅僅出現在戰場上。舉例來說，試想，艾西莫夫的機器人定律能不能允許機器智慧車？人類發展自動駕駛汽車（簡稱自駕車）的目的之一，在於降低每年數千件交通事故與傷亡人數。這個問題第一眼看似簡單又直接，但是，換個角度想，自駕車也可能造成數以萬計的職業駕駛失業；政府能不能基於造成失業的疑慮，就禁止或限制自駕車的發展？艾西莫夫的三大定律其實沒那麼清楚明瞭。三大定律中沒有一條能適用於近年熱門的自駕車發展熱潮：近年來的實際情況是，為了讓自駕車能夠更容易運作，行人還必須經過訓練並調整其用路方式，否則可能會遭到處罰。

像這類或其他許多的模糊空間，就是與機器人和人工智慧相關的法律規範和判決比艾希莫夫三定律更細緻的原因，因此，本書將深入探索這片法律境域。在此之前，我要先用機器人四大新律來介紹本書接下來的思路[7]。四大新律是用來指引人類如何建構機器人，而非應用在機器人本身[8]。雖然比起艾西莫夫三大定律，四大新律可能創造更大的模糊空間，但卻也更適切地反映出真實世界的法制是如何被（曖昧地）建構起來。立法者不可能精準預測所有主管機關需要進行規範管理的實際情況，因此通常會以概括原則性的法規文字，授權給行政機關執行。因此，當我們將特定權力委任給有科技經驗的專業立法者時，機器人律法勢必也會是概括式的原則[9]。

機器人四大新律

基於上述目標，本書將深入探討機器人四大新律。

1. 機器人系統與人工智慧應為補充與輔助專業人士的角色，而非取代專業人士的工作[10]。

因為科技會造成失業的說法，促使社會大眾開始討論未來的工作。有些專家預測，所有的工作都將因科技的進展而消失；有些專家則指出自動化發展路上的障礙與限制。政策制定者所關心的問題是，對於機器人技術的發展，什麼樣的限制是合理的？而哪些障礙應該再仔細評估和予以移除？例如，切肉機器人的發明，好像頗為合理，但是，托嬰機器人（robotic day care）就讓有些人質疑。對托嬰機器人的擔憂，是一種單純盧德主義式[11]的反應？還是蘊含著對於人類孩童成長的本質，有其他更深層的反省與思考？再舉個例子，與執照相關的現行法規，規定分析疾病病理症狀的應用軟體，不得以醫生診斷之名行銷。究竟，這些限制作法究竟是不是好的政策？

本書分析這些案例，並且引進經驗面向與規範面向的論證角度，主張在各領域採用AI時，應該減緩或加速的原因。這裡涉及很多重要因素的考量，尤其會因工作與管轄權面向而異，但是若能發展出一個統一、有組織性的原則，就等於是對人的自我價值，以及對社群治理做出有意義的工作。自動化議題中的人性思維，本書會優先著重在協助勞工職場與勞動專業的創新；這些人性思維會讓機器做危險或細瑣的工作，同時也確保目前做這些工作且未來可能由機器替代的勞工能夠獲得公平的補償，並且有機會轉換到其他社會角色[12]。

但是，這種持平觀點，卻會同時讓科技愛好者與科技恐懼者不滿。同樣地，強調治理的立場，也會同時得罪反對「干預」勞動市場的一方，以及厭惡有個「專業管理階級」的另一方。各種職業儼然形成經濟種姓制度，讓某些工作者相對於其他工作者享有不公的特權，這樣說來厭惡專業管理階級者所抱持的懷疑，的確有其道理。然而，想要一方面促成各種職業追求更崇高的目標，同時鬆動職業的階層化，還是有可能的。

職業專業化的核心價值，在於賦予工作者在生產組織中能保有一些話語權，以此來交換組織加諸在他們身上的專業倫理義務，以促進公共善[13]。由於高等教育與研究的推進，無論在大學的學門分科或在實務場域的辦公室現場，各種職業已經培養出「分散式專業知能」（distributed expertise），不同的專業知識分散在不同的多數人身上，使組織內各階層均有相關專業人員，藉此也減緩了專業技術官僚與一般文官階級之間的緊張關係。我們不應該贊同破壞式創新者的主張——也就是廢除或禁止職業分類；相反地，想要發展人性的機器自動化，必須強化既有的專業社群，也要同時創造新的專業能力。

什麼是「專業」？妥適的定義應該是寬泛的，而且應包含許多加入工會的勞工，特別是那些保護涉及危險技術的工會組織。例如，教師透過工會組織提出專業意見，反對透過自動化系統過度「訓練與測驗」（drilling and testing）的政策，除了保護教師工作權益之外，在很多情況下也都是同時提升學生利益。當前各種工會已逐漸專業化，讓工會會員更有能力與權力保護他們所服務的對象（例如老師與其服務的學生），因此工會也應該在AI革命中扮演重要角色。

有時候很難證明「以人為本的處理程序」會比「自動化程序」更好；粗糙的金錢衡量指標（crude monetary metrics）也能產出複雜的關鍵標準。例如，在「暴力自然語言處理」（brute-force natural language processing）的基礎上，機器學習的程式可能很快就能預測某一本書是否會比另一本書熱銷；從純粹經濟觀點來看，這種程式可能比真人編輯或者老闆挑選文稿或劇本來得更有效率，然而，創意產業工作者可能會站出來捍衛自己的鑑賞能力。市場上有些作品可能不是普羅大眾喜歡但卻有存在必要性的作品，此時，真人編輯在出版、判斷、挑選與行銷方面，就扮演著極為重要的角色。同樣的邏輯，也適用於新聞記者這個專業，即使內容自動產生器可以生產出大量的文字著作，然而，這種數量上空洞的勝利，卻無法取代一篇真實、誠摯、又有深度人性觀點的報導。因此，大學中的專業學院，其重要任務之一，即是應該闡明並重新檢視媒體、法律、醫學與許多其他領域的專業標準，避免採用那些為了自動化而過度簡化的專業標準。

即使是在物流、清潔、農業和礦業等等那些看起來最有自動化需求的領域，勞工也將在AI與機器人技術的長期過渡過程當中，扮演關鍵角色。蒐集或創建AI所需的資料，對很多人或領域來說，都是艱鉅的任務，而法規可以使這個工作任務產生更多意義與自主性。例如，相較美國對卡車司機三六〇度的監控和控制，歐洲的司機可依據歐盟隱私相關法規抵抗這種美國卡車司機所受到的壓榨[14]。但要說明的是，提出歐洲的作法，並不表示主張危險的職業不須受到監督。安裝監測感應器可能可以發現駕駛的反射本能所導致的問題，然而，以安全漏洞爲目標的感應器偵測行為，和使用影音持續記錄駕駛所有活動、進行長時間的監控，前者是偵測，後者則是監控，這兩者之間仍有很大的差異。在缺乏人性尊嚴的監控（surveillance），以及合理且有限的監測（monitoring）兩者之間取得恰當的平衡，對絕大多數領域來說，都是至關重要。

此外，我們也可以在技術科技的轉型過程中把人類設計進去，亦即把人類放在這個轉型的藍圖中，或至少讓人類掌有選擇權。例如，豐田汽車公司已經用機器涉入程度的高低，來推廣他們的汽車；從私人司機模式（需要真人司機極少的監督），到保護者模式（當人類操作汽車時，汽車電腦系統協助避免意外發生）[15]。又如，飛機的自動駕駛功能，已有數十年歷史，但是商用客機仍然要求至少有兩位真人飛行員；即使是偶爾才飛行的旅客也會同意，自動化飛行駕駛無法馬上取代真人飛行駕駛[16]。

交通工具是最容易應用AI的範例之一，一旦設定目的地，旅行的重點就確定下來，不再有爭議。其他服務領域則不同，客人或客戶的想法，可能隨時會改變。一個班級的學生，可能在春光明媚的日子裡，太過煩躁興奮而無法反覆練習九九乘法表；某位社交名流可能在自己挑選了客廳裝飾掛畫之後，卻又告訴他的室內設計師，擔心太過俗艷；健身教練可能會猶豫與擔憂她的客戶在跑步機上跑太久。在這些案例中，溝通是關鍵，而人際互動中的耐心、謹慎與洞察力，也同樣是關鍵[17]。

假如幾千個健身教練都配置Google眼鏡，並且記錄他們工作過程中所有的遭遇，那麼，因此蒐集到的各種鬼臉、白眼、受傷事件或成就感的表情與行為資料，也許可以匯集成不錯的資料庫，而這資料庫則能協助健身教練在面對抑鬱寡歡的健身客人時，決定最佳的人際互動反應。不過，即使我們開始想像如何建構這種資料庫（什麼樣的動作表情，以及到什麼程度，可以被標示為好的或壞的結果），也必須理解到，未來建構與維護優質AI與機器人時，人類將扮演非常重要的角色。人工智慧必須保留人工，因為它永遠是從人類協作中所建構出來的產物[18]。再者，近年AI科技的多數進展，都是專門用來執行工作中的特定任務，而不是承擔整個工作或社會角色[19]。

許多科技讓工作更有生產力，更有意義，或是二者兼具；正如義大利政府所設立的「數位義大利」機關（Agency for Digital Italy）所指出的，「科技通常不會完全取代專業人士，只會替代某些特定活動」[20]。當代的法律系學生可能很難相信，網際網路世代之前的律師，必須爬梳多少古老冷門的文獻，才能評估某個案件的有效性。當前的法律研究軟體把案件評估過程變得更為容易，而且拓展了資料取得的便利程度，讓我們能取得更多的資料，以支持我們主張的論點；但是，這並不是把事情簡單化，反而可能讓這些工作變得更加複雜[21]。對於律師來說，可以花更少時間埋首在搜尋案件相關的研究文獻上，換取更多時間用於整合案件這類花費腦力的工作上，可以說是非常正向的好事。至於在其他領域，自動化也可為其工作者帶來類似的高效率，而非只是替代大量勞力而已。以上說的這些，不只是一種觀察而已，也可以是適當的政策目標[22]。

2. 機器人系統與AI不應該假冒人性。

從艾西莫夫的時代，到炫麗的美國電視劇影集《西方極樂園》（*Westworld*），人們對於人形機器人前景的想像，既迷幻又嚇人，也總是挑逗人心。有一部分鑽研機器人的研究者渴望找到完美比例的金屬骨幹及塑膠皮膚，以打破「恐怖谷」（uncanny valley）理論——也就是看到幾乎是人類但又不完全是人類的人形機器人，可能產生的厭惡噁心感。機器學習已經能成功駕馭產製「假人」照片的技術水準，而讓人信以為真的合成聲音，也可能很快地就能普遍化[23]。當工程師們努力微調修正這些演算法，以追求以假亂真的完美時，我們都忘了提問一個更重要的問題：我們是否想要生活在一個根本無法知道眼前所面對的是人類還是機器人的世界裡？

人性化的科技，與假冒獨特的人類特質，是完全不同的兩件事，而且，兩者差異很大。歐洲重要的倫理學家主張「當人們實際上面對的是演算法或是智慧機器時，法律應該對這些誤導人們以為自己是在跟真人打交道的技術，有所限制。」[24]立法者也開始針對各種線上情境，制定有關「機器人揭露」（bot disclosure）的法律。

儘管此等倫理共識越來越普及，不少AI的次領域——例如分析與模擬人類情緒的情感運算技術（affective computing）——仍致力於達到讓人無法辨別真人或機器的AI技術層次。這些研究計畫也許會以創造出有如史蒂芬史匹柏《A.I.》電影裡面那種難以辨別的先進機器人為最高目標，而「那樣的人形機器人應該如何被設計？」，也是倫理學家們長期以來辯論的議題；但是，如果那種令人難以分辨真假的機器人，是根本自始至終不應該被創造出來的呢？

在醫院、學校、警察局甚至是工廠設施中，用人形機器人來呈現或執行軟體內容沒什麼好處，甚至有可能造成許多傷害與損失。模仿人類的競賽，很容易成為機器人取代人類的開端。有些人也許會想在私人生活領域有那樣的取代性，而法律也應該在私人領域尊重個人的自主權；但是，當一個社會在工作場所、公共空間或其他領域，致力於朝著取代人類的技術推進時，這是瘋狂的；這種推進顯然是把「廢除人性」(abolition of humanity）誤以為是人類的進步。

這個主張可能會震撼技術愛好者，或者使他們感到困惑，因為那樣不只是摒棄了科技實質內涵，同時也丟棄了前提——這些前提不僅指艾西莫夫定律，也包含大量有關科技未來的文獻理論在內。我希望透過這本書，證明上述「把廢除人性誤以為是人類進步」的保守傾向顧慮是合理的，並將一章一章地討論達到人機難辨那種科幻世界會需要採取哪些具體步驟，來支持這個顧慮。達到人機難辨的過程，意味著人類將受到大規模的監控，其目的只為了設計出可以騙過人類或讓人類誤以為是同類的機器人；這兩種前景，無論是欺騙或誤解，一點都不讓人嚮往。

我們會認為每個人的聲音或臉孔都必須受到尊重與關注，但是，機器卻沒有這樣的良心要求。當聊天機器人成功騙過一個沒注意到的人，讓他自以為正在與真人互動時，機器的程式設計師們本質上就是在仿冒、假裝真實人類的存在，藉此提升他們的機器的身份位置。就像當假鈔多達某個數量時，真正的貨幣就會失去價值一樣，當一個社會允許機器毫無限度地模仿人類的情緒、言論及外表時，相同的命運就會發生在人類上。

假冒人性是特別危險的，正如企業與政府想要假裝自己的服務與需求很友善一樣。Google助理（Google Assistants）已經發展到讓商業媒體驚嘆的地步，因為其能精細模仿真人秘書預約會議時間，甚至能說出「嗯」、「啊」這類典型電話對話中的停頓語助詞。這些對話中的語助詞，藉由人類那種典型、自然未修飾的言語所傳達出來的猶豫或尊重對方的感覺，成功地掩飾了Google這類企業的操控力量。他們把自動語音電話偽裝成真人諮詢，電話另一端的人們，很難想像自己的信任遭到濫用，也沒想到居然有這麼大量的電話是自動語音電話中心打來的。

假冒人性不只是欺騙，也不公平。因為，假冒者是以不真實的樣貌引起他人的興趣、取得到他人的信任，以獲得不當利益。在後續的章節中，本書將介紹關於機器人教師、機器人士兵、機器客服人員等案例，我們可能會對於失敗的人性模仿感到失望與憂慮；然而，這不僅僅是科技不完美的結果，這種失望與憂慮，也反映出我們明智且慎重地反思了科技的發展方向。

3. 機器人系統與AI不得強化零和軍備競賽。

有關「殺手機器人」（killer robots）的辯論，是國際法倫理議題中的主角。由公民組織組成的一個全球聯盟正積極督促各國承諾，保證不發展致命自主武器系統（lethal autonomous weapons systems，簡稱 LAWS）；然而，卻有幾個因素阻礙了這個值得欽佩的科技限制建議方案。各國軍事領導人不信任其競爭對手國的領導人，因此可能隱藏自己國內AI軍事化的相關研究；即使他們對外宣稱沒有任何擴張權力的企圖，私下仍努力發展以提升對外影響力。當目前的軍事強國仍積極尋求更多資源以維持相對優勢時，新近崛起的國家也會透過持續投資武力投射（force projection），以符合其新興經濟地位，同時對外宣示自己的主張與實力；這是軍備競賽開始的眾多方式之一。正因為新興科技帶來更精準、更全面而且更快速的部署，所以，當AI與機器人進入這個軍備競賽的圖像時，各國的發展將不進則退，對落後對手國將帶來的風險與擔憂，也隨之增高。

鴿派政客致力於純粹防衛立場（以美國為例，這反映在美國國防部名稱的轉變。一九四九年，從美國戰爭部（Department of War）改為美國國防部（Department of Defense））。然而，原本被設定為「防衛」的功能，卻經常被重新定位，變成攻擊性武器，例如自主無人機（autonomous drones）的設計初衷是用來摧毀飛彈，但隨後卻被重新設定為刺殺軍事將領。因此，即使是防衛性策略，也可能變成侵略性策略。雷根的戰略防衛機先計畫（Strategic Defense Initiative，簡稱SDI），也就是為人熟知的雷根版星際戰爭計畫（Star Wars），目的在於使用太空中的雷射打下蘇聯的飛彈。假如該計畫奏效了，那麼將會破壞當時原本就脆弱的嚇阻平衡（balance of deterrence）（用核子毀滅互相嚇阻對方）。目前的致命自主武器系統（LAWS）、自動化網路攻擊及假訊息宣傳計畫，已經對既有關於如何解決國際衝突的長期共識及秩序，產生了威脅，我們必須用新的方式來限制他們的發展與影響。

戰爭可能剛開始看起來是一種例外狀態，在那個狀態下，一般的倫理道德被暫時擱置（或至少受到嚴重限制），但是，機器人新律第三條卻有超越戰場的意涵。以軍備為先鋒的科技，同時也會引誘警察去使用，而且，也會有更多執法單位以運用人臉辨識掃描群眾尋找罪犯為目標。稅務機關也可以透過機器學習方法，分析所有公民的電子郵件和銀行帳戶，找到未申報的所得收入。如此完美的監控潛力，只會激起更高的安全意識，去投資加密技術，因而又刺激政府機關花費更多資源在解密上。

我們必須找到方法來限制這些驅動力，而且不只限於軍事與治安的情境。AI與機器人的投資，通常是為了競爭某種固定資源的方法之一，就像人們在訴訟、金融及其他領域中競爭，是為了爭奪、占領優勢的位置。為了分配資源，政府與企業利用聲譽競賽來評價公民與消費者，例如信用評等機制；他們可以污名化低分者，提升高分者的地位。在初始階段，信用評等是以有限的資料（例如還款紀錄）為基礎，只用在生活中的某個領域（例如決定貸款資格）。不過，幾十年下來，信用評等與其他類似方法已延伸到其他評估面向，包括保險費率高低與就業機會。最近，資料科學家又為信用評等找到了更多資料來源，包括人們打字的方式、政治傾向，到他們瀏覽的網站類型等等。中國政府更是擴張了監控的應用，發明「社會信用評等」（social credit scores）體系，來決定公民可以搭什麼火車或飛機、可以住什麼旅館、可以上什麼學校；中國許多行政區域又自行擴大資料蒐集與應用範圍，幾乎無所不包，從如何過馬路、對待父母的方式，到愛國心以及對共產黨的忠誠度等，都囊括在內。

中國的社會信用評等，以及西方許多類似的例子，都引起極大爭議，而且無法得知未來可能發展的範圍與界限。這些監控系統的某些應用，可能有些許價值，例如公共衛生的資料監控，可以加速追蹤感染源接觸案例的速度，在疫情爆發之前得以阻止傳染性疾病的擴散；但是，當這類具有社會影響力的系統，是用來隨時隨地評價與分類每個人民的時候，就轉變成壓迫了。

透過AI進行社會控制的主要危險，就是造成一個「嚴密控制」（regimentation）的世界。衝突與競爭將成為日常生活的一部分，而可預期的是，科技的進展將宣告這些衝突與競爭的到來。AI與機器人將使得社會控制「太」完美，進而使（能強加或逃開那些控制的）競爭變得太激烈。然而，人類的安全感與創意，需要在平衡可預期性與開放性、平衡秩序與變化的環境中，才能蓬勃發展。假如我們不去限制社會控制系統裡的機器人，那麼，這種健康的平衡，恐怕將會遭到徹底顛覆及破壞。

4. 機器人系統與AI必須隨時標示其創造者、控制者及擁有者的身份。

人類對於其設計的機器或演算法系統，應該負起責任。事實上，現在有些程式也能自行發展成新程式，然後衍生出其他結果，但我們可以回溯那些「心靈小孩」（mind children）程式與其子孫，再連結到他們的源頭[25]。在可見的未來裡，我們必須維持這種可回溯的現狀，儘管我們知道這必然會遭受到某些人的反抗，尤其是那些在立場上擁護AI自主的人士。

AI、機器學習及機器人技術領域的最前線，大多強調系統自主性，無論是智慧契約、高頻交易演算法（至少在時間跨度上人類無法檢測到）或未來機器人，皆是如此。這裡蘊含了一種對於機器人「無法控制」（out of control）的含糊概念，指的是機器人會脫離他們的創造者。也許那種意外無法避免，但某些人或特定組織必須為這些意外負責；要求特定人士為AI與機器人系統的行為負責，將有助於遏制這類計畫，因為其很可能跟沒有受到規範限制的病毒生物工程技術一樣危險。

當然，有些機器人與演算法會因為與其他人及機器互動、演化，進而脫離其擁有者原本理想的設定狀態（試想進階自駕車的例子，會因多重作用而變化）[26]。在那些案例中，任何經設定的機器發展行為和其最終作為，可能具有多個潛在責任方[27]。無論是什麼影響了這些機器的演化，原始創造者都有義務在程式碼的演化過程中寫入某些限制，以記錄影響因子與避免不好的結果；一旦另一個人或某個組織駭入系統或破壞了那些限制，駭客就必須對機器人的不法行為負責。

這個原則的具體應用情境，可試著想像一個聊天機器人從推特（Twitter）互動中學習某些對話模式。根據新聞報導，微軟的AI聊天機器人Tay，在推特上只花了幾個小時，就迅速採用了納粹信奉者的言論模式，與社群裡的人們聊天[28]。雖然微軟並沒有刻意設計那種結果，但是應該提早評估將聊天機器人暴露在這種社交平台上的危險，而推特對騷擾仇恨言論的控制不力，早已赫赫有名，該平台的聊天機器人其實已有相關紀錄顯示惡意影響的內容到底從哪裡來，它本來應該通知推特公司，卻沒有通知。若是比較負責任的設計版本，它甚至應該會有所作為，以中止或緩解這些源自於釣魚帳號（troll accounts）的廣泛傷害或氾濫。

因此，管制者制定相關規範時，必須改以責任與隱私為中心來思考及設計（responsibility-by-design and privacy-by-design），以補足既有的以安全與隱私為中心的設計思維（security-by-design and privacy-by-design）。這或許需要在程式碼中寫死特定審核紀錄檔，或授權某些作法，以便明白且確實地去評估及考量有問題的結果[29]。諸如此類的措施，不會只是對機器人與AI作事後規範而已，也需透過事前排除與鼓勵某些設計選項，來影響系統的發展[30]。

每一條機器人新律都強調互補、真實、合作，以及責任歸屬（attribution），其目的在於探究「取代人類的科技」及「更有效地協助人類工作的科技」兩者之間的重要差異何在。機器人新律的重點，在於發展政策策略，使這些政策能在人類擅長的領域挹注資金，諸如醫療與教育，同時也利用人類的侷限性，限縮社會生活中衝突與嚴密控制的規模與強度。

長期以來，AI研究者致力於創造出像人類一樣，可以感應、思考與行動的電腦。一九六〇年代，麻省理工學院的機器人研究者研發了機器人衛兵，讓要塞的士兵可以從站哨的乏味與危險之中解放[31]。但是，另一方面，機器人衛兵並不是用AI取代部隊，而是多了一種工具來協助士兵防衛的效率。軍隊不見得需要徵用更多士兵，才能監控新興的威脅；相反地，可以設計感應器及電腦，作為士兵們的第二副眼睛與耳朵，快速判斷威脅等級與處理其他資訊，更適切地通知軍人並據以行動。這種目標，即所謂智能增強（Intelligence Augmentation，簡稱IA），已在許多網路先驅者的計畫中實現[32]。這同時也是現代戰爭的支柱，如同無人機駕駛需處理大量感應資料，掌握著空中轟炸的生死決定。

AI人工智慧與IA智能增強兩者之間的界線，有時並不明確，但關鍵差別之一在於創新的策略。多數家長還無法接受把自己的小孩送給機器人老師教導，但是，也不該告訴小孩，說老師最終會被完美模仿真人教學風格的機器人所取代。事實上，目前教育場域中很多版本的機器人，已經更加人性化。舉例來說，學校在採用「陪伴機器人」幫助年幼學童練習單字，或者詢問學童問題來複習前一刻剛學習到的內容，這些都已經實驗成功。這些機器人看起來不像人，比較像動物或虛構生物，不會挑戰人類的獨特性。

研究者發現，在許多脈絡情境下，IA智能增強與單純使用人工或人類智慧相比，可以產生更好的服務與效果。輔助性AI與機器人，對很多勞工而言可能是及時雨，讓他們有更多時間休息或從事休閒活動。但是，在現代市場經濟下，有許多經濟法規讓天秤傾向AI人工智慧，反對IA智能增強輔助人類，因為AI機器人不會要求休息，也不會要求公平合理的薪資或醫療保險。當勞動力被企業視為成本，勞工要求合理的報酬便成了雇主問題，而機器就是用來解決這個成本問題；於是，機器人技術取代了裝配線上的工人，為製造業帶來革命性的改變。現在，從醫藥領域到軍隊，許多商業管理專家想要用類似的科技革新，接手人類更多複雜的工作。

搭上這波管理學熱潮，已經有太多記者討論過「機器人律師」與「機器人醫生」，好像這兩者早已存在似的；本書後續的篇幅將會說明，這些描述都是言過其實了，科技主要是透過IA智能增強改變產業的運作方式，而非透過AI人工智慧。在大量「軟體正在吞噬這個世界」這類窒息聳動的標題下，其實有不少小而美的案例，是資訊運算技術協助律師、醫師或教育者有效率地工作[33]。目前創新策略的問題是，哪裡較適合延續IA智能增強的主導應用，而哪裡較適合推廣AI人工智慧。我們必須從各個部門及各個場域逐一面對這個問題，而不是期待找到一個一體適用於所有情境的技術解方。

許多關於機器人的討論大多是二元論，不是導向烏托邦（「機器會做所有骯髒、危險或困難的工作」），就是反烏托邦（「機器會做所有骯髒、危險或困難的工作及其餘所有工作，將製造大量失業。」）。但是，在工作場所，甚至其他場域的自動化未來，其實是取決於數百萬個如何發展AI的小決策。我們究竟要讓機器接管人類的工作到什麼程度？當機器接手人類工作時，我們獲得什麼或失去了什麼？怎麼樣才是機器人與人類的最佳互動比例？各種法令規範，從專業倫理規範到保險契約條款，再到法律，如何影響我們日常生活中機器化的範圍與節奏？以上問題的答案，都會實質決定自動化是否會導致機器人革命的發生，抑或是產生一種關於工作如何完成的改善進程，而這種改善進程是緩慢而謹慎的。

•••

手機及電腦等無所不在的螢幕顯示器與軟體，已經佔據了我們很多時間，相較於顯示器與軟體，我們為什麼還要特別憂心機器人與AI？主要有兩個理由。第一，機器人的物理性存在，對於人類的侵擾會比任何平板、智慧型手機或感應器來得嚴重，即使那些平板、智慧型裝置或感應器科技也可以只是簡單地鑲嵌在機器人裡面[34]。任何平面顯示器都無法出手約束行為不端的孩子或違規反抗的囚犯，從而修正現行的群眾控制技術，並重新應用於新的紀律；但是，機器人可以。

即使機器人的應用是緩慢或有所限制的，AI仍帶來威脅，因為它增強了從手機應用程式到電子撲克等科技產品裡各種迷惑人心和說服的技巧[35]。如同人機（電腦）互動研究者茱莉．卡本特（Julie Carpenter）的觀察：「即使你知道一個機器人具備極少的自主性，但當一個東西在你生活空間中看似有目的性地移動，我們就會把它與某種具有內在意識或目標企圖的東西連結起來」[36]。甚至，像掃地機器人這類不太有生命氣息的東西，也可能引起我們的情緒反應。有越多感應器記錄我們的反應，就越能提供精密電腦更豐富的資料，去運算挖掘人類的情感脈絡[37]。在社交媒體上，每個「讚」都是我們對什麼有興趣的線索；螢幕上每個停留的時刻，都會成為某些操控性資料庫正向加強的資訊來源。微型感應器使監控得以輕易移動，不須費力即可隱藏；想辦法屏蔽感應器偵測到自己，也許是我們能做到也最顯而易見的抵抗方式之一。此外，資料處理能力與資料儲存也能引導我們走向反烏托邦世界，因為在那個世界裡無論什麼都可以運算，例如學生做的每件事情都可能被記錄與備份，以作為未來評量的基礎[38]。相反地，一般普通學校裡的學生，沒有被機器記錄與運算，則可能每年碰到不同老師，每次都從空白的學習紀錄重新開始[39]。

上述的問題不一定會發生，因此衍生第二個思考機器人政策的理由：當機器人進入高度管制的場域時，我們有絕佳的機會來形塑他們的發展，為隱私與消費者權益保護提供周延的法律標準。我們可以透過法律來引導科技[40]，人類不需設計一個機器人來時時刻刻記錄它所陪伴或看管監督的人；況且，被機器人監督本身似乎也會造成壓迫，因此，我們需要對所有這類系統進行人工的監控（例如南韓有個機器監獄是授權由機器警衛看管）。當機器人被用作刑罰系統的一部分時，應該是經過充分討論監獄政策，以及懲罰與社會復歸的相對優點之後，才作出這樣的決策與執行。機器人新律之一，就在提醒政策制定者，當AI與機器人作為攏統、一般性「科技政策」的一環時，必須避免在AI與機器人議題上增加爭議；而且，通常需要有各領域專家深度的參與，以保護既有領域中的重要價值。

憤世嫉俗的人可能會加以嘲笑，覺得那些所謂重要價值本來就很主觀，甚至認為在更進步的科技社會中，那些價值註定被淘汰。但是，科學、科技與人文學術與顧問社群的研究都已經發現，預期倫理學（anticipatory ethics）可以促進與影響科技設計[41]；換言之，價值是設計進科技之中的[42]。加拿大、歐洲與美國的立法者與管制機關，都已支持將隱私思維納入設計（privacy-by-design），作為技術開發商的法令遵循原則[43]。「密布感應器」的技術（sensor-laden technology）可自由移動，以最大化其影音記錄，因此更應該適用上述法令原則；就好像許多攝影機上有個小紅點，以標示機器正在錄影一般，當機器人記錄周遭的人類時，應該也要有類似的標示方式。AI驅動的資料蒐集、分析與使用，都應該受制於嚴格的限制[44]。

科技主義者也許會反對那些提前限制機器人發展的法律；自由放任派人士總是說，問題發生後再來處理，不要太早限制；但是，這種寂靜主義（quietism）會錯失時機而導致失敗。依據產業界的看法，法規管制從未有所謂適當的時機，尤其在高科技場域更是如此。當新興商業模式崛起，對於未來潛在問題的管制經常被指控是扼殺「幼稚產業」（infant industry）的罪魁禍首。一旦商業機制擴散，這些商業模式的普及性就被拿來作為已被消費者接受的證據；面對所有支持法律干預的論點，他們都有事先準備好的焦點轉移策略，例如「真的有問題嗎？」、「我們再等等看」以及「這是消費者要的」等陳腔濫調，用來合理化所有的「不作為」，就像是紙牌遊戲裡的王牌一樣好用[45]。

這種「等等看」的態度，忽略了「科技並非獨立於我們的價值」這件事，也無視於科技如何形塑價值的過程[46]。線上特許學校裡的孩童陪伴機器人，不會只反映（或扭曲）關於年輕人應該得到什麼樣的社會化教育這類價值，也會同時形塑那些世代的價值觀，教導他們哪種時候是私密的，可能永久保存的紀錄檔案要怎麼做才算合理公平。這些價值，都不該只從教育科技業者眼中最賺錢的標準來檢視；這些價值的形塑，需要民主的治理以及來自非科技領域專家的洞見與投入[47]。

• • •

科技具有價值形塑角色，這在戰爭中也是一種立即可見的危險，尤其當機器人可以根本地改變我們的認知，判斷什麼是公平的衝突時，更是如此。對於某些外來主義者而言，自動化衝突已成定局，沒有任何軍備強權能夠承擔得起落後對手的風險，而那個對手正在發展可怕的「殺手機器人」艦隊[48]。假如我們「幫戰爭接上線」（wired for war），就很容易加劇致命機器暴力的發展[49]。基於這些原因，情況就會變成人性決定了科技發展的特定過程（也許也決定科技的淘汰），所以，有人贊成應該發展超人類機器人系統[50]。

那種實在主義論點也許是合理的，但它也冒著自我實現預言的危險，不只是預測，甚至還加速了軍備競賽。只要有比較省錢的軍事干預方式出現，政客與各個國家就可能更加投入；甚至，只要可以部署更精準的軍力，進行戰爭與執法的語彙就更容易模糊，進而產生倫理的灰色地帶。試想一個可能實現的例子：美國在交戰地區使用他們的無人機、地面爬行機器人與小型室內無人機進行巡邏，被這些機器人偵測到的人，到底是戰鬥人員還是嫌犯？國際法及美國國內法判決先例都認為，對於戰鬥人員與嫌犯應該要採取不同的對待；這樣的處理方式，是無法輕易自動化——即使它真的有一丁點自動化的可行性。因此，戰爭法（或者只是刑事訴訟法）也許會替機器人士兵設下一個底線，不得逾越——或至少是一條可以合法部署機器人士兵的底線[51]。

學界與政府官員已開始設想機器人戰爭與執法的場景，並進行分析[52]；在包山包海的「國家安全」巨大標題下，機器人技術在學術與政策領域持續重疊，還有更多的機器人應用是在維護社會秩序的名義下進行的。這裡的預設是，超人類智慧之中至少會有一種技術，最終會成為偵測威脅之用：意即AI可以分析巨量資料流，以快速偵測與預防未來的犯罪。

然而，在大家開始變得對這種科技熱衷之前，有些人工智慧不人性的案例，可以先幫我們醒醒腦。研究者已開始使用機器學習來預測犯罪行為，而那只需要比人的臉孔多一點點的資料就能辦到。未來的警察機器人是否要採納這種臉部犯罪資料，來幫助他們決定追查或放棄某人？目前禁止機器取用的任何資料數據或推論，是否可能在將來成為執法過程中越來越重要的一環？例如目前在警察機關頗受歡迎的預測性分析？我們是否有權利能檢視那些資料並對其提出申訴？這種資料蒐集與研究到底應該不應該做？[53]

與人臉相關的犯罪特徵，可能看起來不是常見的AI應用，但這種包含很多不透明進階運算的演算邏輯，仍無法用其他的一般（應用）解釋型式加以理解。有些機器人學者讚揚這種不可解釋性，可作為人類智慧的另類替代品，甚至認為因為其不可解釋而更顯優越於人類。哥倫比亞大學教授哈德．利普森（Hod Lipson）在評估AI系統是否要更透明化的需求之後說：「某些時候，（想解釋AI的演算邏輯）就像是對一隻狗解釋莎士比亞的作品」[54]。若是殺死癌細胞或預測天氣的情況，利普森說的可能有道理，我們不需要瞭解AI確切的運作機制，就可以讓它來解決我們的問題。但是，當人們在做重要決策的時刻，這種不可解釋性就不恰當了。正如歐盟新興的「解釋權」（right to an explanation）概念所要表達的意義，我們可以改用更人性化的方式，限制以及取代那無法解釋的AI運算與應用。

有些關於機器人與AI最激烈的爭論，在於機器的分析能力。它們可以取得與使用什麼樣的資料？那些資料是如何被處理與運算的？這些問題對未來的民主與溝通都極為重要。想想現在各種假訊息，是如何快速發展而充斥我們的生活[55]。當偏頗的政治宣傳已經長期佔據新聞版面時，有一大部分是因為大量自動化的公共場域為之火上加油，讓完全錯誤與造假的訊息像病毒似地快速流竄。有些政府當局已經開始介入，以便抑制仇恨言論和虛假言論的傳播。這是修復公共領域的第一步，但是還有更多工作要做，包括遵守傳統職業準則的記者必須擔負更重要的角色。

網路自由主義者主張，他們的AI應該享有「思想自由」的空間，涵蓋他們接觸或處理到的任何資料，或任何AI擁有者想「餵」的資料。在純粹運算而不連結到任何社會後果的場域裡，那樣的權利或許應該被尊重；然而，所有不負責任的言論，都是以言論自由之名橫行，軟體工程師可以不管任何社會後果，就以類似的權利主張把資料寫入程式，但是一旦演算法（尤其是機器人技術）對世界產生影響時，它們就應該受到規範，而它們的程式設計師也必須為他們所引發的傷害，負起倫理與法律責任[56]。

專業精神與專業知能

究竟誰可以決定這個責任的內容？在AI轉型的過程中，倘若希望有平順公正的過渡，則必須在幾個關鍵場域中同時要求新、舊形式的專業精神。專業知能的概念，通常意味著對某種知識資訊量的掌握，但是，所謂真正的精通，不只是對於資訊與知識，而可能牽涉到更多層面[57]。那些只是簡單結合資訊與知識的職業，未來的就業前景恐面臨嚴峻情勢，因為電腦儲存與處理資訊的能力已急速擴充，同時電腦也在不斷累積勞工在個人工作日內完成任務的資料[58]。但是，專業精神牽涉的是更複雜的東西：處理價值與職責衝突、甚至矛盾事實時，所需要的一種永無止境的自我要求[59]；而正是「專業精神」才能使未來的工作產生差異化。

舉例而言，想像你自己在兩線道路上，以四十五英哩的時速開車回家，前方大約一百碼距離左右有一群小孩從學校走出來；當你經過這些小孩時，一輛有著十八個輪胎的大卡車駛出車道，迎面而來即將撞上你。你只有幾秒可以決定：犧牲自己，或是避開大卡車但直接撞上小孩。

我想多數人會選擇犧牲自己，而當自動駕車技術進階後，這種自我犧牲的價值，也可以被寫進自駕車的程式裡[60]。許多汽車已能偵測出車道上的小孩是否會被駕駛盲區撞倒，它們甚至在其他車子快撞上時，會發出嗶嗶聲警告。從警告系統過渡到硬接線急停裝置（hardwired stop），在技術上是可能的[61]；自動剎車也是可能的，這樣能避免駕駛為了自救而急轉彎撞上其他人的情形。

不過，上述自駕車的決策程式，也可以被寫成另一種結果——改以汽車乘客利益優先，而犧牲其他人。雖然我不認同乘客優先是自駕車正確的選擇取徑，但是，選擇哪個取徑才是正確的，並不是本書討論的重點。本書的重點之一在於，在理解商業上勢在必行的情況下，透過勞動議題處理工程師、管制者、行銷者、及政府關係公關專業人員，如何一同形塑人機（電腦）互動的態樣，來關注並尊重受自動化影響的每個人的利益。不太可能有套一勞永逸的方式，可以一次解決設計、行銷與安全問題。隨著科技進展，使用者會漸漸適應、市場會持續改變，而新的需求也會永遠存在。

有很長一段時間，醫療場域已經陷在這種兩難處境裡，因為醫生的工作從未僅限於照護病人。醫生除了必須瞭解與監控持續變化中的風險與機會，並且追蹤醫藥發展的走向之外，還需學習最新的研究內容，以確認或質疑現行主流的醫學知識。例如是否要給一位鼻竇炎的病人開抗生素這種的瑣碎決定，一位好的基層醫生必須先確定藥是否已經經過臨床試驗評估。關於醫生是否必須保留抗生素處方以減緩抗藥性，每位醫生可能都會有些微不同的看法，他們也需追蹤抗生素副作用的盛行率，例如病人有時會因服用抗生素而造成腸道內困難梭狀桿菌感染（Clostridium Difficile），而且不同病患間感染困難梭狀桿菌的機率差異很大。當病患看醫生時，可能會對前述這些情況有些瞭解，但病患沒辦法做出正確的決定，也不可能像醫療專業人士一樣綜合考量多重因素，進而對特定病例做出建議，因為那是醫療專業。

對於相信大數據、預測性分析、演算法與AI無所不能的人而言，機器人的「腦」可以解決這些所有問題。這種想像非常誘人，因為其保證科技進展可以極速成長，進而提升我們的生活水準。但是，這種想像實際嗎？即使是在純數位場域的系統，例如搜尋引擎演算法、高頻交易演算法、鎖定式廣告，不少案例都已經證明這些技術所隱含的偏見、不公平、不正確或低效率問題[62]；更何況在真實世界中，想要準確地獲取資訊，比在數位場域中要困難得多，而且，到底要先計算哪些資訊，也多有爭議。當演算系統被賦予類似機器人的腦袋，可以感知它們的環境並據以行動時，風險又再加高；因此，有意義的人類控制與介入，是必要的。

人類的介入控制不只在醫療這類長期專業自治場域至為必要，近年來專業者在交通場域中也扮演極為重要的角色。不管機器人多麼快速地驅動進步，推動機器人發展的企業也無法自然而然地讓社會接受，讓人們自動接受送貨無人機、人行道推車或汽車。法律專家布萊恩．史密斯（Bryant Smith）認為，律師、行銷人員、土木工程師及立法者，必須協助社會準備就緒，去面對大規模且全面性智慧科技的部署[63]。政府必須改變他們的採購政策，無論是汽車或是基礎建設，皆然。地方政府必須決定如何面對這個轉型過渡期，因為，為人類駕駛所設計的交通號誌或其他道路景觀，可能無法適用機器人汽車，反之亦然。如同史密斯說的，「長期以來對於土地使用規劃、基礎設施計畫、建築規範、工程履約保證及預算的假設，都必須重新檢討。」[64]。

上述這種自動化的轉型過渡期，需要大量且多元的勞動力[65]。安全專家將模擬無人自駕車對關鍵基礎設施（critical infrastructure）或群眾，是否造成特殊風險。例如，如果可以在自駕車上裝置引爆物，恐怖份子就不需招募自殺炸彈客；如果自駕車可以搭載陌生人，公共衛生專家就必須模擬傳染性疾病的傳播路徑。目前，立法者已經開始思考相關問題，討論是否應該規範自駕車回復「個人」控制，或者依據警察命令讓警方控制自駕車[66]。我用「個人」（person）這個模糊字眼，因為我們至今仍然沒有較恰當的詞彙，來指涉半自主控制汽車上的乘車者；隨著時間推移，法律與社會規範將給這些「個人」新的身份名稱[67]。

上述所有決策都不該只由發展自駕車演算法的工程師及公司決定，或甚至不該由他們主導；這些決策牽涉到治理議題，並且需要更多元廣泛的專家參與，從都市規劃學者到管制者到警方與律師。治理議題的決策，需要受影響的各個利害關係人彼此協商，極可能曠日廢時，但這就是民主與多元包容的社會，邁向更美好新科技的代價；而且，當社會大規模轉型到自駕車階段時，以上只是相關倫理、法律與社會意涵議題中的一小部份[68]。

儘管如此，有些未來學家主張AI會消除專業職業的需求；他們認為，只要有數量足夠的訓練資料集，幾乎所有人類的功能都可以被機器人取代。本書的立場則與他們完全相反：當我們的日常生活被AI與機器學習（通常透過遠端與大量協作）影響時，我們反而需要更多更優秀的專業人員，去強化與擴張既有的專業教育與專業特許執照的模式，例如醫學與法律。此外，也許在同時有廣大公共參與及專業職能的重要領域，還必須建構全新的專業職能身份。

專業知能（expertise）兩大危機

強調人類的價值作為一種專業知能的形式，可能對有些讀者來說很奇怪。目前，在職場與城市治理的場域中，最常見反對AI侵擾的理由是有關於民主的呼籲。AI批評者認為，機器學習與神經網路領域的技術專家不夠多元，因此不足以代表被科技影響的群體[69]，而且他們離地方社群太遠，不夠在地。許多其他專家也有同樣的情況。有些社會活躍份子長期埋怨醫生與教授態度冷漠、不友善，抱怨律師不說白話文，以及責怪科學家離一般人日常問題太遠、不親民。譬如經濟學家預測英國脫歐將造成災難性結果時，英國政治人物麥可・高夫（Michael Gove）則強調：「這個國家的人民已經受夠了所謂的專家」[70]。這種情緒助長了全世界的民粹主義運動，也因此加深了政治與專業、群眾運動與官僚敏銳度、大眾意願與精英論述之間的分歧。

對於這些趨勢，社會學家吉爾・艾爾（Gil Eyal）認為專業「在兩方面交集、表達和摩擦，那就是一方面是科學與技術，另一方面是法律及民主政治」[71]的方式。的確，行政體系中存在著可敬的張力，意即行政官僚經常必須針對事實與價值做出艱難的決定。比方說，提高或降低污染限制，這個決策具有醫學效果（例如肺癌發生率）、經濟影響（例如企業的盈利能力）、甚至是文化意義（例如礦業地區的文化延續）。艾爾強調，這些都是民主對純粹技術官僚決策過程所揭櫫的挑戰。

本書將檢視對於專業知能所進行的不一樣的、特別的挑戰，或更精準地說，不同型態的專業知能之間的矛盾。優秀的經濟學家與AI專家認為，他們對於世界的認知與制度建議，應該在任何地方都被優先採用，從醫院到學校、中央銀行到作戰指揮中心。很少人會像某位前科技公司CEO那樣直接了當地對一位將軍說「你的機器學習知識真的很差！只要讓我在你底下做一天，我就能解決你大部分的問題」[72]。但是，許多談AI自動化與經濟破壞力的書籍，通常都有個相同的主題，認為經濟學與電腦科學的方法，是在眾多同等地位的專業型態中居首位重要（primus inter pares）的方法；這些方法能預測且能協助AI與機器人快速取代人力，因為經濟學的目標之一就是要求最低成本的工作效率。在這種觀點下，幾乎所有勞工終究都將走向電梯操作員及馬車伕的命運，等著有一天被充足的資料、演算法與機器取代。

當然，經濟學與AI在有些領域中是基礎必要的。一個企業若無法打平成本，就無法營運；一個自動結帳櫃台，如果掃瞄系統無法讀取產品的條碼，就無法使用。但是，企業是否應該存在，或結帳櫃台是否應該被自動服務機（kiosk）所取代等問題，單靠經濟學或電腦科學，是無法回答的。政治人物、社群團體及企業，是根據一連串複雜的價值與需求來決定這些問題的答案；而這些價值與需求，無法完全從在地社群中區隔與抽離，再簡化成效率及最佳化演算法的方程式。相反地，這些價值與需求必須由人類專家表述與調和，這些專家的職業，是現在或未來有能力呈現其工作者與經營者的在地知識，而這些在地知識正是從專業的服務與實踐中萃取並保留下來的。

反之，如果放任商業壓力和機器人模仿，可以去殖民、取代和統治各種形式的人類勞動力，將會徹底改變我們組織社會的方式。社會學家威爾．戴維斯（Will Davies）曾說「若有一個專業宣稱對『所有事物』都有管轄權，那將不再是一種專業，而是一種知識論的獨裁專制。」[73]今天太多AI與機器人的討論，都過度窄化、集中於效率與最優化議題。作者寫這本書的目的，是要為機器自動化的討論，帶來更遠大的目標與價值。為了讓這些對話更加多元豐富，我們必須確保無論是哪裡的工作與服務都能表達與反映我們的價值，「分散式專業知能」都能使代表性（representation）的民主價值，與準確性、有效性和科學方法的認知價值[74]互相結合。

這種方法與一九八〇年代許多AI工程師想將律師和醫生的決策過程簡化，成為一系列「若A則B」決策樹（decision tree）的方式相去甚遠。舉例來說，有個程式可能問實習醫生：「這個病患有發燒嗎？如果有，問何時開始發燒；如果沒有，問病人是否有咳嗽。」很多人非常熱衷於開發此類智慧系統，但至今依然不智慧也沒帶來方便，最後發現，「專業判斷」遠比

AI研究者想像的難以系統化。

哲學家休伯特．德雷福斯（Hubert L. Dreyfus）曾提出默會知識（tacit knowledge）理論，解釋為何專家體系表現得這麼差[75]。因為，我們知道的遠比我們可以解釋的多；想想看，要把你的日常工作簡化為一連串「若A則B」的問題，會是多麼困難。電腦能不能辨識讀取你每天碰到的各種情況？面對那些情況的可能反應，能不能事先設計、評估與排序？假如不能（我相信對絕大多數讀者都是這樣），精確描述工作內容的困難以及轉譯（人類情況成可運算程式碼）的艱辛，就能為我們帶來啟發，說明人類長久以來在工作中的作用與角色。

不可否認地，如果有變數，是需要被確認的，而不是值得慶祝的；假如一群耳喉科醫師在百分之九十的孩童病患身上採用扁桃腺摘除手術，而另一群醫師卻只將該手術用於百分之十五、甚至更低比例的孩童病患身上，可能就需要調查醫師是否有不適任或機會主義的失職問題[76]。儘管如此，醫生對於現行多數作法是否能有創新或差異的自主空間，通常都有法律規範，也必須尊重病患意願[77]。一般醫療執業現場有太多不確定性，因而不可全部予以簡化地丟給演算法；演算法醫學因此也被戲稱為「食譜式醫術」。病患也想給能同理自己處境的醫生看病，對於自己病況的改善，也會想要有直接對他個人的鼓勵。同樣地，多數家長可能都不希望自己的小孩，由一位空中廣播老師教學，無論這樣是否可以節省多少稅金繳給學校。普遍的共識是認為，與一位值得信賴的人有直接的連結，遠比只能聽有顯赫資歷技能的人（或機器人）傳播訊息更有價值。

因此，緩和專業知能的民主危機——冷漠技術官僚與熱情平民主義者之間的緊張關係——方法之一就是賦權給地方專業者。我們不要國家立法者或跨國企業主導的課程規劃；反之，對於自己場域中持續更新重要常識的教師與教授們，需要有足夠的機會充實那些基本的東西，並且讓它們變得更加有趣生動。在許多場域中擴展「個人接觸」的價值感，對於工作者與其服務對象都很重要，同時，反對過早自動化的基礎案例，也漸漸出現。假如AI會成功，它必須至少被「餵食」來自人類觀察者大量且多元的資訊流；甚至所謂的「成功」，或許應該定義為協助專業者有足夠的知識與投入，以瞭解何時要信任醫學，以及何時該相信自己的判斷。

成本的好處

技術官僚眼中快速又廣泛適用的自動化發展，在當代經濟政策的核心產生了一種奇怪的張力；當技術性失業問題碰到美國白宮經濟顧問委員會（US Council of Economic Advisers）、世界經濟論壇、或國際貨幣基金組織時，專家們總是嚴厲地警告數百萬個工作即將被機器人所取代[78]。這類討論都聚焦在人類作為生產者的角色，因而蒙上憂鬱與急迫性色彩；一個場域接著一個場域，生產者似乎都注定優先要被自動化，接著輪到更多專業角色被自動化，最後一旦某個「終極演算法」出現後，甚至是寫程式本身也終將被取代[79]。對相關文獻的報導，有時會帶點末世感，例如英國《每日郵報》拿著英格蘭銀行總裁馬克．卡尼（Mark Carney）的研究宣傳「機器人將偷走一千五百萬個工作機會」[80]。雖然各種工作消失的預估差異極大，但經濟學相關文獻的口徑卻相當一致：所有勞工／工作者都面臨工作消失的風險。

與此同時，經濟學家也讚揚服務的低價化；很弔詭地，經濟增長模型在這裡卻與自動化的敘事思考方式很類似。醫療照護與教育部門的領導者，被認為應該要從生產裝配線模式的成功中學習，同理，網路中的資料驅動個人化進程也該這麼做。換言之，辯證性的模板化和個性化的健康與教育取向，應該要使醫院和學校的價格降低，並且最終讓所有人都能享受到最好的服務[81]。

把「機器人正拿走所有的工作」這種反烏托邦主義，跟「更便宜的服務」的烏托邦主義結合之後，就可以看到我們對未來經濟的弔詭想像。工作場所注定會成為達爾文式的地獄，在地獄裡員工從屬於機器，機器記錄員工每個動作，以發展替代員工的機器複製人。唯一讓人安慰的是，技術的奇蹟使所有東西都變得更便宜。

悲慘憂鬱的勞工／工作者和歡欣鼓舞的消費者這樣的模式，不僅令人不安也無法永續。以個人來說，勞動成本的降低看起來是件好事，假如我可以用一個手機應用程式取代我的皮膚科醫生，或用互動式玩具取代我孩子的老師，我就能省下許多錢去花在其他事務上。在公共服務領域，也是同樣道理，城鎮採用機器人警察，或國家採用無人機軍隊，也許能用較少的稅金去支付警察或軍人的薪水與醫療保險。但是，醫生、教師、軍人與警察，也是其他職業工作者潛在的消費者；於是，他們擁有的錢越少，我們從他們身上賺到的也就會越少。用古典經濟學的術語來解釋，這裡令人憂心的是通貨緊縮問題，意即工資與物價持續下跌，交互影響下造成經濟衰退的惡性循環。

即使是在最自私自利的框架下，對我來說，商品和服務的「成本」也並非單純是消耗個人福祉的負擔；相反地，這是一種重新分配購買力的方法，透過幫助我創造我可以消費的東西，使那些幫助我的人，最終是幫助到自己（購買我製造或創作的東西）。不可諱言地，「全民基本收入」機制也許能稍微補貼那些因為機器人而失業的購買力；但是，不能不切實際地期待，「全民基本收入」可以有像「預分配」（predistribution）所產生的類似保證均衡經濟回報模式，以改善財富分配不均的效果。幾十年來，大多數民主制度的選民所選出的政黨，一直在削減最富有者應繳納的稅金額度[82]；而機器人自動化不太可能改變這種樣態，因此終究會摧毀財富重新分配的理想。

假如我們將經濟視為一種支出和儲蓄的生態系統，以及一種針對重要服務分散權力與責任的方式，可以藉此帶領我們對機器人革命有更好的認識。傳統的成本效益分析，會要求用機器快速替代人力，即使機器的能力並不合格。一項服務的成本越低，相對收益就越大；

但是，一旦我們瞭解成本本身的好處——作為計算投入多少努力的會計帳以及對人們的投資——這種對經濟所抱持的簡單二元化觀點，缺點就顯得愈來越清楚。本書的最後兩章，將會針對本書其他章節所建議的計畫和政策，進一步討論成本的好處。

本書內容架構

有太多的技術專家，希望機器人或AI在缺乏資料和演算法的領域中，迅速取代人類；同時，政治人物總是容易宿命論地感嘆法規機制及法院無法跟上科技發展的速度。本書將對科技社群的洋洋自得和政策制定者的極簡主義，提出質疑，以促使公眾重新理解國家在科技發展上所扮演的角色。我將提供一些可以呈現敘事研究和質性判斷力量的政策分析，以指引目前由演算法和量化指標所主導的科技發展。本書的主要重點是要從許多場域與制高點，萃取已積累的相關知識，將其呈現給公眾使用。在理想上，本書將為社會科學家阿朗卓·尼爾森（Alondra Nelson）所稱的「預期社會研究」（anticipatory social research）奠定基礎，其主旨在於形塑、而不僅是回應科技的進步[83]。

將工作任務轉譯為程式碼，不是單純技術上的探索；更精確地說，這是在邀請教育、照護、心理健康、新聞和許多其他領域，一起好好討論該領域真正重要的內容。儘管在這些場域中，我們都想只是簡單提出成功的量化指標，用最佳演算法滿足該指標的要求（無論是通過反覆試驗、處理過往資料，還是其他策略），但是，在那些場域中，到底什麼是成功或失敗，事實上是充滿爭議的，因為只根據一項簡單指標所做出來的決定，會排除所有其他衡量方式。一般而言，沒有人會被資料「驅動」，但是，有些特定的資料則是十分重要，而且選擇哪些資料要被納入計算（以及哪些是不具代表性的資料，因而要加以排除），也是政治性的。

在AI倫理學家之間，實用主義者和未來主義者之間已出現緊張關係；實用主義者的目標在於針對運算系統做小型且可管理的改革，以減少該系統歧視性或其他不公平的運算決策；而未來主義者則擔心失控的系統與自我改良的AI（擔心它們可能比創造它們的人類更快變得「更聰明」，或者更具致命性）。實用主義者駁斥未來主義者的困擾是杞人憂天，而未來主義者則是認為實用主義者的關切是眼光狹隘。我相信兩邊都需要彼此的視角。如果我們現在不積極干預，加強自動化系統的透明性和問責，那麼，未來主義者預測的可怕結果就很可能會出現；但是，如果我們不能解決未來主義者所提關於人性與自由的基本問題，我們就不可能承擔那強化透明性與問責的艱鉅任務。

以上問題都不是新的，舉例來說，一九七六年電腦科學家約瑟夫．維森鮑姆（Joseph Weizenbaum）曾提問「哪些人類的目的和宗旨，是無法適當地交由電腦來做？……問題不在於是否可以做到，而在於將人類功能交給機器是否合適？」[84]但是，「機器人能不能比人類好？」

或「何時人類不應該運用機器人？」等問題並不完整。由於幾乎所有人都已經開始採用程度不一的自動化，無論從簡單的工具到替代人類的AI。因此，比較好的問題架構，應該是「**人與機器人之間什麼樣的社會性與科技性組合，最能促進社會和個人目標與價值？**」

為了回答上述問題，在本書一系列的案例分析中，我主張AI應該是要補充而不是取代人類的專業知能，並實現人類的重要價值。在第二、三、四章中，將論述在醫療、教育及媒體領域中，前述過程看起來會是什麼樣子，意即聚焦於新機器人第一律法：科技必須補充既有的專業人士，而非取代他們。

總體而言，我對於健康和教育領域補充性自動化的前景感到樂觀，因為病人和學生大部分都需要人與人之間的互動[85]。他們意識到，無論AI有多先進，從專家那裡獲得如何使用AI的指導，是非常有幫助的；而這些專家正是每天研究各種可靠知識來源的人。甚至更重要的是，在許多照護或學習的脈絡裡，對所有的接觸或偶遇而言，人際關係是基本的。機器人系統可以提供技術支持、改善決策判斷，並且開發娛樂性和愉快的練習；也許農村和弱勢地區會要求機器人系統替代現在缺席的專業人士，但是，這種必要性遠遠比不上一個好的勞動政策（以解決偏鄉缺乏的專業人力問題）；尤其當這種機器人系統應用在弱勢族群的精神健康議題上時，特別令人不安。

當一個護士、老師或醫生在與AI接觸的當下（要調解AI的影響，確保良好的資料蒐集、報告錯誤及其他重要工作），幾乎沒有機會去想像晦暗的決定論未來（在那裡我們所有人都被機器人又戳又按地來判斷我們的學習或健康）。面對病患和學生，醫療和教育領域的專業人員還負有明確和公認的法律及道德責任，這些標準對科學家來說，才剛剛出現。因此，在媒體與新聞領域（第四章），必須有一致的校正措施，來修補現在已經大量自動化的公共領域。

在廣告和推薦系統領域（也就是新媒體的命脈），AI的進展更是快速。為了重新組織商業和政治生活，Facebook與Google等企業都部署了AI，從事以往由真人電視網路經理或真人報紙編輯所做的決策類型，但是，其所產生的影響卻更大得多。這些公司改變了數億人口的閱讀和觀影習慣；報業與新聞業面臨崩潰瓦解，這對有些弱勢族群而言是很可怕的，包括被鎖定騷擾的少數族群在內。要阻止假新聞、數位仇恨現象與類似破壞行為的流行與散播，唯一的方法就是讓更多負責任的人重新進入該領域，以引導線上媒體的資訊流。

本書第四章討論AI在新聞價值判斷上的失敗，第五章則論述使用AI評判人類的危險。電腦運算在僱用、解僱以及信貸分配、債務處理上，都已經發揮越來越大的作用；它也涉足安全服務。我勸諫各界不要太快採用機器人警察和保全人員，因為，即使是預測性警察活動（predictive policing，完全由軟體驅動但有警員監督），由於該技術引用的是陳舊且偏誤的資料，已經證明具有爭議；自主行動的機器人在社區鄰里間巡邏或驅趕人行道上乞討者的景象，更是讓人感到不舒服。相較於刑事領域，AI在民事領域中的其他許多應用，也尚未做好廣泛適用的準備；那些應用往往倡導機器對人類的治理，這儼然就是在效率的祭壇上犧牲了人的尊嚴。

第六章將上述顧慮延伸到傳統與線上虛擬戰場的軍力，例如關於致命自主武器系統的辯論，就使用類似的結構；廢止主義者呼籲全面禁止殺手機器人，現實主義者反對這種做法，而改革派則是提出了中間立場，不完全禁止此項技術但應該制定相關管制規範。廢止主義者與改革派之間，正對彼此不同的取徑進行激烈的爭論，但兩派的策略也許最後可以協調。改革派承認有些武器系統型態太過危險，因而自始根本不該製造這類武器系統；廢止主義者也認可有些自動化防禦（特別是在網路戰中）對國家安全是必要的。

因為廢止主義者與管制者都積極投入制定限制武裝衝突中可使用之戰略的法律規範，所以他們應該獲得高度讚揚；然而，現實主義所鼓吹的軍備競賽動力，很可能會瓦解前兩者的努力。LAWS（致命自主武器系統）的滲透問題很關鍵，也取決於軍事強國對網路戰、機器人士兵和其他AI增強武器的投資程度。想減緩這類投資（為前述機器人新律第三條的必然結果），將需要公民和領導人接受對於展示國家武力的限制。

我所提議的改革方案所費不貲，但是，那些開銷，卻可視為解決將武力機器人化所衍生問題的解方，因為，武力機器人化對於國庫而言，也是個負擔。本書第六章提到，與缺乏國民衛生與教育福祉義務的政府相比，那些被迫必須提高衛生和教育服務品質（及其近用〔access〕）的政府，是不太可能擁有將武力自動化的資源的。

第七章介紹更新版的自動化政治經濟學（包括財政和貨幣政策）的基本特徵，每項特徵都必須進行調整，以促進以人為本的AI。目前（因為美國大選）而使得全民基本收入的主張備受關注；隨著財富重分配政策的侷限性越來越明顯，對全民基本服務和工作的保障，將變得更加重要。這些政策不僅旨在提供生活保障，也在於確保整個經濟的治理更加民主；這些政策要糾正許多優先考慮資本積累而排擠勞工的政策，以及用機器替代人類的政策。

誠然，機器人技術的替代概念和互補概念，都不可避免地需要利用到資料；更精準地說，它們結合了更大的願景，亦即人類工作和科技兩者的本質與目的。這些願景不僅需要某種方式來詮釋經濟現實，也需要一種詮釋機器人技術和就業文化的方式。本書的最後一章，將討論這些文化議題，包括我們想說的AI與機器人敘事；這些敘事研究，不只是焦慮或渴望的症狀，而是智慧的來源。

我們可以保持一種維護的文化而非破壞的文化，這種文化是對人類的輔助與補充，而不是取代人類。我們可以實現並負擔一個由人類治理而不是機器統治的世界；機器人技術的未來，可以是多元包容和民主的，以及反映所有公民的努力和希望；而機器人新律可以在這條路上指引我們。

CHAPTER

2

療癒人類

醫藥領域的AI夢想有兩種，第一種是直接從科幻小說走出來的烏托邦式想像，諸如：照護機器人可以偵測與治療所有疾病；奈米機器人會在我們的靜脈與動脈中巡邏，消除血栓並修復受損的組織；3D列印的器官、骨頭及皮膚，會讓我們所有人即使到了八、九十歲，不只看起來年輕，自己的感受也很年輕。幸運一點，我們甚至可以上傳自己的大腦，永久保存，用機器身體當大腦的「袖子」，保護心靈，使其堅不可摧[1]。

不管它長遠的優點是什麼，這種科幻的想像事實上仍然遠在天邊——即使它終究有一天會實現。比較務實的醫療未來主義者，也對科幻想像懷抱熱情，但他們提出的目標更有機會實現；他們注意到人類的角色很關鍵，例如在照護領域中，人類的同情心不可或缺，人類的洞察力有助於診斷，而且人類的靈活性也為手術增加許多好處。他們大致上都採納了新機器人第一律法，支持AI輔助（而非替代）醫生和護士的可能未來。這是明智的，也反映出對當前技術和資料狀態的一種務實評估[2]。

可惜的是，一旦碰到政策和法律，許多現實主義者卻會自亂陣腳，他們主要是從經濟角度檢視醫療照護系統，對其費用和效率不彰感到失望；他們主張放鬆管制以刺激創新，限制預算以強迫削減成本。但是，我們真正需要的醫療科技政策，是更負責任地蒐集與利用好的資料，而不是減少責任。我們需要投資前瞻的醫療實務技術，而不是假設醫院與醫生終究會提出更巧妙的方法去不負責任地做更多事情[3]。

科幻小說家夢想著有一天，應用程式和機器人的結合可以滿足我們所有的醫療需求，但這不是當前尖端醫療技術發展之路，而且決策者也不該介入，然後直接採用應用程式與機器人作我們發展的方向。無論從醫療照護的利害關係，或者疾病的心理壓力角度出發，我都建議當我們在進行醫藥衛生部門的自動化時，應該要支持及關注人類長久存在的規劃。經濟的急迫性將促使醫院和保險公司，用軟體代替治療師，或者用機器人代替護士的照顧工作；這時，相關的專業協會應確保在成本考量與人類參與照護的許多優點之間，取得平衡。

決定何時該尋求醫療照護

想像有天晚上我們因胃痛而醒來，心想，是闌尾炎嗎？腹脹？肌肉拉傷？……即使是經驗豐富的急診室醫生，胃痛也是最難的病症診斷之一；腹部疼痛的原因，可能是從最瑣碎的原因，一直到危及生命的數十種情況中的一種都包括在內[4]。即使會造成災難性後果的風險很小，我們似乎都會想要立刻去醫院尋求專業的建議與處理。

對於有錢人或有保險的人來說，做出這樣的看醫生決定，可能很容易；但是，對於其他人來說，尋求醫療幫助卻可能是個艱困的難題。在發展中國家，醫療費用可能會威脅一個家庭的基本生存能力[5]。在美國，數以百萬計的人沒有保險或保險保障不足，一趟急診室的費用可能超過一萬美元；再考慮到檢測、醫師診療和其他費用，即使最後結果只是虛驚一場，也可能要花費數千美元。縱使對那些有足夠保險和財力的人來說，去醫院也代表某些風險代價，例如不必要的檢測、暴露於病毒的環境，以及幾小時的不方便。

對很多人而言，若出現突然病痛症狀，第一時間是上Google查資料。多年下來，Google視醫藥類搜尋（例如半夜突然疼痛）跟其他搜尋沒兩樣，只要他們有足夠的「Google果汁」（一種資料相關性和來源的神祕權重組合，以決定某內容是否放在搜索結果的頂部），可靠性讓人懷疑的網站，就可能會與著名醫生或醫學院的資訊混合呈現，而Google使用者必須自己負責區別好壞、去蕪存菁，以辨別各來源網站的可信程度。

二〇一六年Google修改了原本的作法[6]，轉與美國梅約診所（Mayo Clinic）的醫學專家合作，開始查證常見醫療健康搜尋中所出現的資訊[7]。在標準搜尋列表的上方或旁邊輸入「偏頭痛」，就會出現一系列方框，每個方框簡要說明頭痛可能的分類；選擇其中任何一個方框

（例如「緊張性頭痛」），你就會發現另一個方框，而這個方框同樣來自Google本身。方框會非常簡短地說明這種頭痛情況是否很普遍，其在各個年齡層的普遍程度，以及哪種類型的醫療介入方式（medical intervention）可能會有所幫助。

Google這些新結果對醫療照護領域人工智慧而言，是令人振奮的跡象，它們沒有反映出企業使用大數據和演算法取代醫生專業知識的想法；相反地，Google是邀請專業人士協助，設計醫療照護資訊和醫療系統本身的結構化方法。同樣地，IBM也改變其「華生醫師」系統（Watson system）在醫療照護和法律領域的行銷方式，改為宣傳該系統是醫生的小幫手，而非醫生的替代品[8]。當我二〇一七年與IBM「華生醫生」系統團隊代表對談時，他說他們提倡的，是一種增強智慧而非人工的智慧之願景。當幾個從AI行銷獲得最大利益的企業，都轉向IA（智能增強）的路徑時，全自動診斷工具的夢想似乎很快就會退流行，不再符合未來趨勢。未來，領域專家（domain experts）永遠會有一個位置，評估AI建議方案的準確性，並且衡量它在現實世界中的可行性。

AI的核心能力：避免常見錯誤

醫生是專家模式辨識器，我們期待皮膚科醫生告訴我們，某顆痣是惡性腫塊或只是美人痣；我們忍受大腸鏡檢查的不適，讓胃腸科醫師有機會發現（並切除）息肉。然而，即使是最好的醫生，也可能會犯錯，一般醫生也可能在關鍵時刻覺得無聊或分心；但是，有了AI，我們可以大大減少這類錯誤，因而每年可多拯救數千個生命。

這個方法取決於巨量資料，一個資料庫可能包含百萬張被標記分類（labeled）為異常的醫療影像，而這些影像最後演變成癌症病例，但是，同時也有百萬張影像最終並非癌症。就像我們會在Google上搜索配對所查詢的網站一樣，電腦可以快速將你的結腸或皮膚影像，與資料庫內的影像進行比對；理想上，機器會學習偵測出「邪惡的數位雙胞胎」，亦即，已被證明是危險的身體組織，而這些危險組織與你自己身上的組織像雙胞胎一樣地相似[9]。

這種機器視覺可以偵測到連經驗豐富的專家都可能忽視的危險，與我們自己的視覺截然不同。要理解「機器學習」（這個詞將在本書中反覆出現），把當代的電腦視覺和先前在人臉或數字辨識方面的成就互相比較，會很有幫助。當人臉辨識程式成功地識別出照片中的人像是某特定人物時，它會將照片中的圖型與可能存在於現有資料庫中 1000 × 1000 畫素網格（pixel grid）圖型進行比對。網格中的每個小方格，都可以被辨識出來到底是皮膚或不是皮膚，是光滑還是不光滑的，再搭配數百個甚至數千個二進位檔案，這裡面許多小方格都是人的眼睛所無法辨識的；而且，甚至還有更多的感官知覺應用，例如醫療影像還可以在畫素或立體像素（3D像素）層級上對資料進行編碼，標示出我們手、鼻或耳朵可能感知到的東西（甚至更多）。

透過機器視覺進行的圖型識別（pattern recognition），也是早期應用在銀行的成功商業案例，用一種方法來識別支票上的數字（有鑑於人類手寫字樣的多樣複雜性），只要有夠多的書寫數字範例和電腦運算能力，這種識別就可近乎完美。因此，從「攝取」資料並與數百萬筆其他圖像進行比較的層面來看，機器視覺在許多方面都是「超人類」的。皮膚科醫生可能會使用一種啟發法（heuristic）來診斷黑色素瘤（例如ABCDE，用於不對稱、邊界不規則、顏色變化多、直徑較大以及變化中的瘤），或者用他過去對病患罹患惡性和良性腫瘤的診斷經驗來判斷；而夠先進的AI，只要資料數據準確，就能極精準地將這些ABCDE參數與其他腫瘤進行比對。此外，隨著感應器的改良發展，AI也可能會發掘意外的觀察來源，用來區分惡性和良性腫瘤。

不過，機器視覺也有「低於人類」的一面，而且所呈現出的脆弱，也可能令人驚訝[10]。現在，AI在多數醫學的應用是「狹義人工智慧」（narrow AI），也就是聚焦於特定任務，且只專注於該任務。例如，狹義AI用於檢測息肉時，可能會「看到」胃腸科醫師不會發現的問題息肉，但是，AI也可能無法識別其他沒被訓練到的醫療異常資訊；因此，聯合診斷（同時有AI程式與醫生），會比單獨診斷更有價值[11]。

雖然醫生都經過多年專業訓練，但是，醫學知識也從未停止發展。人不可能記得住藥物之間每一種潛在的交互作用，特別是在某些複雜的情況下，例如病患可能同時服用了二十種或更多種藥物。藥劑師可以防止服藥的不良後果，不過他們也可能忽略不尋常的問題[12]。臨床決策支援系統（Clinical Decision Support System，簡稱CDSS）整合了電子病歷記錄，是AI早期的形式，可以幫助醫生避免可怕的後果[13]。CDSS「監控並提醒臨床醫生有關病患的情況、處方與治療，以提供實證的臨床建議」[14]，同時也有證據證明CDSS可以減少錯誤[15]。然而，即使在這個資訊提供相對單純而直接的領域裡，程式設計師、管理人員和工程師也無法輕易地將CDSS應用於醫療實務現場。事實上，法律已經在CDSS擴散普及的過程中發揮重要作用，包括希望政府能補貼此類系統；而醫療疏失所帶來對醫生或醫院法人的威脅，則是引導出應該支持採用CDSS的建議。但是，法院也認知到專業判斷無法自動化，而且如果有充分的理由否決CDSS，法院也不願意將不遵循機器建議的醫療行為，作為疏失責任的觸發標準[16]。

在這裡，持續的管制扮演關鍵角色，以便能確保病患受益於前瞻技術發展，又可避免為醫師、護理師帶來過多的資訊負擔。好幾篇文章的作者都曾提到「警示疲乏」的問題[17]，人機互動專家正在努力研究，希望能夠在警示和關於潛在問題比較細緻的報告兩者之間，取得更好的平衡。理想的CDSS軟體應該既不發揮壓倒性作用，也不應該只是執業人員的靜態觀察者。只有不斷地對CDSS的訊息進行校準與重新校準，才能使醫生、護士及藥劑師真心願意使用它，並且，應該有機制可以不斷地對其予以批評和改進，如此CDSS才能兌現其協助醫療的諾言。

資料、歧視及健康不平等

經過人類驗證的AI，很可能可以成為醫學的專業注意標準（standard of care），也就是每位病患在尋求治療時應該享有的預期專業標準[18]。然而，如果一項技術僅僅只是比一般平均的更好，並不表示它在所有情況下都是最佳的選擇[19]。的確，當AI的運算是基於有缺陷的資料時，很容易會導致歧視性的演算結果。著名的「風險評估」（用於為特殊需要病患提供特定的幫助）就將白人病患的排序優先於黑人病患，因為該評估使用醫療保險費用來代表疾病的嚴重程度；由於非裔美國人傾向找較便宜的醫療保險，因此演算法判斷他們的醫療需求，會遠比他們實際需要的醫療服務要少。這種代表性衡量方式的危險應該是眾所周知的，但是在急於量化的過程中，它的風險也經常被忽略或淡化[20]。

偏見也可能會影響具有診斷功能的AI；醫生和電腦科學家已經開始擔心，檢測黑色素瘤的軟體對少數族裔無法有效運作，因為AI訓練資料集內的少數族裔資料往往代表性不足[21]。如果這種偏誤確實出現了，就法律系統而言，會有個重要問題應運而生，即一般情況下檢測罹患此皮膚病的專業注意標準，是否會隨著主流種族的資料基準，而拉高醫療過失責任的注意標準門檻（譯注：也就是比較不容易成立醫療過失責任）。管制者必須確保，相關AI技術模型的訓練可以取得，以及使用更具代表性的資料數據，否則，這些AI技術將可能進一步加深嚴重的醫療不平等。

如果管制者未能嚴加監督，法院將必須決定哪些額外的資料、在什麼情況下、對於特定項目是「必需的」（例如識別黑色素瘤），以及在什麼情況下，只是有能力購買高端醫療服務者的「好東西」。瀆職與業務不當行為相關法律的立法目的，在於使病患安心，如果他們的醫師未達到醫療專業標準，就會遭到懲罰，而且罰金的一部分會用於賠償病患所受到的損害[22]。同樣地，如果技術服務提供廠商，沒有使用足夠代表性的資料集來發展他們的醫療AI，那麼業務過失相關訴訟應該有助於要他們承擔責任，以確保每個人都能從醫療AI受益（而不是僅有那些成為最多研究樣本群體的幸運兒可以獲益）。

資料科學家有時會開玩笑說，AI只是一種更好行銷的統計學。的確，狹義AI的原始目的，就是基於量化概率進行特定的預測[23]；這只是過去二十年來為了使醫學現代化、具有更廣泛實證基礎的步驟之一[24]。醫學研究人員已經掌握住「預測性分析」、「大數據」、「人工智慧」、「機器學習」和「深度學習」等詞彙，作為優化系統性能的重要隱喻。這些領域的文獻，都能幫助管制者辨識出AI有問題的資料。此外，有關AI本身侷限性的批判（包括缺乏可重現性、狹隘的有效性、過分渲染的宣稱、和不透明的數據資料），也應該作為法律判斷標準[25]。這裡的關鍵概念是，AI的核心能力——幫助人類避免錯誤的能力，應該要轉移到創造AI的人身上；他們必須為自己未能使用適當資料和方法的行為負責，否則，原來的目標本是為了避免錯誤，而未來我們最後卻可能落得不斷複製錯誤的下場。

維權運動人士已揭露醫學界許多有問題的資料集案例，例如卡羅琳·克利亞多·佩雷斯（Caroline Criado Perez）的研究證明，在太多的醫學研究和教學方法中，資料集的預設都是男性[26]；如她所觀察，「女性不是縮小版的男人，男性和女性的身體在細胞層次上是不同的……〔但〕醫學性別資料卻仍有巨大的空白必須填補。[27]」像佩雷斯揭露的這類情況，讓資料集的偏誤問題更廣為人知，因而偏誤資料集更加不可原諒。我們同時也必須將資金挹注在更好的資料蒐集上，以確保醫療AI更公平、更包容，並且讓開發人員、醫生和醫院承擔使用AI的責任。

不負責任四騎士

長期以來，由於倡議責任有限化的不間斷運動，上述的責任歸屬將遭到極大的反對。同時，AI也構成了問責的新障礙，不只是在醫學領域。未來主義者設想AI可以有效地自主行動，無需開發人員（或任何其他人）的指導或控制；然而這裡的挑戰在於，這種通用技術的創造者或擁有者，如何預測其AI所有可能產生或遇到的潛在法律問題？如果有一封用Word文件形式寫的勒索信，沒有人會認為微軟公司應該對該信負責，因為Word文件檔只是一個空白的模板；也沒有人會要求父母對已成年子女的罪行負責，因為成年子女已是獨立的個體。

當具有領導地位的AI開發商主張自己不該對自己的創作負責時，可說是利用「空白模板」和「獨立個體」的隱喻佔盡好處。依據十年來對於演算法「可課責性」的研究，任何理由都不該使此類企業免於承擔責任，甚至我們現在也都知道演算法可以傷害人[28]。數十年來，律師們一直與電腦的失靈故障問題搏鬥，這類問題最早至少可回溯到一九五〇年代的自動飛航駕駛事故，及一九八〇年代的Therac-25事件（當時因為軟體設計瑕疵，導致病人接受放射線療法機器過量輻射而傷亡的悲劇）[29]。

不過，有些建議方案會嚴重削弱法院在AI領域的角色，抑制法院在判定過失行為責任上所發揮的傳統作用；其他建議則是「架空」（kneecap）聯邦管制機關，轉而由法官來決定適當的事故補償措施。此外，即使這樣的法律「改革」不可能發生，企業也可以透過「消費者同意」這種惡名昭彰的契約服務條款，限制或轉移自己應負的責任。最後，表意自由（free expression）絕對論者則認為，當AI只是在「說」關於人的事情，而不是對人們「做」什麼事的時候，應將其視為言論自由（free speech）的範疇，並且得以豁免於訴訟。以上這些論點（掠奪性先發制止權、激進的法規鬆綁、概括式的免責條款、機會主義式的表意自由辯護），就像不負責任的四騎士，乘坐並操控著上述論述，主張只有在發明者和投資者不受訴訟威脅的情況下，AI才能快速發展。

決策者若受到創新美好願景的蠱惑，可能會設法大量排除當地法律，以便給予產業領導者一個即時、清晰的法律義務情境[30]；或者，他們可能用契約「賦權」AI使用者，自己放棄起訴權。在這裡，這種契約主權（contractual sovereignty）的不當使用情形是指，我有放棄自己促進自主權的權利；另一種較為和緩、功利主義的理由是，公民必須放棄一些權利才能讓AI蓬勃發展。

即使我們需要責任豁免權的保護，以便激發出一些創新，也不能是絕對豁免的。例如溫蒂・華格納（Wendy Wagner）所指出的，民事侵權訴訟對於揭露可能被管制者封鎖的資訊而言，至關重要[31]。當國際間或對一個國家進行法規調和時，也應該賦予本地組織更多實質權力，針對當地可接受的新技術風險程度，發展出自己的標準[32]。在細緻的訴訟和法規往前發展的同時，上級主管機關握有的是資源和時間表，可以規劃技術發展的大方向，並可廣徵專家意見。例如，美國國家生命及健康統計全國委員會（the US National Committee on Vital and Health statistics，我自二〇一九年開始在此單位擔任四年的諮詢委員職務）提供政策制定的專業建言，建議如何蒐集、分析和使用資料的最佳方式；該建言十分重要，因為在秩序井然的社會裡，管制者可以協助形塑科技的發展（而不只是被動應對新興科技的出現）[33]。

此外，法院和立法機關應該謹慎看待「免責條款」，必須限制消費者在什麼條件下可以放棄其權利。在醫學脈絡下，法官經常不願承認這些免責條款，因為病患不但脆弱，而且缺乏充足的必要資訊去做出真正清楚病況的選擇[34]。就大多數的機器人和AI來說，我們所有人都處於類似的脆弱狀態，因為我們幾乎永遠無法掌握、理解資料及其背後的程式碼。即使在允許免責條款的情況下，法院仍然扮演重要的角色，以嚴格監督不公平條款的使用[35]；無論契約雙方同意什麼條款，都應保留這類訴訟的空間，以避免不公不義的結果發生。

為了負責任地評估風險，AI供應商和使用者都必須對AI使用的資料（輸入）及其效能資料（輸出）有正確的紀錄。當AI造成損害時，任何人都不應該同意用契約剝奪掉自己檢視這些資料的權利[36]。我在下一節將介紹，在以AI驅動的創新中，管制者如何協助確保資料更好地輸入，以及如何促進這類科技的成果輸出品質。

誰來訓練「學習型醫療照護系統」？

我們可能曾經將黑色素瘤簡單地歸類為一種皮膚癌，但這似乎已經像所謂的肺炎、支氣管炎和花粉熱「咳嗽」一樣過時了。客製化醫學將幫助更多的腫瘤學家更深入瞭解特定癌症，例如某癌症可能是腫瘤多種突變的一種。如果適當地組合、比較和分析，數位化的醫療紀錄可能可以指出哪一種化療、放射免疫療法、手術和放射療法的組合，對於哪種特定癌症亞型的效果最佳。這是「學習型醫療照護系統」的核心目標，目的在透過比對治療中的各項自然變異結果，以優化醫療的介入措施[37]。

有些人很期待IBM「超級華生」系統可以從著名益智問答節目「Jeopardy!」中打敗冠軍轉而經營醫院，對這些人來說，AI的每一步進展，似乎都是朝著用機器實踐「食譜式醫術」的目標邁進。況且，誰知道未來一百年的發展趨勢呢？在我們有生之年，重要的是如何整合所有這些資料流，而為此我們需要付出多少努力？受試者會如何被對待？以及誰可以讀取結果？這些都是棘手的問題，但卻沒有人會去質疑這些資料的處理過程都必須有熟練與謹慎的人為介入機制，而且還需要有充分適當的法律意見，因為醫療隱私和人體研究所牽涉的法規十分複雜[38]。

再更深一層進到放射醫學領域來看，身體組織的成像正快速發展；我們已看到從X光到超音波，再到核醫造影和「影像組學」（radiomics）的進展[39]。科學家與工程師正在開發更多的方法，來描繪身體內部發生的事情，例如已經有可吞式膠囊內視鏡，想像更小、可用注射方式的內視鏡[40]。從這些方法所得到的資料流，遠比過往豐富得多，在整合這些資料流以導引出改進或完全改變治療模式的判斷之前，需要有創意及尚未系統化的新思維。正如放射學家詹姆士．薩爾（James Thrall）所說的：

> 資訊系統資料庫中的資料是「笨」資料（dumb data），通常一次只能讀取一張圖像或一個事實，然後由個別使用者來整合資料，並從中擷取出概念性或操作型價值。未來二十年的重點將會是，把笨資料從龐大而分散的資料源，轉變成知識，同時利用快速行動化及分析資料的能力，來提高我們工作流程的效率[41]。

從實驗室得來更豐富的結果、新穎又更好的成像、基因分析和其他資訊來源的形式，必將整合到病患疾病狀態的同調圖像（coherent picture）。紐約大學研究人員西門．海德（Simon Head）即提出深思熟慮的看法，指出優化醫學對新資料數量和新資料類型的回應，是一個實務問題，而非預先決定的過程[42]。診斷性和介入性放射科醫生都必須重新處理困難的病例，而非簡單的分選（sorting）練習而已。

基於目前可得的所有資料流，大家可能會預設，只要有合理的醫藥衛生政策，就可以深化並擴展放射科醫生的專業訓練，但是，目前美國這個領域正朝著商品化的方向發展[43]。諷刺的是，放射科醫生自己要對這樣的發展負很大的責任，因為放射科醫生為了避免值夜班，也開始將檢視醫療影像的工作，外包給遠端的「夜鷹」（nighthawk）服務[44]。這種作法反過來導致了「白晝販賣」（dayhawking），逼迫注重成本的醫藥衛生系統尋找最便宜的放射學專業——但即使是最優化的醫學實務，也會建議放射科醫生和護理團隊成員，在臨床與研究上能有更密切的諮詢合作。另一方面，政府的保險給付政策，也未能足以促進放射醫學AI的發展[45]。

當面對新資料流時，醫療影像專家需要做出許多專業判斷，目前，美國蓬勃的私人和社會保險的範圍涵蓋了大量放射科醫生的需求，以應對這些挑戰；但是，我們能想像一個世界，人們被誘導去選擇更便宜的保險產品，以「去年的價格獲得去年的藥品」嗎？當然可以，正如我們可以想像醫療的第二級（或第三級，第四級或第五級），可能是第一個涵蓋純自動化診斷的領域。

那些處於醫療保險較高級距的人，可能會很高興看到整體醫療費用的下降，他們通常是負責繳稅，讓保險能承擔未投保者風險的人；但是，在學習型醫療照護系統中，沒有任何一個病人是孤島。就如同追求便宜的藥品生產方式，使得美國無菌注射用水（sterile injectables）一直處於短缺狀態般，因而將很大一部分人口排除在高科技照護之外；這使得有這種照護管道的人，更難理解是否值得嘗試更多醫療照護的方式[46]。假如周全的資料集可以刺激最新的臨床創新觀察研究，則學習型醫療系統可以產出令人意想不到的研究發現。當人們獲取此類創新的機會越少，我們可以獲知這些創新的品質及如何改進它們的機會，也就越少。雖然分級可以解決當前醫藥成本的危機，但也會阻礙未來醫藥進步對每個人的好處。因此，發展醫療AI的正當之路，是強調每個人都可以獲得更好的醫療品質；而削減成本的低價之路，只是在複製我們已經有的醫療技術。醫生、醫院管理人員和投資者會選擇實施正當、低價之路或某些中間路線，相對地，他們的決定也會受到隨時修正的醫療衛生法律和政策環境所影響。

舉例而言，我們可以試想在瀆職與業務不當行為的相關法律中，當傳統與創新之間的緊張關係出現問題時，人們會用醫療專業注意標準來檢視醫師；該標準的依據，主要是其他一般醫生若在當時情況下會做什麼樣的醫療判斷，因此，瀆職與業務不當行為的顧慮，會迫使一些醫生遵從社會規則和傳統觀點。另一方面，訴訟的威脅也會加速醫療領域往更好的實務操作方向轉型。今天，沒有任何醫生能僅僅通過觸診一個大腫瘤，就診斷是惡性還是良性，通常還須採集樣本檢體、諮詢病理學家，以及完成組織分析。反之，如果AI診斷方法的進展夠成熟，不使用該AI診斷方法也會成為是瀆職與業務不當行為的判斷標準之一。

另一方面，如果第三方付款人（無論政府還是保險公司）拒絕給付保險金，那麼先進的自動化醫療技術也可能永遠不會流行。保險公司經常想限制保單所涵蓋的照護範圍，病患權利團體則持續爭取法定權益，削減預算者也會持續抗拒擴大保險範圍；如果成功，醫療衛生系統可能只能排除昂貴的新技術。

其他法規及管制機制也很重要，例如由醫療委員會決定醫生的最低可被接受的執業水準。在美國，聯邦醫療保險與醫療補助服務中心（Centers for Medicare and Medicaid Services）透過補貼協助訂立學士後醫學教育（Graduate Medical Education）[47]的條件。如果資金足夠，他們可以建構與生物工程師、電腦科學家及統計學家的合作關係；如果資金匱乏，他們將繼續招募更多的醫生，卻不夠資源瞭解做好當前工作所必需的統計知識，更別期待能以批判的角度評估新AI導向的科技[48]。

在AI工程師可以被允許來治癒人類疾病之前，法律不是只是待解決的唯一難題。近十年，醫療照護的就業規模之所以已經成長到一個獨立經濟部門與產業的地步，其主要原因即在於不管是透過法定工資或財富累積的方法，法規命令賦予廣大人口的最低保證購買力，因而提升了醫療照護購買力。最好的狀況是，這些法律要求也可以引導醫療衛生系統的發展，朝持續創新和改進的方向前進。

你的治療應用程式為誰工作？

儘管AI對癌症和其他身體疾病的輔助診斷還有一些挑戰，但我們可以確信，科技將在這些領域扮演更多的角色。醫生和研究人員可以就最佳性能標準達成共識，並逐步改善機器，以辨識疾病並完成更多工作。當我們的焦點從身體的健康轉向心理健康時，會更加複雜，這時將需要更多人類的參與。

與其他弱勢族群一樣，精神疾病患者通常會被轉介到自動化系統診療。Apple的App Store和Google的Android Market中，有大量的應用程式聲稱可以改善心理健康，有些應用程式用於憂鬱症、焦慮、成癮和恐懼症，能提供舒緩或鼓勵人心的數位介面，有時甚至包含更多功能。當診療方式仍是由治療師或其他專業人員開具處方時，這些應用程序就很有前景；例如，尋求治療藥物濫用成癮的人，可以使用應用程式記錄他們的用藥渴望，將復發與特定觸發因素相連結，並獲得提示或建議。但是，當應用程式變得更加自主化，不受專家約束時，就會出現嚴重的問題。

有時，應用程式無法執行基本的治療職責；有記者發現，一名兒童受試者寫出她在家中遭受性虐待，AI治療師卻未能向當局發出警報[49]。合格的治療領域專家，會瞭解強制呈報的法律規範；反觀技術專家雖然被訓練成要「快速行動、打破陳規」（move fast and break things），卻可能完全不知道有這些法律的存在。未經審查甚至是危險的應用程式正在快速成長，已危及需要周全照護患者的健康[50]；這類應用程式的資料共享政策，通常不完整或十分單一狹隘，有可能洩漏資料而違反治療師必須遵守的職業倫理責任——亦即保密義務[51]。美國食品藥物管理局（the US Food and Drug Administration，簡稱FDA）已經拋棄了自己在這個領域的職責，因為其遭到國會議員一再警告，如果行政機關干擾此類應用程式之創新，將可能遭到大幅預算削減，所以幾乎沒有對這類應用程式進行監管；至於其他國家，在確保這類應用程式的安全性和有效性方面，似乎也看不到有特別積極的努力[52]。

經濟壓力進一步助長了這種鬆懈的管制態度；廉價的心理健康應用程式，是醫療健康系統在緊縮政策削減成本下的救星，例如英國的國家健保醫療服務（National Health Service，簡稱NHS），即是如此。英國衛生部門透過「NHS Apps圖書館」向患有憂鬱症和焦慮症患者推薦了應用程式，不幸的是，根據《實證精神醫學》期刊（*Evidence Based Mental Health*）的研究，大多數應用程式的真實臨床價值是「無法證實」的[53]，在被研究過的應用程式當中，只有兩個是使用了驗證過的評估指標；而且，目前還不是很清楚，現存精神醫學專業人員的數位替代品，是否能符合人類專業者所提供的受託人責任和其他專業標準[54]。在數位助理的領域裡，這些議題已令人憂心，而類似的信任問題在醫療照護領域只會更加明顯[55]。

這類問題其實有跡可循。快速修復的技術方案可以輕鬆地說服粗心、不設防的人，例如危險的專利藥物誘使人們輕信了數十年，有時甚至造成災難性的後果[56]；這些化學藥品格外吸引無法就醫的人，就像有些精神健康應用程式的廣告宣傳——「聊勝於無」，對於無法去看治療師的人而言，誘惑力十足。最近美國國會刪除了食品藥物管理局對營養補充品的管制權，進而為可疑的「天然療法」創造了無法可管的灰色地帶[57]，但是，許多這類藥物的功效卻令人懷疑。同樣地，如果我們看到法規鬆綁進而扭曲數位診斷和醫療干預的情形，也就不足為奇了。

治療程式有著悠久的歷史，能為AI諮商在當前飽和的治療市場提供了一些觀點；麻省理工學院的電腦科學家約瑟夫・維森鮑姆（Joseph Weizenbaum）就開發了最著名的程式之一：ELIZA（以「畢馬龍的伊麗莎・杜利特」〔Eliza Doolittle of Pygmalion〕命名，因為這個程式複製了人類的語言模式[58]）。這個早期的聊天機器人，模仿了個人中心治療方法（Rogerian psychotherapy），維森鮑姆在一九六六年的一篇論文中提供了以下例子，作為可能的語言交換類型範例：

使用者：男人都一個樣。

ELIZA：怎麼說？

使用者：他們總是為一些小事煩我們。

ELIZA：你可以提供一個具體的例子嗎？

使用者：嗯，像我男朋友就要我來這裡。

ELIZA：你男朋友叫你來這裡？

使用者：他說我太常憂鬱了。

ELIZA：我很遺憾聽到你很憂鬱。

剛開始，維森鮑姆十分自豪自己的作品，他向麻省理工學院的同事們展示炫耀，但是使用者很容易就「相信」這個軟體，甚至可能太容易了；維森鮑姆很快就終止了這個研究，擔心它會篡奪其他更多元的治療可能性[59]。有鑒於當代衛生技術官僚對削減成本的痴迷，這種擔憂就像先知預言，極可能成真；在「以價值為基礎的購買行為」（Value Based Purchasing）的時代，用二．九九美元應用程式代替精神科醫生，或許真的讓人難以抗拒。

應用程式加速推進者也許會聲稱，歷經過去半個世紀的技術發展，提出ELIZA這個例子是不公平的。然而，終端消費者心理健康應用程式的領導產品，很快就使用類似ELIZA這類文字內容導向的介面，例如，非常受歡迎的Woebot應用程式，用來自動化認知行為治療。Woebot透過提供簡單、二分法的回應，來「啟動」使用者的對話，並且追蹤它們。舉例來說，互動開始的時候，Woebot可能會發簡訊告訴使用者：「我在史丹佛大學的研究資料顯示，人們大概只需要十四天，就能學會與我聊天，而且感覺會越來越好。」使用者無法輸入某些重要問題，像是「史丹佛大學的什麼研究？有多少研究參與者？對照組的暴露因子是什麼？」相反的，我在測試這個應用程式時，看到使用者只被允許的兩種反應：「這樣很合理」或「嗯……」，這類二元的回應在這個應用程式中不斷出現，以訓練使用者如何回應。

對於被選擇題制約的人而言，Candy Crush之類的簡單手機遊戲，以及Facebook、Instagram和Twitter的「讚」（like）/「取消讚」（not-like）二元表達方式，都讓Woebots的回應功能，看起來是數位社群漂移（digital drift）一種無縫接軌的延續。這些二元式回應消除了自我解釋、也消除了需要清楚表達的回應，以及每次都要決定是要熱情還是持懷疑態度的負擔。這對於飽受憂鬱困擾的人來說，可能是一種解脫。

相較之下，有一種治療方式（俗稱「談話療法」）認為上述清楚表達回應的要求，正是諮商的重點，而不該是要避免的事情[60]。治療應用程式的興起，有可能使談話療法進一步遭到邊緣化，相對地偏好行為學派的方法；該方法會試圖簡單地結束、消音、壓過或否定負面思考，而非探索這些負面思考的脈絡和源頭。當心理健康應用程式由狹義AI所驅動時，它們會同時受益於實用導向的方法，而且也對病患強化實用導向的方法，意即將病患的問題簡化成生產力的障礙[61]。

的確，幾十年前隨著心理藥物（psychopharmaceuticals）的興起，這類擔憂就出現了[62]。批評者認為，與其以藥物解決病患的問題，若能在更廣泛的脈絡下探詢他們的問題與根源，病患的情況會更好[63]；但至少在藥物使用的情境下，開始療程之前需要有一些專家指導。太多的治療應用程式，甚至都跳過專家指導這個保護措施，直接推銷給潛在的病患。

另一種批評路線，則是集中在使用者的脆弱上，意即使用者容易受到未知力量的過度操弄[64]。例如，假設使用治療應用程式「治療」一名勞工，這位員工抱怨工時太長，覺得薪水太低，自己的價值也被低估，並向應用程式表達了這些感受。面對這類問題，應用程式可能有多種潛在的回應，例如，應用程式可能會建議該員工鍛鍊自信，催促員工去要求加薪；更極端一點，該應用程式可能會對這位員工的命運作出建議，開出建議審慎考慮辭職的藥方，力勸該員工應該更欣賞、珍惜自己所擁有的；又或者，它可能會刻意保持中立，更深入挖掘該員工不安的原因。猜猜看，雇主希望在提供給員工的健康應用程式中，看到上述哪種回應？如果有專業人士作為緩衝，就能降低類似的利益衝突。相較於雇主、保險公司及政府等第三方付款人決定的應用程式或AI，專業人士可以針對眼前所面對的疾病，提供更為中立的解釋[65]。

當我們對「成功」有清楚和明確定義的衡量方式時，預測性的分析工作就可以發揮最佳效果，但是，在許多有關心理健康顧慮的情況中，問題及其解決方案的定義有很多種，不同的商業模式會刺激使用不同的方法，去定義精神疾病或該疾病的治療；廣告式的免費應用程式可能會希望使用者盡可能回流，訂閱式的應用程式服務，則不一定會優化「停留在機器上的時間」（time on machine），但是，它可能使用其他操弄形式來促銷自己。相對於那些用來衡量應用程式價值的指標，自我彙報式的健康，可能是一個比較沒有爭議、可資驗證的「基準事實」（ground truth）[66]；但是，健康的概念本身已經被企業和政府所殖民，並與生產力等較為客觀的衡量方式緊密扣連[67]。正如瑪莎．納思邦（Martha Nussbaum）極具說服力地指出，我們在這種被殖民的健康概念下，失去的是，情緒作為我們「價值判斷形式」（forms of judgment）的意義[68]；取而代之的是，透過快速發展中的「幸福產業」之數位化，情緒正成為另一個像生產力一樣需要最大化的對象[69]。

學術界與行動主義者已經指出醫生和其他健康服務提供者之間的偏誤問題，醫學領域中要對演算法課責的運動，也必須延續這類批判的任務，以便糾正偏誤和其他因為運算造成的照護問題。最好的結構性保護措施是，確保大多數應用程式的開發，是用來增強負責任的專業人員的智慧，而不是用AI來替代專業人員[70]。醫療衛生法律與政策的許多其他面向（例如特許執照和保險給付等），也應在以人為本的（而非行為主義的）心理健康應用程式上發揮作用[71]。

解放護理人員？還是將護理工作自動化？

醫療照護可以是件困難、骯髒、單調甚至是危險的工作，由機器人和AI組成的新興部隊可以減輕照護者的負擔。機器人已經進入醫院和療養院，很少人質疑它們被使用來做清潔、提示（例如服藥或避免吃鹽）、移動（行動不便的病患）等工作或扮演其他各種輔助角色。機器人這些輔助角色解放了照護者（不論是親人、護士、醫生還是朋友），讓照護者可以進行其他更有意義的互動。舉例來說，日本的Robear機器人可以抬起病人上下床，節省一些照護氣力，而且可避免照護工因為移動病患的工作而造成背部傷害。其他的例子如自動化藥盒，可以防止用藥錯誤，而這一直是老人照護工作令人頭痛的難題。

理想上，這類創新可以解放護理人員，進而投入更多心力在人類獨特的互動關係，例如，以下這個臨終關懷工作者的案例，以及她為臨終者所提供的療癒與安撫效果：

> 海瑟不像醫院的護士那樣敏捷或有效率，事實上，她故意讓自己沒那麼有效率。大多數時間，當她去拜訪病患時，不需要做任何事：她檢查生命徵象，檢查房子裡是否有足夠的用品和藥物，詢問病患老毛病是否已經消除，還是有出現新症狀……但是，即使沒有其他事情，重點是她待在病患身邊的時間，可以更久一點，聊天或比鄰而坐的陪伴，抑或是當她檢查病患身體時，將手放在病患身上，有皮膚的接觸。對病患來說，她的來訪可能是一天中最重要的時刻……所以，海瑟慢慢做事、她坐下、她放緩步調、她停留徘徊[72]。

在時間緊縮又急迫的醫療機構情境中，很難見到上述這種照護；即使是考量護士的辛勞而設計出來的最低醫護病患比例，醫療機構也很少將這種有目的性的「低效率」考量在內。然而，那是錯誤的，因為這種難以用言語表達的互動關係，正是臨終照護工作最重要的部分。

現在有些AI和機器人被用來承擔那些陪伴和關係連結的任務；記者娜莉．鮑爾斯（Nellie

Bowles）描述了一位名叫比爾的老人，對於數位索克斯（Sox）的喜悅之情。索克斯只不過是平板電腦螢幕上的一隻動畫貓，每天問比爾過得好不好、回答比爾的問題，並偶爾嘮叨比爾要吃好一點[73]。比爾知道索克斯的背後是遠端的工作人員在操作，在觀看比爾的行為時輸入索克斯應該要「說」的內容，但是，比爾發現，即使只是匆匆而過的生活和健康問候，也有助於緩解他妻子去世以來的寂寞。正如另一位索克斯使用者在一段影片中所說：「很高興有人問你今天過得怎麼樣，或關心你是否有什麼困擾的心事。」[74]

愛爾蘭的陪伴機器人麥羅（Mylo），可以把自己的臉換成貓臉[75]；麥羅是一種可移動的物體，其骨架讓人聯想到電影《星際大戰》（*Star Wars*）的C-3PO機器人。開發麥羅機器人的社會企業家，將這種機器人定位為撫慰者與看護者的角色，能提醒老年癡呆症患者每天服藥，或在病患呼救時，或者出現長時間未有動靜的不尋常情況時，趕快向家人發出警示。使用者每天只需支付九歐元就能租用麥羅機器人，比一個小時的個人照護費用還少。這種成本差異，可能使社交和照護機器人超越它們輔助人類照護員應有的角色，而朝著替代人類照護員的方向發展。

我們很容易會將人格特性投射到玩偶、卡通人物和電視角色上，對於一個孤獨的人而言，即使是一顆排球，也就足夠形成人格了（想想電影《浩劫重生》中男主角湯姆．漢克斯的角色）。媒體理論家拜倫．李夫茲（Byron Reeves）和克里夫．納斯（Clifford Nass）指出，許多人傾向連結媒體上的角色，好像他們就是自己生活中的真實存在，「（這些）反應不需要策略性思考；相反的，它們是無意識的。這些反應也不是由提供它們的人所決定，卻一直反射式地出現。」[76]同樣道理，機器人也可以激發類似的情感，產生它們自己的擬人化或動物化[77]；可是，當機器人召喚信任或友誼的對象，本身是脆弱族群時，就會涉及敏感的倫理議題[78]。

舉例而言，設想我們用貌似動物的機器人，來替代寵物的可能性。動物輔助治療在一些長期照護機構非常受歡迎，就像美國的「綠色照護中心」（green nursing homes）[79]；不幸的是，員工可能很難控制動物，因此許多照護機構會擔心動物咬傷或抓傷人類，可能造成機構要額外負擔的責任，然而機器人有望提供一種更安全的另類選擇。日本研究人員開發了派羅（Paro）機器人，作為癡呆症患者的伴侶。它是一種看起來像是小海豹的機器人毛絨玩具，行為舉止像寵物，可以模仿欣賞、需要及放鬆等反應；它也會眨眼睛、嗚咽、發出吱吱聲，也可以搖動鬍鬚和尾巴；派羅試著提供非人類的陪伴，但卻可以減少與動物接觸的風險。

隨著我們越來越依賴機器人，麻省理工學院研究員雪莉．特克（Sherry Turkle）呼籲我們應該更加謹慎。根據特克對弱勢族群的觀察，發現「擬仿物」（simulacra）的影響有多麼深遠：「養老院中的長者與派羅機器人玩耍，認真地與這種不知如何定義卻表現得像是小海豹的生物應對。他們的問題從『它會游泳嗎？』、『它會吃東西嗎？』轉換成『它是活的嗎？』、『它會愛人嗎？』」[80]特克擔心我們的社會將變成：忙碌的成年人只給自己的年邁長輩留下一組精緻的玩具，而不是探訪與陪伴。作為麻省理工學院科技與自我計畫（Initiative on Technology and Self）的創始人兼主任，特克認為人類對於小裝置過度投入，就是將該裝置作為人類社會「慾望－機器」中的「機器性」（machinic）的替代品——機械化互動的「廉價約會」的出現，意味著更加不可預測，但也是對友誼、愛與夥伴關係的終極挑戰以及意義的協商。雖然影片與研究記錄了派羅機器人對長期孤獨者的正向情緒影響，但是，特克認為，這項創新可能恰恰為「疏於照顧」提供了藉口：既然有機器動物陪伴，為什麼還要去探訪爺爺奶奶呢？

由於許多老年人的孤獨狀態，派羅機器人的提倡者所指出的，正是這種創新的實際需求。即使是與寵物治療師會面，也只能一次幾個小時；假如真沒有其他選擇，沒有人或動物可以表示關心或愛，那麼派羅機器人的存在，不是比什麼都沒有要來得好嗎？若要說「人的年齡」從嬰兒期到老年就像一個完整的循環，那麼，派羅機器人不就是小孩的《絨毛兔》（*The Velveteen Rabbit*），只是變成高科技版本而已嗎？《絨毛兔》這個經典童話故事中的毛絨動物，對於一個孤獨的小男孩來說，是真實的；支持者認為，派羅一般來說不會替代真正的陪伴，但卻對一小部分人有替代效果，因為他們的照護需求較為昂貴，容易導致私人和政府財庫不堪負荷。

那些推廣社交機器人的人喜歡引述相關統計數據，說明優質護理之家的短缺以及此類服務的高成本問題，因此，推廣社交機器人是經濟上的必需[81]。在許多已開發經濟體中，年齡金字塔正逐漸轉變成長方形，因為老年人口已經與年輕人口一樣多。幾十年來，長期照護政策制定者持續憂心美國數以百萬計嬰兒潮一代即將退休；人口老化的現象，被預期將對社交照護機器人帶來巨大的需求，孕育出科技替代人類的思維。的確，在「築牆」仇外心態或生態法西斯主義者[82]的國族主義政治下，科技可能成為富裕國家限制移民的藉口；例如，一個老化人口群體可能會拒絕國外的年輕勞工，因為相信機器人可以完成移民所做的工作。但是，這種自給自足式的想像，可能是自欺欺人，因為只要機器人（或其擁有者）的稅賦少於勞工，機器人支付養老金和醫療健保的能力，就不如他們所替代的勞工。使用政策推動醫療自動化之前，政策制定者應該先明確處理這類長遠的財政影響問題。

我們必須對照護的政治經濟學有大格局的瞭解，才能公平地評估社交機器人的範圍和潛力。老人照護的資金短缺，既不是經濟學的自然規則，也不是工作狂式地增加家庭探訪次數就可以解決（那也是一種無法實現的奢侈）；它們是特定公共政策的產物，而它們也可以透過更好的政策來修正（或至少得到改善）。如果富裕國家實施更加開放的移民政策，許多來自其他國家的勞工可以從事照護工作；正如家庭幫傭人權運動者蒲艾真（Ai-Jen Poo）所努力的，移民勞工的人道安排（以及公民身份的步驟），是實現全球團結和互助的途徑[83]。同理，當提高薪資水準時，原本哀嘆缺工的企業自然就會收到大量求職申請表[84]。

不可否認地，究竟什麼樣的老人照護機器人是適當的，不同政府可能會做出不同的判斷，並沒有放諸四海皆準、一體適用的處方。例如日本政府特別熱衷在醫療照護情境中部署相關科技[85]。有幾位評論者認為，神道教和佛教的傳統，使得日本公民更容易接受機器人及相關技術；例如，前麻省理工學院媒體實驗室主任伊藤穰一（Joi Ito）就看到了泛靈論與機器人接受度之間的深度連結[86]。

然而，日本文化並不是單一的，它也有多元性的一面，所以仍舊會有其他聲音表示對於AI普及應該審慎以對[87]。例如，在一次熱烈的交流活動上，動畫大師宮崎駿（Hayao Miyazaki）表達他對AI動畫怪異人形生物的不舒服感受：

> 我覺得非常噁心。如果你真的想製造令人毛骨悚然的東西，你就繼續做吧；我是完全不會讓這項技術納進我的作品裡……我真心認為這是對生命本身的侮辱……我覺得我們快走到盡頭了，我們人類對自己的信念正一點一滴地流逝[88]。

宮崎駿這樣高調地抵制，使得任何將日本接受機器人科技的單一化簡單敘述，都顯得沒那麼簡單。如果說有熱衷採用機器人（例如照護機器人）的人，那另一邊同樣也有頑固捍衛人類、捍衛人際交往、及捍衛傳統互動的人。我們必須謹慎對待「文化」相關的論證，因為單一文化觀點的表述，往往會邊緣化或忽略非主流的異議和聲音[89]。正如印度學者沈恩（Amartya Sen）挑戰新加坡領導人以獨特「亞洲價值觀」作為堡壘，去抵制人權一樣，我們今天必須質疑關於文化同質性的輕率假設[90]。

雖然電影和漫畫也許可作為日本文化熱愛自動化機器人的證據，但卻也有悲劇和遺憾的電影和漫畫。例如日本一九九一年的預言（若直接了當地說）電影《老人Z》（*Roujin-Z*），對機器替代人類看護充滿了焦慮。電影述說一個飽受病痛折磨的虛弱老人，被一張超級機器化的床「照顧」，這床可以滿足他所有的需求，看電視、剪指甲、洗澡，甚至吃飯和排便。不僅電影對整體機器照護的呈現是怪異的，這種機器脫離個人能動性（human agency）、人類指導和人性尊嚴的想法，讓人感到極度不安。「讓生命值得活下去」的概念，是那麼難以言說與多變，相關的賭注又是那麼地高，而照護者和被照護者之間的決策也相當錯綜複雜，所以，把這樣複雜的關係例行化（routinization）是差勁的建議，更糟糕的是，這也極度冒犯人。

這裡必須釐清的是，前面提到的每一個例子，都可以說明日本的「文化異議」（cultural dissent），而不是日本典型主流的態度。慶應義塾大學（Keio University）網路文明研究中心助理教授丹妮特．蓋爾（Danit Gal），在「工具」（被工具性地使用）與「夥伴」（更廣泛的同理、團結、甚至友誼或愛）的光譜之間，將人類對於AI與機器人的態度進行分類[91]。蓋爾的研究提供了一些跡象，顯示日本比較接近光譜中的「夥伴」一方，但他的研究並沒有導出一套龐大統一的「亞洲價值」技術結論，像是韓國則是建立了清晰的「人優於機器的階級體系，而AI

和機器人有望支持並進一步增強這種人類主導地位」。蓋爾也推斷，中國處於這兩種典範中間，而且有關人機互動基本前提的政治和文化辯論仍在進行中。隨著這些獨特取徑與典範的發展，經濟學界不應該預設替代式自動化（譯注：如照護AI）具有「規模（經濟）」效益，認為它可以像以人為中心的護理服務那樣成熟。

機器人照護的政治經濟學

勞動力參與及需求的大趨勢也很重要。家中有老人的成年子女，在必須承受更大工作壓力的情況下，照護機器人的存在顯得更為合理。「三明治世代」（sandwich generation）因為負擔過重，所以必須在某些地方做出犧牲。相反的，如果生產力提高，將能有更好的分配，對老人照護機器人的需求可能就會減少。創新的擴散，不是因為機器裝置本身的存在，而是因為它在某種社會技術系統中的作用；正如美國法學者瑪莎．菲曼（Martha Fineman）所說的，我們可以重新設計社會制度，來改變這些誘因和壓力，而不是去改變人們，來適應越來越失調的系統制度[92]。

最後（也是此章論點中最重要的一點），在社交機器人和醫療照護工作者之間只能二擇一的觀念，是錯誤的二分法。即使是社交機器人的支持者，現在也傾向將它們視為照護員的輔助，而非替代品。這論點已有證據支持，例如，相較於不干涉、不介入的方式，若將派羅機器人，搭配護理師及其他人類照護員的大量參與，可以提供更好的照護效果。過去十年來，研究人員對機器人的這種用途，進行了許多研究，也獲得許多正向的成果。台灣的精神醫學研究人員發現，「機器人輔助治療可以作為日常活動的節目之一，並且有可能改善社區安養機構中老人社交健康」[93]。挪威的規劃者也發現，當癡呆症老人接觸派羅機器人時，「派羅機器人似乎是增加社交互動與創造參與度的媒介」。[94]人類照護者可以跟社交機器人建立互動關係、鼓勵自我表達、對同儕的關心和對話；這種互補性對病患與照護員都有幫助。

專業學校和醫療照護系統，都應該在弱勢族群和技術系統之間培養專業媒介者的技能。正如倫理學家艾米．范．溫斯伯赫（Aimee van Wynsberghe）所主張的，機器人的部署，反映一種實踐的願景——這裡指的是關懷的實踐。在許多情境下，「人的觸感、目光接觸及人的在場」對照護而言是必要的基礎；當機器人可以改善這種交流互動，它就會受到「價值中心設計」（value-centered design）思維的歡迎[95]。

先進的醫療照護系統已經欣然接受這種互補性，荷蘭紀錄片《來自愛麗絲的問候》（*Alice Cares*）跟拍一個陪伴機器人的實驗，輔助家庭健康助理的例行拜訪；這個實驗所產生的相互作用，整體而言是正向的。一位老婦人向機器人展示了自己的相簿；另一位老人和機器人一起看足球賽。這個機器人會歡呼、點頭，偶爾表達鼓勵或關心。家庭健康工作者向老人保證，機器人不是要取代真人之間的互動，而是為了讓老人的生活更有趣；那就是信賴的基礎[96]。

鑒於對自動化機器部署的廣泛關注，建立信任是必要的。根據歐洲趨勢調查（Eurobarometer survey），百分之六十的歐盟國家要禁止使用機器人「照護兒童、老人和身心障礙者」[97]，他們的觀點不只是盧德主義，而是認為自主性機器「照護者」的興起代表一種深刻的社會分化：一邊是經歷過人與人連結的人們，另一邊則是那些「降級」到軟體和機器之間的人們。甚至上述接受照護者是否真的有得到關懷照顧，也是個問題。「關懷照護」只能從互惠關係中產生，而不是模仿照護行為的外在表演；在互惠的照護關係中，至少，在原則上，照護者可以有自由意志停止照護。照護是一種必須不斷投入時間和精力到另一個人身上的關係，是一種持續確認及再確認其照護意願的過程；這使得照護非常珍貴，也可看到人類的自由意志是多麼獨特。因此，AI與機器人可以協助改善照護條件，但卻無法獨力完成這項工作。

在醫學中保持人味

我們可以從另一項重要科技「製藥」的成功和失敗經驗，學到很多關於機器人和AI在醫學領域的想像未來。任何明智的醫生，都不會想回到現代藥物出現之前的時代去執業。今天抗生素可以治癒肺炎，但是，在不到一個世紀之前，肺炎仍然是無藥可治的致命疾病；儘管如此，服用什麼藥物、多少劑量、以及多長時間的問題，在許多情況下仍有爭議。機器人和AI也會有類似情況，有些醫生會大量使用AI與機器人開立處方，有些則會更謹慎；因此，我們都希望有更好的資料蒐集方式，可以讓客觀的觀察者區分「希望」與「炒作」。

一旦自動化超出了安全性和效能的基本問題，我們就會開始面臨更加困難的判斷。如果只依據市場邏輯，對AI部署的本質和速度作決策，那麼，廉價機器人和應用程式可能很快便成為特色醫療（specialty care）新的守門人——或者完全取代許多病患的人類醫生。私人醫生可能被視為奢侈品，就像專做訂製服裝的裁縫師一樣；另一方面，如果國家在自動化的過程中扮演過多的角色，政治考量可能導致低效率的停滯狀態。市場與國家都是透過社會學家艾略特．弗德森（Eliot Freidson）所謂的「第三種邏輯」——專業精神——得到最佳的平衡；專業職場上，具有專業知識、提供特別重要服務的勞工，就擁有「組織和控制自己工作的權力」[98]。

醫學是最古老的職業之一，但維持其自主性的基本原理也是隨著時間而變化。當醫學治療充其量只是某種難以預料的事業時，醫生就像巫醫，透過與未知力量的緊密關係而受尊重。隨著科學發展使得醫學更加可靠，醫療執業考試委員會制定了專業標準，以保護病患免於江湖郎中和騙子的傷害。此外，還有如何管理醫學研究所產生風險也是重要問題，但這些問題也許對於行銷領域來說，不是那麼急迫；為瞭解決此等問題，醫學界利用其特許權（即許可或拒絕核發照護資格的特權）保護社會大眾，尤其是最弱勢的群體。

不幸的是，有些心理健康應用程式利用聰明的行銷模式，可能使得醫療產業走上一條分歧和不穩定的道路。對於潛在客戶而言，這些應用程式也許會被用作替代親訪治療師的廉價便利方案；這與許多管制者（從特許執照核發到消費者保護等相關機構）的態度形成鮮明對比。對許多管制者而言，應用程式只是遊戲、消遣娛樂、資訊服務、「一般健康」與保健的輔助工具——相當於任何可以規避治療師傳統職責與責任的東西[99]。雖然這種管制套利可能是特定企業的短期法律策略，但這卻會腐蝕整個產業發展所需的信任基礎。同時，病患也將冒險去依據不合標準的醫療建議採取行動；例如，澳洲研究人員研究八十二款針對躁鬱症的手機應用程式，發現這些應用程式總體而言「不符合相關治療指引規範或既定的自律管理原則」[100]。

亞當．茨夫（Adam Cifu）醫師與維納耶克．普薩德（Vinayak Prasad）醫師在其新書中有項令人震驚的發現：「儘管臨床、基因體研究和外科科學已有長足的進步，但醫生仍繼續使用後來證明對病患毫無益處的醫療實務，有些醫生甚至長達數十年都這樣做。」[101]普薩德醫師用一項統計來總結這個問題：「我們醫生所做的事情中，有百分之四十六都是錯誤的。」對我們多數人來說，的確，有一些簡單而直接的診斷，就是這些診斷形成我們對醫療系統的主要經驗。更多的研究將會找到更多這種一種疾病對應一種治療「妙方」的組合，甚至將它們自動化；但是，這樣還是離真正用AI降低疾病發病率與延長壽命的方向，相去甚遠。

當然，AI和機器人對健康最大的影響可能是間接的，這要感謝衛生部門以外的發展。近年來，公共衛生研究人員發現，社會決定性的因素——營養、睡眠方式、工作壓力、收入和財富，對於健康來說特別重要。儘管AI可能帶來更多的好處，但透過對於上述領域產生的效果也可能提升福利，但也會加速不必要的監視、社會分化和零和競爭。這些效果對於人類壽命和健康的影響，也會與外科手術機器人或AI優化飲食的進展一樣，甚至影響更大。

對於大多數健康者而言，看病就像是一種識別（診斷）疾病樣態的簡單任務，後續就是治療程序或開處方。電視劇中理想的醫生，會謹慎思量與權衡手上的證據，堅定地建議一個行動方案，然後再繼續處理下一個病例。如果世事如此簡單，機器人終究會替代醫生；但是，在現實的醫療實務中，這種想像早已過時；在許多情況下，最佳行動方案會一再面臨各種真實的不確定性；同時，當代醫學也希望病患能參與——或至少理解——其醫療照護計畫。這些因素都讓醫病關係更加複雜與多元，因此，深度的人性要素是極度必要的。我在下一章中將說明教師和學生也面臨類似的挑戰。

CHAPTER

3

超越機器學習者

二〇一八年，#ThankGodIGraduatedAlready標籤開始在中國社交媒體上流行，還有一張令人不寒而慄的圖片，圖片上是高中學生的臉，周邊圍繞著綠色和紅色的矩形，每個矩形都有一個識別號碼和描述文字，例如「分心」、「正在回答問題」或「正在睡覺」。攝影機每天每分每秒記錄著教室裡所有人事物，幫每位學生生成數十萬張臉部影像。AI比對學生臉部和資料庫中已標記的影像，解析每個人學習的信號。在工作職場上，已經有勞工和訓練資料集內「投入或分心」、「全神貫注或恍神」等標記配對；現在，對於成千上萬受到監視的學生來說，沒有一時片刻是可以生活在螢幕外的，除此之外，還會有相關報告總結每個學生每天專注的時間有多少[1]。

中國一家大型科技公司漢王科技，開發了此「課堂呵護系統」來監督與激勵學生。另一家公司海康威視的AI產品，則用來記錄學生是高興或傷心、生氣還是驚訝，還將評分遊戲化，做成每間教室的監視排行榜，讓學生相互比較；他們用全校記分板鼓勵班級競爭，任何排名較低的班級都會知道是哪些落後者拖累了整個團體。根據記者薛鈺潔（Xue Yujie）在二〇一九年的分析與觀察，網路上充斥學生對中國「智慧教育」新措施的不滿，學生被壓迫到「崩潰」，不斷咒罵AI監視者的眼睛[2]。

被中國漢王科技監控的女學生抱怨，臉部辨識系統無法真正辨識她們，只要改變髮型或妝容，就很容易被誤認為另一個女孩，而為瞭解決誤認問題，學校居然送她們去參加更多次的臉部影像捕捉活動；其他學生則是直接拒絕攝影機，一直說「我想砸碎它們」。即使在一個習慣大規模監視的國家，日常生活這樣被逐秒記錄，也會引起眾怒。蓋茲基金會（the Gates Foundation）曾經資助美國的同源生物辨識技術（cognate biometrics，一種皮膚電阻感應手環，目的在持續測量學生對教學的參與度），結果引發社會大眾的強烈反對，最終迫使基金會撤回該項資助。目前並不清楚在中國所引起的廣泛批評，是否會產生同樣的效果，然而，漢王科技一位高級主管則是對薛鈺潔這位記者指出，是中國政府的《新一代人工智能發展規劃》政策激發他們製造出「課堂呵護系統」[3]。

同一時期在美國，至少有一所大學，正在發展不同的教育科技（edtech）模式。在喬治亞理工學院，學生上完一堂人工智慧課程之後，發現有一名助教原來是個機器人，學生原本只知道助教線上名稱為「吉爾華生」（Jill Watson, JW）[4]；在上課的週間，JW會公告習題作業，並用預設答案來回答學生的問題；倘若學生想修改已交出的作業，JW會回答：「很遺憾，作業的回饋意見已經提交了，無法再更改。」JW會快速回覆電子郵件，但也不能太快速，以免讓學生產生懷疑；為了回應學生的需求，JW會在線上討論板上面插話、附和，使用「是」和「我們很願意」這些語詞；其他關於截止日和作業常見問題，學生也都得到有用（而且活潑的）答覆。

有個關於JW的報導訪問了學生的看法，對於採用JW做為助教，多數學生似乎感到滿意；他們讚賞JW的認真與迅速，「我沒有在任何貼文中看到個人性格，而這就是你對助教的期待」：一位尋求作業協助的學生這樣說道。部署JW的電腦科學教授阿肖克．高爾（Ashok Goel）表示，在一般學期內，學生課堂提出約一萬個問題，JW機器人可以回答其中的百分之四十。

所以，這是終結電腦科學學門助教或甚至是終結教授自己的開端嗎？高爾提出相反意見，他認為透過機器人解決簡單的問題，助教就能騰出時間回答更困難的問題。高爾和他的團隊近期正努力建構一個尊重人性的環境，在其中科技將被運用於常見問題上，而軟體在其中所扮演的角色，主要是在協助現有的教育工作者[5]。

另一方面，無論電腦科學家的目的為何，強大的政治和經濟潮流都將把JW這類新興發展，推向另一個方向——替代教師以及持續監控學生。（在二十一世紀頭十年末期的）經濟大蕭條之後，美國喬治亞州是大幅削減公共教育資金的眾多州之一。因為二〇一九年爆發新冠肺炎（COVID-19）危機，所以更進一步迫使大學削減成本，將更多教材放到網路上。在教育政策領域掌有權力的人，包括從具全球影響力的基金會，到美國首府華盛頓和歐盟首府布魯塞爾的高層官僚，皆執著於削減成本；美國加州政府沒有提高稅收以擴張現有大學收入，而是在二〇一六年部署了一套思慮不周的線上課程，彌補其州立大學員額的不足[6]。AI（教學）和機器人（監視考試評量）可能就是下一步，因為這類課程需要監控學生，防止作弊和缺乏紀律。

現在美國的進階監控技術已經用在線上課程和考試，追蹤學生的眼球與手指關節活動。維吉尼亞聯邦大學（Virginia Commonwealth University）鼓勵學生使用視網膜掃描，代替信用卡或現金支付餐費。隨著資料軌跡越來越豐富，新創業者紛紛希望追蹤學生的動向，以便讓某些生活模式與業者想要的結果之間建立更好的關聯性。換句話說，海康威視的不間斷監控機器，並不是「告密者技術」的異例，相反地，它可能預告一個過份遵奉AI的教育型態時代，即將來臨。

更直白地說：我們必須決定，到底是要把資源投入在不斷偵測與評估學生的教育AI，還是要將精力集中在更有鼓勵性和創造性的進階學習產品上？人類教師回答問題和提供見解的能力無法盡善盡美，這是需要克服的問題；讓教師不需要監督和判斷學生生活的每一刻，是一件好事，也是值得珍惜的人文教育精神，因而必須好好維持以延續到更科技化的未來。不幸的是，因為堅持把量化評量放在首位，教育科技已被管理主義思維入侵與控制，可是，教育有多重目的和目標，其中有許多無法或不應該簡化為數字的衡量標準。如果讓AI把我們的注意力，從實際學習活動，轉移到任何可以被電腦衡量及優化的事物上，我們將錯過很重要的學習機會。更糟的是，我們將允許科技篡奪、甚至最終決定我們的價值觀，而不是讓科技作為輔助我們實現這些價值觀的工具。本章將探討AI和機器人在教育中的積極應用，同時也強調它們有多麼容易陷入粗糙的社會控制形式。

教育的多重目的

教育機器人的發展路徑，取決於我們想解決的問題，但重點是，機器人和AI是工具，而非目的本身。如尼爾・塞爾溫（Neil Selwyn）研究員所指出的，有關課堂自動化範圍和強度的爭論，往往是「二十一世紀教育本質、形式和功能更廣泛的『代理人戰爭』」[7]。以下每一項都是合理的教育目標，但是，發展教育科技的人，並沒有均衡地推進這些目標：

1. 學習歷史、社會、藝術、科學及其他領域中的語言與數學／邏輯／量化能力和實質知識。
2. 透過技能的培訓，為志業或職業作準備；透過實質知識和批判性思考的發展，形成專業職能。

3. 競爭更好的教育和就業機會。
4. 學習社交技能和情緒智商。
5. 培育公民意識，包括公民參與和參與公民社會[8]。

對技術官僚管理者而言，一旦確立目標，下一步就是透過評分或其他指標測試的結果，來衡量實踐情形；接著再考慮第二個目標，準備下一個工作。社會科學家可以完成各種分析，來決定哪些學校最適合學生準備就業或上大學；就業能力與薪水是可以被衡量的，甚至對在職者幸福感也有粗略的衡量估算方式。基於多種綜合要素，近年多樣化的大學排名興起，例如舉辦派對最好玩的學校排名，而更多的排名標準是檢視教授出版與研究成果。經濟衡量指標則是以學生出席的成本，及他們未來收入之間的權衡代價為前提[9]。這些指標的基本邏輯明確，而且毫無懸念：也就是扣除教育成本，學生應該選擇能增加未來潛在收入最相關的課程。

上述最後這種工具主義的教育觀點，對許多人而言，既簡單明瞭又經濟實惠，尤其當你將勞動力視為像大豆或煤礦這樣的商品時，很容易認為生產的成本，應該會隨著時間更便宜，就像採礦技術隨時間的進步，讓燃煤這項商品越來越便宜。同理，教育科技也可以取代昂貴的教師和教授，進而降低勞動和聘僱成本。當然，這並不是學校宣傳其辦學目的的方式，雖然它總被認為是提供學生成功坦途所需技能的一種方式[10]。然而，當「成功」被狹隘地定義為收入和就業能力時，只關注評量指標，便促使截然不同的教學方法蓬勃發展，包含虛擬網路學校到YouTube平台上播放的講座活動。科技推廣者認為，如果我們能在正確的（中、小學教育）考試題目與（高等教育）研究所成功指標之間，達成共識，只要學生能夠獲得像其他受真人教育的同儕一樣多（甚至更多）的成就，那麼任何新的教學方法都是好的。

這種人工智慧教育方法，很適合新自由主義者強調「為謀生而學習」的思維，因為機器學習最擅長操縱數千個其他變數，來優化某些數值（例如收入）。但是，這種對於評量指標的關注，放在更軟性或更加隨著脈絡情境調整的技能、習慣、價值觀和態度等相關領域中，就失效了。舉例來說，哪種測驗方式是最能衡量社交技能的？誰說了算？關於好的公民意識、民主參與或政治智慧的選擇，這些測驗題又在哪裡找得到？在某個時間點上，傳統教學方法可能構成教育的關鍵目標，也因此形塑了教育本身；因此，如果我們說某個活動構成了實務行規，也就表示如果沒有這個活動（例如學生和教師之間的互動），該實務行規（在這裡指的是教育）就無法真正存在[11]。看到一種未來感十足、可以診斷任何身體疾病（甚至治療其中某些疾病）的手持掃描裝置，我們可能也會覺得興奮；但是，當我們看到替代人類教師的教學機器人，卻很難產生相同的興奮感覺。因為，兒童（甚至成人學習者）需要學習重要的社交與人際交往技能，才能成功成為職場勞動者和公民。

又如，我們在工作場所中，經常需要與同事及主管互動；而課堂練習也可以體現這類互動。某些情況下，學生可能會感到有信心也有能力勝任；在其他情況，則必須鼓起勇氣去嘗試新事物。就工作或學習所涉及的人際互動而言，很難歸納出這些互動都能透過科技去模擬。

參與的問題也不容易解決；我曾向一位著名的Google工程師請教其線上教育的經驗，他說大規模線上開放課程風潮，提供了學習者非常好的資訊，但是，卻無法激勵學習者的學習動機（此種挫折也可以從這類線上課程的退出率很高得到確認）。考量到對機器主導的操縱和隱私侵犯的憂慮，因此在人類無法有效控制與改善這些憂慮之前，開發激勵學習者的機器或許不應該成為教育工作者的首要工作；對於民主公民意識而言，這種考量甚至更有說服力，因為公民社會合作的核心，正是人際關係問題[12]。

教育科技愛好者想要用軟體取代真人教師，因而很快就忘記了大學在當代社會中最重要的角色之一：提供對哲學、歷史、藝術到電腦科學等主題的客觀分析。偉大的研究和偉大的教學之間，具有真實的綜效（或譯加乘效果），可以讓各領域前瞻的思想家瞭解該專業知識的沿革發展，並將這些專業知識傳達給學生。若是切斷傳統教學和研究的聯合協作關係，可能導致大學知識創造和知識傳播之間發生斷裂。為了促進真正對社會有貢獻的學術研究，我們需要研究人員負責解釋其研究與學生、與一般大眾有什麼關聯性，或至少對同儕有什麼相關性，而不只是專注於讓學生獲得知識。

簡單的新自由主義思維

翻開歷史，教育政策的特徵是傳統主義、職業教育以及更開放、具實驗性的教學願景方法之間，長期未曾間斷的衝突史。對傳統主義者而言，教育的主要目的是讓每個世代擁有「過往教導過與傳述過最好的」共同（假如仍在演化中的）經驗[13]；務實的現代化支持者，則反對傳統主義者的論點，轉而強調訓練學生的就業職能需求；行為主義者，則延續並補充前述實用性目的，認為應該提供快速反覆灌輸知識的演練學習方法。實驗主義者對於前述這些方法則持保留態度，他們提出的警告，是認為社會條件變化十分快速，把過多的資源押在特定的實質知識上，並非明智之舉——無論是傳統學習方式，還是藉由科技加強的電腦演練學習法，相反地，學習「如何學習」，才是學生需要的關鍵技能；此外，實驗主義者也認為局部或地域差異應有其優先重要性。

不幸的是，由上而下「追求卓越方針」的思維，在今日新自由主義政策之下的精英中過於普遍，他們融合職業和行為主義趨勢，將教育合理化為「勞動力發展」；這種趨勢一旦被AI加速發展，這種教育思維可能會被更細緻地操縱。有一種制定理想教育體系的方法，是從最終僱用學生的雇主的需求去倒推回溯。每年都有一定數量的藝術、設計、程式設計、管理學和其他幾十個廣泛類別的工作職缺，不是額滿就是缺工；各種教育課程的畢業生，不是找到工作，就是苦於失業。從這個角度來看，教育政策只是一個簡單的配對問題。假如程式設計師的工作沒有填滿，各校院長應該招募更多主修電腦科學的學生，或者設立「程式編寫訓練營」，幫英語系畢業生訓練科技技能。未來，智力和心理測驗資料，可將個人與最符合其技能和性格的職位配對；AI招聘科技已經被應用在篩選與公司文化契合的應聘者上，由演算法系統來整理及分類應聘者的履歷；受到自動化招聘的影響，學校可以重新設計課程活動，提供學生最符合工作需要的技能和態度。

假如領導者希望未來的員工受到機器人或演算法的管理支配，那麼，將未來的員工（學生）送去有機器化課程規劃和備受高度控制教師的學校，就有意義——其最終點則是在教育場域實現機器人化。這聽起來可能很淒涼，然而，根據某些對主流教育系統採犀利批評立場者的說法，若這樣下去，這將是學校教育最糟糕的高潮結局，一點也不令人意外，例如，尼基．戈游（Nikhil Goyal）就認為，標準化思維已經僵化停留在二十世紀初，當時的工廠勞動和重複性辦公室工作，成為標準化教室的模板[14]。

教育專家奧黛麗．華特斯（Audrey Watters）研究了行為主義教育典範如何演變成高等教育的「矽谷敘事」[15]，她挖出二十世紀初期驚人的文件和計畫文書，發現美國第一批「教學機器」專利早在一百多年前就已經核發了。俄亥俄州立大學心理學家希德妮・普萊西（Sidney Pressey）因為一九二四年開發「自動教學機」而聲名狼藉[16]；普萊西自動測驗機（Pressey Testing Machine）讓學生從五個選項中選一個，並提供答案對錯的即時回饋（透過機器後方顯示器記錄正確答案的數量）[17]。每按一個按鈕（或回答）都會向前推進一張油印紙，以顯示下一個問題；該測驗機有效地「泰勒化」選擇題測驗，讓教師省下必須個別標記批改每一題的氣力。

哈佛心理學家施金納（B.F. Skinner）進一步發展普萊西自動測驗機的行為主義模型，開發了像巴夫洛夫（Pavlov）先驅心理學家的心理模型，施金納因而聲名大噪。俄國心理學家巴夫洛夫因他著名的實驗而聞名，該實驗在餵狗吃東西時一邊搖鈴，讓狗學會將鈴聲與進食聯結，因此每當主人搖鈴時，狗就會流口水（並且大概有某種程度的愉悅期待）。施金納相信類似的刺激和獎勵模式，也會驅動人類的行為。在二十世紀中葉時，他認為「事情很簡單，教師作為一種單純的學習強化機制，已經過時了。」[18]他的「教學機器」讓學生拉動槓桿，記錄他們的答案，當所記錄的答案正確時，機器就亮燈；有些版本的教學機器，甚至在學生正確回答足量的問題時，就會發給一顆糖果[19]。

我們可能會嘲笑施金納對學習過程的機械式看法很粗糙，但是，這種簡單的機制卻在其他的情境脈絡中產生強大的影響；例如，網路平台的動態消息（newsfeed）、搜尋結果以及線上生活許多面向相關的測驗，最終都是行為主義模式。Facebook 或 Google 很少會關心你為什麼會點擊廣告，他們的目標只是——基於數千次的實驗和自動化觀察——要確保你點了「那些」廣告；他們追隨吃角子老虎機設計師的腳步，仔細研究旋轉的轉軸和圖案如何讓賭徒沉迷，讓賭徒在機器上花費越來越多的時間[20]。也許，遊戲化的學習與其說是寓教於樂，不如說就是為了獲得利潤[21]。研究使用者經驗的專家也承認，追求「黏著性」，就是網路設計的基本原則[22]；而這種想辦法讓你「花更多時間在機器上」的情況，很容易發生在機器人身上，因為與靜態的電腦相比，人類更喜歡與移動的、栩栩如生的物體接觸[23]。

將教育自動化

兒童的大腦處於發育階段，具有超凡的適應能力；假如我們預期AI在未來的社會中將隨處可見，那麼，兒童是否應該在早期就接觸AI？如果是，要接觸多少？AI能否取代真人的關注和連結呢？

或許是受到上述類似問題的啟發，東京大學研究人員研發了莎亞（Saya）——遠端控制的人形機器人——作為小學和大學課程教師[24]。莎亞機器人有著栩栩如生的臉孔，對學生的答案和行為會產生情緒反應；她至少有七種臉部表情（包括悲傷、憤怒和快樂），臉部有十九個部分可以動，包括「揚眉」、「拉提臉頰」、「壓唇角」和「皺鼻子」等等[25]。研究人員將莎亞機器人的指令與臉部表情互相調和，例如，一個正確的答案可能接著一個微笑；而「安靜！」的命令則伴隨一張憤怒的臉，可以用來面對愛閒聊、分心的學生。

東京大學研究人員只在少數班級部署莎亞機器人，因此，單從他們的結果，很難歸納出是否適用其他情境的結論。但是，他們的確觀察到，對於機器人的接受度上，大學生和小學生存在一些顯著的差異。年齡較小的學生比較願意參與、享受機器人教師課程，並增加學習科學的動力[26]；然而，年齡較長的學生則較多持保留態度。

年長學生的相對謹慎態度，至少有兩種以上可能的解釋。也許他們認為莎亞機器人背後的老師只是撥號進來，使用（多方參與的）視訊會議系統，來減少實際出席課堂的負擔。透過十年以上與人類教師的互動，莎亞機器人原始粗糙的表情和聲音可能已經越來越精進。莎亞機器人擬真的臉，讓我們彷彿掉進了那令人毛骨悚然的「恐怖谷」效應；本來機器人與人類是以不同種類別的方式出現在這世界上，然而，當機器人越來越接近人類，卻又不是真正的人類時，人們的反感幾乎就是一種本能反應。

我們難免會想像，如果年輕人從小時候就接觸幼兒教保機器人，「恐怖谷」效應是否還會存在？運用機器人在教育領域的議題，不只關乎記錄和順應人們當下的偏好，相反地，更是一種形塑未來的實務議題，意即兒童最初的接觸，不論與人類或機器人教師，會讓他們在往後的學年，甚至在作為勞動者和消費者的路上，產生影響一生的偏好。這種調節效應，是許多企業爭相提供教育科技產品及服務的原因之一：學生越年輕，他們就越樂於將某些介面和行銷廣告，視為與世界連結的「自然」方式。

莎亞機器人實驗也許不特別讓人印象深刻，因為這個機器人教師沒有自主性；在某些程度上，它只不過是真人教師的偶戲，只是「教」了幾堂課[27]。然而，情感運算技術的進步，可以使機器人教師具備更多功能、更全面、更有效的知識傳播者或學習刺激者。教育研究員尼爾．塞爾溫（Neil Selwyn）甚至將其最新的一本書命名為《機器人應該取代教師嗎？》，雖然，塞爾溫對遍地開花的機器人教師持懷疑態度，但是他也確實指出，在某些情況下，有總比沒有好——意即，在缺乏人類教師的環境中，有些教育科技可能有助於推廣學習[28]。

有鑒於相當大量的家長，願意讓孩子留在家裡接受教學機器人的指導，所以，我們是否也能想像一場小學教育革命就要展開？這種激進的變革願景，幾乎就在與我們想像其落實的同時，就會遭遇到一些實務上的困難。家有學齡兒童的家庭，父母雙方都工作的比例很高[29]，學校不僅是學習的地方，也是托兒服務資源——同時也是一項越來越昂貴的服務。因此，小學教育的機器人化，透過鼓勵學生待在家裡進行線上練習，不一定能省錢；相反地，它會將資源從一組人（教師）轉移到另一組人（保姆）。將「保姆模組」程式寫進教育機器人中，也許是另一種選擇——但這會引發其自身的倫理兩難（ethical dilemma）[30]。

死忠的未來主義者也許會提倡機器人幼兒保育，作為機器人教師的輔助與補充。未來的三年級學生，可能有機器人幫他們做早餐——正如動畫《傑森一家》（*The Jetsons*）中的蘿西（Rosie）機器人現代版，乘坐自動駕駛汽車前往參加體育或音樂活動，並在學校享受機器人教學。但是，所有這些發展都還有很長的一段路要走，再加上父母對於孩童成長過程越來越科技化，出現越來越多的質疑，因此，前方仍是長路漫漫。

另一方面，父母是否應該歡迎這種科技的進展呢？有鑑於孩童成長過程的特有脆弱性質，答案可能是否定的。將機器人安裝到傳統由人類執行的角色之中，成年人可以立刻辨別。可是，當學生未能認識到該教師在本質上其實是機器人時，面對這個巧妙的人形機器人，學生的接受並非毫無問題；更精準地說，機器人其實在欺騙孩子，讓他們相信自己被一個真實的大人照顧與關注[31]。這裡造成的威脅，不僅是欺騙孩子而已，還是一種非常幽微的價值灌輸、一種思想訓練，讓孩子誤認為「預先給定的事實」（the given）與「有選擇的制定物」（the made），如同人類與機器，二者在深層意義上是平等且能互換的[32]。

關鍵問題在於，我們如何清醒地認識機器人的他者性（otherness），以平衡對機器人健康的熱情，甚至是喜愛[33]。機器人可以觀察周邊的人類行為，並對該行為做出反應，但是，它卻無法像人類那樣，體驗到行為就是意義或動機的來源。這裡也總是有操縱的痕跡，不過技術人員則是極力試圖迴避這個問題，因為機器人在程式編寫時就有特定的目的。一個人因為是自主的主體（擁有可以行善、作惡、關心和忽視這類自主行為的幸運特權），所以能與其他人產生關連。一個機器，即使被設計為具有一定的自由度，也永遠無法體驗身為一個「能動者」（agent）的自主性，因為我們的能動性經驗是根植於一個完全不同的體現，也就是碳基生命體，而不是矽基機械生物[34]。

我們應該要及早在年幼時教育學生，讓他們認知自己比身邊各種機器人更重要，這些機器人是以軟體為基底的工具，是為了學生的福利與需求。學生應該尊重機器人作為自己或他人的財產，但不應將機器人界定為「朋友」。更確切地說，最好將機器人和AI視為一種數位環境，需要保存和馴化，但不等於我們對自然環境中動植物的尊重和喜愛程度。自然環境是我們存在的基礎，而機器人和AI只是一種工具。

我們不應該被好萊塢描繪的機器人（通常由人類扮演）分散注意力，就因為這些機器人對認可、愛或尊重等情感提出了一些需求。我們必須釐清並確認，對人形機器人的濫用與缺乏尊重，是讓人不安的，因為它可能會灌輸更廣大的麻木感[35]。然而，這種擔憂並非想要促使機器人系統更進一步的擬人化或人格化；反之，這些憂慮讓我們在引進人形機器人到新情境脈絡時，都要格外謹慎，尤其是對兒童和老人等弱勢群體。

你的教學機器人究竟為誰工作？

最重要的教育AI技術背後往往有企業支持，但是，我們需要瞭解是什麼推動了這些企業？我們為什麼要相信他們會產製出反映我們價值觀的軟體或機器人？其實警鐘已經敲響，教育科技巨頭培生集團（Pearson）已對數千名不知情的大學生進行一項實驗，在學生使用的商業學習軟體中，讓某些人沉浸及暴露在「成長思維」的心理訊息當中。這個實驗發現，學生的學習動機略有改善，也許這種洞察見解對於未來的軟體設計師有用，但是，大學所簽訂的契約是做學習平台，而不是做人體實驗研究[36]。究竟還有哪些其他類型的訊息，會滲透到學生與電腦的接觸之中呢？各級教育行政人員必須更加精明，如何與教育科技公司簽訂契約，必須就資料控制和程式更改的揭露通知流程進行談判；倘若沒有這種保護措施，教育工作者的倫理標準，將會妥協並受制於科技公司「只要有效就沒什麼不可以」的粗暴信條之下[37]。

培生集團的實驗在科技界很常見，而且通常都不怎麼謹慎小心地遵守保護兒童的相關法律。社會運動者批評Google的生態系統，指責YouTube及Android作業系統，針對兒童不當投放廣告並對其進行追蹤[38]。事實上，YouTube也曾為忙碌的父母擔任孩子們短期保姆的角色，不過卻搞砸了這個工作，因為YouTube平台上播放了許多奇怪和令人不安的兒童影片，其中一些影片的特點是自動混合編輯卡通人物互相欺凌羞辱的影像[39]。為了回應社會大眾的強烈反彈，YouTube承諾為青少年推出一款由人類篩選、揉合資訊的應用程式，而非藉由演算法來篩選揉合資訊[40]。YouTube在自動化道路上走的回頭路，等於給教育工作者上了一課；無論使用觀看點擊數據來衡量參與度有多麼容易，對兒童而言，「任何讓兒童保持注意力的東西」，無法成為產製兒童影片內容的適當倫理指引標準。

學校體系也必須小心使用科技，避免作為不特定多用途的監控系統。行政管理人員可能是出於好意，要求學生穿戴無線計步器手環Fitbit測量每日步數，以及使用筆記型電腦追蹤眼球運動，以計算學生花費在每項功課和螢幕所用的秒數；但是，這種資料蒐集的風險很高，因為情感運算技術的目標就是在記錄皺眉蹙額、深鎖的眉頭、微笑和其他顯示頓悟和困惑的線索。有利可圖的企業，已經編製了一組資料庫，蒐集數百萬個和臉部表情相關情緒。在那個系統之下，任何人如果被告知要「多微笑」以獲取成功優勢，都會直覺地感到怪異、有問題，而那些直覺正是起因於有個系統不斷登記與記錄情緒狀態的外在標記。

我們可以想像得到的是，只要有足夠的投資與時間，我們或許可以期待未來的學習環境，將由AI產製和提供幾乎無限量的測驗題，以及更有創意的練習題。機器人教師也會隨時準備課後輔導，但是，當從兒童那裡蒐集到無數的資料時，也將存在著數不清的操縱機會。有時有些介入措施是無價的，例如，Facebook可以通過演算法偵測到青少年有自殺傾向的貼文，並將他們轉介給專業人員尋求幫助[41]；但是，Facebook也向廣告商展現了類似的能耐，幫助廣告商識別出感到「不安全」或「毫無價值」的孩子[42]。我們必須在努力教學、提供協助，以及侵蝕信任且怪異可怕的資料蒐集類型、污名化他人之間，劃出一條底線。學生和家長應該自始至終都有權利「選擇退出」，不去當情感運算的資料來源。

目前，對於企業開發教育軟體和機器人技術背後的資料蒐集、分析和使用等，我們幾乎是欠缺必要的理解與洞見。現代機器學習程式有能力記錄孩子所說的一切，並產生越來越個人客製化的回應（引起孩子大笑或擔憂、感情或內疚感）；即使真的有這些監控學生的新發展，也應該緩慢地推出適用；在大規模廣泛採用此類教育機器人之前，必須要能先回答教育機器人功能和用途究竟為何的基本問題。

持續注意與關注的缺點

監視往往會帶來直接的、具體的收益，但卻同時也會參雜更長期、更分散而幽微的危險[43]。在學校場域中，機器人所允諾的（與許多其他教育科技所允諾的一樣）是深度客製化的課程。大數據分析也許可以大幅降低成本，一家企業也許會免費向學校提供教育機器人，其長期目標是蒐集學生資料，以利行銷與其他部門人員瞭解學生。資料變現與商業化的條件十分重要，例如，資料是否嚴謹地使用於教育環境以幫助學生學習？或它會不會成為個人數位卷宗，成為汙辱與負面評價學生的秘密檔案？

社會學家厄文・高夫曼（Erving Goffman）曾提出「舞台下」的空間概念，在那裡人們可以探索與自己不同面向的觀點和行為，而不會被他人觀看[44]；而缺乏適當監管的機器人系統，將保證校園生活的每一刻都在「舞台上」。教育機器人是否預設為記錄孩子的每一刻（在聽力可及的範圍內）？當開始錄音錄影時，他們是否有向孩子和周遭的人揭露已經開始被錄影錄音了？[45]美國有幾個消費者團體已經向相關機關投訴，玩具機器人非法監視玩該玩具的兒童，根據他們向美國聯邦貿易委員會（Federal Trade Commission, FTC）提交的一份請願書，「透過特定目的與有意的設計，這些玩具記錄和蒐集了兒童的私人談話，完全沒有限制蒐集、使用或揭露個人資訊的作為」[46]。如同許多服務條款一樣，那些有關機器人與兒童互動的條款，幾乎無法提供有意義的保護，這些條款甚至保留了企業「必要時得以任何理由修改這些條款的權利」。換句話說，我們今天所擁有的任何保障，明天很可能就會被本書第二章所描述的「不負責任四騎士」之一所破壞[47]（譯注：此即指「概括式免責條款」）。

生物聲紋辨識已經成為一門好生意，特別是作為一種身份驗證方法[48]。但是，消費者權益保護者擔心聲音資料沒有得到適當保護，而且可能會遭到惡意攻擊。有鑑於學校和政府承受越來越大的壓力，必須在更小的年齡就辨識出「問題兒童」，因而資料的處理和利用就可能帶來更大的危險。根據某國際研究團隊使用紐西蘭的資料所做的一項最新研究顯示，在紐西蘭，大約有百分之二十的公民，構成百分之八十一的刑事案件中被判有罪的被告，他們也申請了百分之七十八的處方藥及百分之六十六的社會福利——而這百分之二十的群體態樣「可以在他們三歲時，透過評估其大腦健康的時候預測到」[49]。如果某些聲音語調或互動模式，符合未來可能出現的行為問題之特徵，那又會怎麼樣？究竟誰可以近用這些資料呢？近用資料的人又能如何採取行動呢？[50]

我們有充分的理由相信，應該限制教育情境中所蒐集的任何資料，只能使用在教育情境中（除非有緊急危險，例如疑似虐待的情況）；這也是加州「線上橡皮擦」法（"Online Eraser" law）的精神。這個法律允許個人刪除其在十八歲之前留在社交媒體上的資料。歐盟《一般資料保護規則》（General Data Protection Regulation, GDPR）也將此類「刪除權」擴大適用到許多其他脈絡上。隨著時間推移，這類刪除權應該成為全球的黃金標準，作為被教育科技影響學生權利的標準主張。如果沒有這種程度的保護，為什麼我們要相信教育科技這個在許多脈絡情境下都已被證明是危險的資料蒐集技術呢？[51]

當然，個別家庭如果有足夠的資源，可以盡量避免這樣的追蹤和評估，用不同的方法找到學校。矽谷的確有許多父母，將自己的孩子送到「低科技」、師生比例高的學校，卻同時幫其他「高科技」學校建構科技基礎設施。人們很容易高估個人可以抵抗或退出的力量；一旦大量的學生不斷被追蹤和監控，那些選擇退出的學生就會被視為可疑份子，質疑他們如果沒做虧心事有什麼好隱瞞的？[52]今天，成績已經成為近乎普世的獎懲標準或衡量機制；很快地，「行為全紀錄」機制也會被開發出來，用友善度、注意力等軸線來衡量學生。

修補或結束教育科技監控

對這種監控的抵制往往在改革與革命、修正和單純拒絕之間交替；有些人希望改善教育場域中的機器學習，其他人則是想廢除它。雖然現在雙方在眼前的政策問題上結盟，一致對外，但是，兩者之間仍存在深刻的緊張關係。修補監控教育科技，意味著給它更多資料、更多關注及更多的人力來調整其核心演算法；廢除教育科技將轉變教育改革方向，使其趨向更加以人為本的模式。若想在兩條路徑之間做出決定，就需要對這兩個項目進行更深入的檢視。

沒有人希望由一台電腦隨機幫學生和老師記功和記過。在本章一開始探討的中國「課堂呵護系統」時便提到，有些被監控的女孩抱怨被系統誤認，尤其在改變髮型之後。假如系統侵入性增強，技術的自我修復就更為直接：在索引的資料集納入更多學生的照片，就能更精準偵測到他們更多動作特色或者非臉部的特徵。

即使所有學生都被正確辨識出來，對於臉部表情與內部心理狀態的關聯性，學者也提出了犀利的質疑，例如，有一組心理學研究人員證明，表情不一定能準確地反映特定情緒，更別說對於「集中注意力」或「分心」等評估所引起更廣泛的心理狀態。因為「同一種情緒類別的情況，既不能依靠單一組常見的臉部肌肉運動表達，也無法從中感知其情緒」，因此臉的訊息溝通效力是有侷限性的。此外，即使我們擁有更多資料，也必須時時謹記脈絡及文化的影響各有不同[53]。例如，心不在焉的眼神，是白日夢的信號嗎？還是正在思考當下碰到問題的跡象？人類自己都很難做出判斷，這樣的弱點被鑲嵌在資料之中，而這些弱資料卻成為機器對於這類問題判斷的依據[54]。

假如先不管上述的質疑，情感運算領域研究人員可能會採取兩個方向，投入更多資源來改善對於細緻情感的辨識，或者完全予以放棄。第一種方式是尋找更多的資料，在非正統的資料來源中繞圈圈，例如資料主體（當事人）對自身的情緒狀態持續自我監控與自我呈報。Amazon的mTurk群眾外包網站研究人員，已在「HIT」（human intelligence task，人類智慧任務）上完成更艱鉅、更具侵入性的研究。但是，人心真的有那麼透明嗎？為什麼要假設情緒自我呈報是準確的呢？更別說是用這個自我呈報來推斷那些具有相似表情或舉止的人了。如果受研究對象沒有報酬，他們可能只是匆匆忙忙地完成這項調查；如果他們有拿到報酬，自我呈報可能比死記硬背的驗證碼（CAPTCHA）填寫要好一點，對壓力大的按件計酬者來說，他們更關心的是匯報多數其他人所呈報的內容，而不是他們所看到可資驗證的「基準事實」（ground truth）。

有關能否準確辨識情緒與注意力的抱怨，第二個「解方」是完全繞過它們。一所學校可能只是為了將表情和舉止資料與學校最想要的資料關連起來，這種方式最粗略的版本可能是，將偵測到的表情和舉止與考試成績連結標示，以開發一些與卓越表現相關聯的外顯行為資料庫。這樣一來，校方可以通知家長，孩子與過去高分相關行為的相似程度如何。對高等教育而言，畢業後的起薪或學位附加價值（意即取得該學位畢業生比同齡者的收入多出了多少），也許就是主要的目標。

這種強烈行為主義的方法存在很多問題，對學生腦中真正思考的事情毫無頭緒。當它預先假設了應該要有什麼樣的情緒和態度時，教育裡將情感「資料化」這件事就足以令人害怕[55]；但它至少讓學生有些概念，知道什麼樣的情感生活是權威人士認為學生應該追求或表現的。一個純粹行為主義模型放棄了可理解性（intelligibility）的碎片，這讓有關行為模型的研究主題（subjects）出亂子，淪為模仿。

這時，我們就不得不懷疑，這值得嗎？每個人都需要一些「舞台下」的時間，不受到監控（或至少比中國課堂呵護系統或教學機器人監視鏡頭下的學生，所受到的監控要輕得多）。注意力和情緒評估軟體鼓勵過度的自我工具化，使得我們都必須平衡我們表達或收斂、培育或抑制自己情緒反應的方式。這種情感教育對於從兒童過渡到成人公共領域的年輕人而言，可能會很辛苦；這也是漢娜．鄂蘭（Hannah Arendt）所說的「保護兒童」和「保護世界」之間一種微妙的平衡[56]。

為了確保孩子可以更適應他們終將進入的成人世界，學校形塑學生，理想上只能到一定程度為止；當學校的控制變得太過徹底時，尤其是當它以一種不合理與機械化的方式強加於學生身上時，可能造成極大的心理壓力。當每一個抵抗或放鬆的行為都可能受到懲罰時，學生的自發性就會降低；要不然就是學生可能會試著完全工具化自己的行為反應，讓自己的慾望和回應，與越來越重視電腦運算化的當權者所期待的反應之間，沒有差異。無論社會和諧與社會凝聚價值有多麼崇高偉大，這種冰冷的秩序都是對人類自由及判斷力的侮辱。

對於機器人幫手，應有更積極的選項

如果管制者能夠馴化「監控資本主義」對資料和控制的大胃口，那麼，機器人的輔助就可以在許多教室中發揮積極的作用。真正的關鍵在於，將整個架構從「受科技控制」的學生，轉變成為學生自己「控制和參與科技」。

啟發人心的教育工作者，不是簡單地將學生從一個數位環境放牧到另一個環境，而是教導學生如何影響環境，甚至創造環境。麻省理工學院傑出的教育研究員西蒙．派珀特（Seymour Papert）在一九七〇年代提供了這種參與模式的雛形，他開發了一些程式，幫助學生自學如何寫程式。對於那些有空間天賦的人而言，派珀特的機器人技術可能是天降甘霖，在某個人早年的生命中，意識到電腦語言對機械世界溝通的力量，並擁有召喚機械系統做事的能力[57]。

有太多的時候，貧窮的孩子很早就被放到一種行為主義的教育模式中，這些經驗讓孩子視學校為官僚控制的場域[58]。其他比較幸運的孩子，則擁有更多樣化的認知活動，以及更多機會去探索他們想要培養的技能，無論是語言、計量、社交、運動還是其他方面的技能。這些機會應該要予以民主化和普及化，而科技可以協助達成這個目標。以麻省理工學院開發的小龍機器人（Dragonbot）為例，它是一個看似簡單的毛絨動物玩具（一隻可愛的小龍）和智慧型手機（作為龍的臉）的混搭。這隻小龍機器人可以感知學生與平板設備的互動——它用軟體來監控學生選擇觸摸平板電腦上的哪些詞彙或物體，只要連接網路，就可以讓平板電腦即時快速地傳輸回饋資訊到小龍機器人，反之亦然。

小龍機器人可以向孩子播放課程，並評估他們的答案和反應；它還可以翻轉立場，要求孩子們教它。例如，某個情境場景，小龍機器人問學生平板螢幕上五個單詞中哪個對應於「龍」這個詞，如果回答正確，它就會提供適當的鼓勵[59]。

有些人可能認為，無論是熟練的老師還是慈愛的父母，都應該與年幼學生一起進行所有的這類學習與練習；而且也希望在學生的多數時間裡，老師與父母兩個角色都要在場。但是，孩子也需要暫別成人，有自己的休息時間，以培養自己的自主性和控制感；在理想上，小龍機器人可以提供這樣的機會。智慧又有趣的玩具可以消融工作和娛樂之間的界限，還可以激發正向的互動，成為成人和兒童共同關注的焦點[60]。

透過教學來學習，是教育機器人反覆被使用的情境，例如，在一所法國大學裡，電腦／人類互動學習與教學實驗室的研究人員，告訴孩子如何教機器恰當地寫信[61]。程式設計師有意將機器人設計成一開始只會做蹩腳字母模仿，這樣孩子就可以教它如何做得更好，因而感到自豪與成就感。機器人可以激勵學生並加強他們之前的學習，而精心設計的教育類玩具，也能透過機器人技術賦予孩子對機器人的權力[62]。

機器人也可能促進家人關係、友誼及對機器的感情——但這就是情況開始變得更加複雜的地方。孩子對教學助理機器人的正確態度是什麼？孩子們擁抱或滿心期待地看著他們的機器人「朋友」的景象，我們有點熟悉卻也很不協調；把智慧型手機從小龍機器人取出後，小龍只是孩子溺愛的另一個毛絨動物而已。不過，舊型的玩具不會每分每秒地解析兒童的臉部表情，並且根據感官資料的輸入調整其輸出。機器人教學玩具佔據了主體和客體之間的閾限空間（liminal space）[63]，而我們，作為父母、教育者和政策制定者，必須決定如何定義和對待它。

然而，定義的工作很難做得好；這就是為什麼像龍（或寶可夢神奇寶貝）這樣的奇特生物，比人形機器人更適合作為機器人課程「載體」的原因之一。例如，有個非常實用簡單的機器人課程，可能是教導孩子不要虐待，韓國研究人員設計了一種機器烏龜，叫雪莉（Shelly），當孩子們撫摸它時，它會眨眼並揮動它的手臂，但是，如果孩子打它，雪莉會突然縮回它的殼裡，然後變得沉默。「仿生機器人」的行為，就像我們在自然界發現的生物一樣，雪莉作為越來越熱門的仿生機器人之一，這是一種現成的機器人與兒童的互動模式：寵物。機器龜、機器貓和機器狗（還記得Sony Aibo電子寵物狗嗎？）可以替代陪伴兒童的真實動物，就像派羅海豹機器人為體弱老人所做的服務一般。麻省理工學院機器人倫理學家凱特．達林提議，「像對待動物一樣對待機器人，有助於遏止在其他情況下有害的人類行為。」[64]例如，在機器人周邊，學生可能會需要一些互動（甚至需要充電站）才能讓機器人運行，因而可能學習到照護的倫理基礎知識。日本遊戲裝置塔麻可吉（Tamagotchi）在一九九〇年代利用了這種感性，鼓勵使用者按下按鈕以「餵食」或以其他方式照顧電子寵物；從那個低標開始至今，機器人模仿動物已經越來越真。

謹慎的父母可能也會教他們的孩子，要將未知的機器人視為野性動物，將孩子與機器人分開[65]，而且還應該明確區分活的生物和機器生物。即使是雪莉機器龜也有可能誤導孩子如何對待真正的爬蟲類動物，讓孩子對從環境到人類慾望的可控制性，產生不切實際的期望[66]。在雪莉．特克的《在一起孤獨》一書中，提到一個令人震驚的情景：面對博物館裡動也不動的海龜，有些孩子感到厭煩而離開；一個小女孩說：「（如果我）想知道海龜做的事情，不必看活的海龜」；有些小孩說他們更喜歡這種活躍的動物機器人版本。「如果你放的是一個機器人而不是活海龜，」特克接著問道：「你們認為是不是應該告訴人們這海龜不是活的？」結果孩子們並不認同。特克因此擔心孩子們喜歡的是有趣的幻覺，而不是無聊的現實[67]。

當動物形狀的機器人模仿人類特徵時，上述的動物類比基礎也會開始動搖。法律學者瑪格・卡明斯基（Margot Kaminski）擔心機器人可能會參與「欺騙性的擬人化」的騙局，騙過他們的對話者，讓人們以為機器有感情[68]。聰明的行銷人員可以披著「（假）人」的外衣，來掩飾其欺騙行銷手法。未來幾十年，我們可能會看到大規模使用的機器人種類，但這種類不是經歷數百萬年進化而來的產物，但是，總體而言，它們將是由擁有特定商業模式的企業所開發的產品；有時這種商業模式會遵循主流網路公司的模式，意即我們在那些網路平台上付費享受多種內容與形式的服務，其實是協助那些平台針對行銷人員、未來雇主、保險公司和其他人形成有價值的（使用者）資料軌跡。換句話說，家中孩子們的動物狗不會在未來大學入學申請程序中匯報孩子的行為，但是機器人寵物狗卻可能會這樣做。

與機器人互動時，會發現年幼的孩童很難（但並非不可能）記住上述風險的存在。如果教育科技公司堅持投資研發人形機器人，儘管已有前述的各種警告，他們都必須好好考慮他們的「隱藏科目」——也就是，他們正以有效率的方式傳播所有課程以及其中微妙的隱含偏見。例如，iPhone上的Siri和Amazon的Alexa等助理軟體，將女性聲音設為助理軟體的預設，可能會再次強化過時且歧視的性別角色。為什麼假設機器人助手是女性？科技中的族裔代表性也必須來自所代表社群的投入——而且，在理想情況下，就應該是由該社群來領導。「如果沒有我們的參與，就不要替我們做決定」（Nothing about us without us）這句格言，對於媒體圈與機器人技術領域而言，都有同樣重要的意義，也引發各界認為許多科技公司缺乏多樣性的憂慮。企業必須避免陷入負面刻板印象和理想化「模範少數族裔」[69]的進退兩難之境，因為目前幾乎沒有證據顯示，AI和機器人領域的領先企業有足夠敏感度來解決這些問題[70]。

跟什麼比？AI教育科技與低度開發國家

現在我們應該清楚理解到，以AI和機器人技術為主的學校，將無法促進教育的幾個核心目標；但是，缺乏真人教師的地方，到底該怎麼辦呢？按照全球標準，目前我已經探究了在工業化國家和至少中等收入國家脈絡中所部署的機器人和其他教育科技，而我主要的比較對象是傳統的美國、中國、日本或歐洲的教室裡，具有受到良好教育且稱職的教師。但是，這種類型的教育並非普世皆如此，無論是受限於實際資源還是治理不力。富人可以擁有優秀的教育品質，但低度開發國家的貧困孩童往往無法接受好的教育，甚至在某些地區，教師的公共預算為零。

這種不平等啟發了尼古拉斯·尼葛洛龐帝（Nicholas Negroponte）的「一個孩子一台筆電」

運動，他們順利推動了慈善活動，將教育機器人推向世界各地的教室（或貧困家庭）。幼年時期的「神經可塑性」[71]是個難得的機會——例如，童年之後的語言學習，會比童年時期困難得多，因此，對世界各地的兒童而言，即使是具有一些基本語言和數學技能的初階機器人，可能也是非常特別的禮物。

然而，我們也應該知道此類干預措施的侷限性，儘管科技被宣揚成一種公平競爭的方式，但它往往也會加劇現有的差距。電腦科學家及國際發展研究者富山健太郎（Kentaro Toyama）的創新傳播研究發現，教育科技的前瞻版本是同時「更多也更少」。他在一段犀利的論述中指出：

> 在世界上任何類似的政治體中，富裕、有影響力的父母會盡力確保自己的孩子獲得最好的硬體資源，而貧困及邊緣化家庭的孩子，將使用需要維修的舊型硬體……再一次，科技又放大了社會的意圖與效果（無論是顯性和隱性），而遊戲化的電子教科書、人形教學機器人或任何其他新科技也是如此……如果你想為公平、普及的教育系統有所貢獻，那麼新科技並不是讓這個效果發生的訣竅[72]。

富山所舉出的例子，從虛擬實境到人形機器人教師，似乎都很奇幻，但是遠端機器人教師已在測試中，將很快地以全球教育落差「解決方案」之名行銷販售[73]。

富山的見解提醒我們，在低度開發國家的課堂上部署教育科技，必須謹慎為之；如同已開發國家向非洲捐贈的服裝會破壞當地的地方產業一樣，這類議題也已經引起了廣泛的關注[74]。對於低收入學生的教學機器人部署，會如何加劇「將教學貶抑為一種職業文化規範」的現象[75]？美國帕羅奧多（Palo Alto）、英國倫敦或美國華盛頓特區的企業或非政府組織，為印度兒童選擇的課程，與在地社區的關注重點有何差異？誰的歷史或政治觀點，最能體現公民課程目標？

在建構具有韌性的治理結構，並為上述這些問題找到公正且公平的解答之前，我們應該審慎對待教育自動化的跨國投資。印度政府已經拒絕了Facebook Basics的服務，也就是拒絕用免費網路連線服務，換取Facebook自己控制連結哪些網站的權力。印度維權人士認為，就網路連線而言，只能親近使用特定「某些」網站，比數百萬貧困公民的「無」網路更糟糕，而同樣的控制力量可能會在教育科技中發揮作用。

抵抗新行為主義

腓德烈・泰勒（Frederick Taylor）透過對工廠裝配線採取精確計時的新工作方式，為製造業帶來革命性的改變，每個工人的動作都被記錄下來，以衡量其有效性，並給予表揚或糾正。「泰勒主義」對於最大化勞動力效率的夢想，正是機器人自動化的前奏；一旦找到完成某項任務的一種完美方式，人類就沒有什麼理由繼續做那件事。泰勒主義與行為主義心理學派的思維很類似，後者則為人類發展出一種混合懲罰和增強行為作用的方式，不禁讓人聯想到動物訓練。資料驅動的預測分析興起，為行為主義帶來了新的標的；矽谷一家線上學習公司的首席資料科學家曾說：「我們所做的一切，都是為了大規模改變人們實際的行為。當人們使用我們的應用程式時，我們捕捉及擷取他們的行為，辨識好與壞的行為，也開發獎勵好行為與懲罰壞行為的方法。我們可以測試我們的提示對於人們的作用，以及可帶來的獲利能力。」[76]熱門的教育科技新創業者保證，將透過類似的方法大幅降低中、小學和高等教育的成本：也就是用線上播放課程、錯綜複雜的電腦評估工具以及三六〇度監控工具，以確保學生不會作弊。

新行為主義，即使是其最純粹的形式，也已經產生一些明顯的失敗案例。有些針對孩童的「線上特許學校」（online charter schools）已出現可笑且糟糕的結果，根據一些研究顯示，該校曾有一八〇天期間完全沒有數學學習活動[77]。美國線上課程平台Udacity與加州聖荷西州立大學（San Jose State University）的合作關係，一度備受讚譽但最後卻也以失敗告終，課程完成失敗率遠高於一般常規課程，並且產生大量侵害隱私與過度嚴密控制的相關投訴。「虛擬實驗學校」(virtual charter schools)在美國已經向至少三十萬名學生授課,保證為在家上學的學生提供線上內容,但是,許多追蹤紀錄顯示,這類學校的教學結果非常失敗[78]。在有些情況下,一八〇天的網路課堂「學習」,只相當於一般課堂學習的零天——換句話說,絲毫沒有任何教育成果。同樣地,許多線上高等教育機構都伴隨著就業安置率低落、教學品質參差不齊等問題,甚至,最慘的是,許多詐騙訴訟的指控正等著他們。

正如教育專家奧黛麗·華特斯(Audrey Watters)所解釋的,這些失敗不足為奇;即使在一九三〇年代,教育科技的信仰者也宣稱線上課程將全面取代教師,最終實現一種可行且更科學的教學。行為主義者預測,教育學習機器可以從根本上提升教學效率(請回想前述段落中所提到的糖果分配機器)。多年來,華特斯編纂了一系列教育科技夢想百科全書(及其可預期的別冊附錄),範圍從虛擬實境教室到「透過刺激大腦之矩陣形式即時學習」等等[79]。雖然幾乎沒有證據可以說明這些教學介入措施帶來了實際的學習進展,但有些殺手級應用程式保證說要顛覆教育,對於已在該領域投注數十億美元的投資者來說,實在難以抗拒[80]。

在某些時候,其中一些教學介入措施可能對某些學生會成功,但是,誰會是他們的可靠引導者呢?有些教育科技產業資助的出版物會製作自己的指引手冊,而且該產業還追求擁有自己的認證形式和線上評論系統。這樣的模式有一些深層的問題,首先,決定什麼是「有效的」是一個複雜的過程,很容易被操縱[81];其次,相同的投資者可能同時支持「教育科技」

以及對「科技教育」的評估[82]，這種情況會造成內在的利益衝突，使相關研究產生偏見。

類似的商業壓力可能導致尚未成熟的公司過早投入線上教育。鑒於可汗學院（Khan Academy）的成功，支持者滿心期待地想像，只需花費當前學費的一小部分，就可以接受大學教育，只要記錄所有講座、自動化評估學生，邀請全世界與會，並將成績記錄在區塊鏈成績單上，就行了。課堂中卡住了？那就只需要繼續交互使用鍵盤、鏡頭及觸覺感應器即可；或者，也許可以透過 Mechanical Turk 或 TaskRabbit 等勞動外包數位平台，向一些家教預備兵團發送即時訊息[83]。想證明你考試沒有作弊嗎？那也只需讓相機記錄你的一舉一動和鍵盤觸擊——也許也包含你的眼球運動和臉部表情。

監視，除了令人害怕的恐怖感之外，還具有一些與實際課堂明顯的不連貫性，目前還不清楚如何線上複製專題討論課、課外社團活動或實習的經驗。成本削減者不滿傳統住宿學院（residential colleges），主要是出於樽節緊縮政策的意識形態，而非對於改善學習的承諾使然。這種想像，與自動化支持者對於用影片教育自學的看法，有一樣的問題，他們對於知識生產與傳播所持的觀點都過於悲觀。亦即哲學、歷史或心理學課程並沒有單一、終極的版本，這些學科會隨著研究發現、學術對話和時代的變化而演化，有時甚至改變得很快，因此我們可能不喜歡實驗哲學或理性選擇模式的興起，但是我們尊重多元發展，讓哲學和政治科學部門自主地發展。另一種教育自動化的作法，則是對希臘式博雅教育的戲謔模仿，有些中央主管機關把課程講座紀錄外包給形上學家、功利主義者和義務論者做做幾場演講，船過水無痕，這種拙劣的模仿，可能是基於大數據過去對於畢業生起薪的分析而來的。

我們也不應忽視人類洞察力在科學、科技、工程與醫學課程中的作用，即使是像電腦科學導論這類看似演算法的課程，因為有創新的教師，也可以產生根本上的轉變。例如，美國哈維穆德學院的教授們，深刻改變了他們自己的教學方法，以解決該領域長期存在的性別差距；這種進步，就是一種由學者之間及師生之間人際互動所產生的效果。

以人為本的教育

「教」與「學」的資料化，產生了許多令人不安的趨勢，然而，在「教育批發業」（education wholesale）中忽視AI則是愚蠢的。幾乎每個領域都有傑出的線上教學材料，大數據可以推動科學學習的發展，因為分析人員會研究用最有效率的方式來傳遞內容。從未想過參與大學課程的學子，現在可以在線上觀看或聆聽講座，進行自我練習……但真正的問題是，如何實現AI對教育的允諾。

答案在於重新思考教學的本質，如同其他專業，教育工作不只是傳遞訊息。如果經過評估，有產生干預性成效（而其中「成效」是由一個清晰、可量化的指標所定義的）的相對可能時，教育專業人員的職責並不會到此為止，因為學生還需要有人指導如何舉止得宜——作為人，而不僅是作為訊息的吸收者和產生者。另一種思考路徑，則是把社會推上了「史金納式」（skinnerian slope）的滑坡：教育被認為是一種刺激，由其他人施予強而有力的刺激，並規定學生該如何反應。

當然，也有例外的情形，有些來自鄉村地區的學生、被霸凌或身心障礙學生也許希望在家上學[84]，光是出席課堂或僅僅去上學，就可能對學生或他們的家人造成太大的負擔，即使老師使用線上教學方式也可能對他們來說都太昂貴。然而，我們仍必須探問：無論國家給予父母多大的自由裁量權教育自己的孩子（或給大學生追尋自我），在提供自動化內容的廠商充斥的「蠻荒世界」[85]中，父母真的有能力明智地運用自動化內容來教育孩子嗎？就像病患之於藥物的正當權利一樣，對於教育科技，父母可能處於相同的位置；病患並非獨自在這個醫藥場域中行走——他們也依賴衛生專業人員的引導。因此，我們是否也應該期待學校和大學的教育專業人員扮演一個持久而關鍵的角色呢？

道格拉斯．洛西科夫（Douglas Rushkoff）寫了一本富洞察力的著作《寫程式或被寫成程式》（*Program or Be Programmed*），書中感嘆網路的教育理想與網路教育今日所呈現的不符倫理的現實之間，有段落差。對洛西科夫而言，數位介面日益主宰的地位，迫使學生面臨一個嚴苛的選擇，「在未來新興高度程式化的生態境域中，你要嘛創造軟體，不然就成為軟體。很簡單：

寫程式，或者被寫成程式。選擇前者，你可以取得文明的控制台；選擇後者，這可能就是你能做出的最後一個真實選擇。」[86]他對於速食思維下的查詢收編方式，感到特別沮喪。搜尋資訊時，「查google就好」的反射動作，擴大了以下兩者之間的文化鴻溝：渴望確切瞭解知識如何建構組織的人，以及只想快速回答問題的人。

舉例來說，洛西科夫觀察到「教育工作者為了課程，希望近用全世界大量的資訊，但他們所面對的學生，卻認為在維基百科上找到了答案就是完成了研究調查。」[87]這不是說維基百科在教育中沒有意義，它的詞條通常也包含了有用的重要來源，其建構方式也為知識生產的官僚政治上了重要的一課——自願者如何促成大型計畫，以及如何解決原則與原則之間的衝突。瞭解維基百科的運作，是獲得媒體素養的好方法，但是，如果毫無批判性思考地閱讀它，則是不智的。這種謹慎的批判思考，更是適用於純粹的資訊演算法安排，例如搜尋引擎的結果和動態訊息：它們總是反映出一些問題，雖然乍看之下好像都很客觀。

洛西科夫的不滿，點出了教育場域中的AI和機器人規範議題：數位科技如何避免承襲與複製已被證實有問題之處。有一種憂慮已經十分普遍，也就是擔心學生無法完全理解自己正在使用的科技——無論是從基本事實、科技意義，還是從批判的角度（評估科技提供廠商的目標和財務誘因）。儘管「數位原住民」的說法很流行，但是，關於「數位文盲」的證據，也歷歷在目[88]。想在人類主導和軟體驅動之間，為課堂練習（以及講座、測驗、拔尖計畫、論文與考試）找到新的平衡，亟需實驗和前瞻的計畫。

舉例來說，樂高（Lego）早在一九九〇年代就開始銷售Mindstorms機器人積木，培養孩子理解科技環境的可塑性。樂高機器人積木也許不會讓學生輕易地將機器人理解為人工父母、人工教師、人工照護者或人工同儕，而更將這些機器人理解為更大的科技地景中一個有用的部分。新學習模型的高效部署，則取決於人性化和自動化的布局，而該布局依據的是平衡不同領域專家（包括當前的教育工作者）和技術人員之間的見解。

為了緩解過早數位化的經濟壓力，政府應該幫助大學公平地支付兼職教授和教育技術人員的薪水，同時也要減輕學生的學貸負擔[89]。同樣，也應該要在中、小學提倡類似的政策，促進教師的培訓，使他們成為課堂上科技應用的夥伴，而非只是將技術強加於他們身上。加入工會的教育工作者，透過集體談判的協議和法律保護，有機會幫助他們重塑勞動條件，包括採用科技的方式。目前工會已經幫教師在職場上獲取基本權利，未來應賦予工會權利，能以結構性的方式參與AI和機器人在課堂中的部署[90]。

在專門職業的脈絡下，這種勞工自治的理想已經發展得越來越進步。長期以來，專業人士主張自己有權利與義務，為自己的工作談判重要條件；例如，醫生已經成功遊說政治人物認可他們特殊的專業知能以及受託者責任[91]，並行使相關權利以建構醫療專業體系。透過法律授權，醫師可自行運作專業執照核發組織，以決定誰有資格行醫，同時也在管制機關中扮演關鍵角色，決定哪些類型的藥物和醫材設備是被允許的，而哪些則需進一步測試。

我們能不能想像在教育科技機關（Education Technology Agencies，ETAs）中，教師對於塑造教育機器人如何應用，可以發揮類似上述醫療專業人士那樣決定性的作用？可以，就像世界各地的藥品管制機關，幫助醫生和病患協商藥物如何相互作用中的複雜性一樣，國家也可以授權ETAs評估和核發執照給教育應用程式、聊天機器人，以及更先進的教育科技系統和新方法。在理想上，這樣可以使教育專業更完善，幫助學校和學生在多種輔助學習的科技途徑中選擇。為了確保一個真正人性化的未來，我們需要一個強健的教學專業——在中、小學及高等教育階段——能夠監督控制教育的機器化、標準化和狹窄化的趨勢。我在下一章將探討的是，在自動化公共領域中，不可靠、危險和操縱性的內容與傳播持續發生，我們需要批判性的思考，而且批判性思考只會愈形重要。

CHAPTER

4

AI自動化媒體的「異智慧」

二十世紀整個下半葉，由大眾媒體驅動的政治和文化情勢，演化較為緩慢。不過，自一九九〇年代中期以來，變化則開始加速[1]。軟體工程師已經開始擔當曾經由報紙編輯和地方新聞廣播製作人所擔任的角色，但還是有點差距；他們為善變且被演算法篩選的受眾選擇內容和廣告。這些演算法的細節是商業機密，但是，它們大致的輪廓很清楚：它們優化廣告收入和「參與度」的某種組合——也就是使用者在網站上花費的時間和強度。隨著大型企業轉移了投給傳統媒體的廣告收入，他們因而獲得了豐厚的收益，成為世界上規模最大的一批企業。[2]。大多數廣告商想要的是受眾，不見得是任何特定的內容，而大科技公司可以滿足這樣的需求。

全球最大科技平台公司的規模，都已超越世界上好幾個經濟實體；它們影響政治和文化——而對於政治與文化領域的研究，無論是從何種複雜的度量與研究方式切入，都只能片斷地捕捉部分的現實情況。從搜索結果的操作，到大規模的操弄，傳播學者的研究也記錄了數位平台上許多形式的偏見[3]；這些憂慮，在美國二〇一六年總統大選以及英國脫歐公投期間，變得特別顯著——兩個事件裡都有誤導性和煽動性「隱藏貼文廣告」（dark ads）的現象發生，這些網路廣告刻意設計成只讓特定目標族群看到。強大的右翼同溫層「迴聲室效應」放大了不可靠的資訊來源；而出於政治動機、利潤追求與不負責任的假訊息，則是大量在網路上散佈流竄。針對這種情形，社會學家菲利普．霍華（Philip N. Howard）稱之為「謊言機器」（lie machines），謊言機器毫無根據地編造故事，用無止盡、一系列的假訊息攻擊與抹黑當時民主黨總統候選人希拉蕊．克林頓（Hillary Clinton），只為了快速獲利[4]。網路平台經營者關心的，是人們有沒有點擊貼文，有沒有創造流量，而不是人們點擊的原因，或者貼文所提供的訊息是否是真實的。這些操縱資訊的全貌，直到今天才被挖掘出來，否則可能永遠無法被完全揭露；其中許多關鍵紀錄（如果它們還存在的話）以商業機密之名受到保護，免於接受公眾審查。

各種政治宣傳、謊言以及駭人聽聞的消息很容易在網路上盛行傳播，不需要任何陰謀論。對於以盈利為目的的內容生成者來說，Facebook唯一的真理就是點擊率和廣告收益。根據政治學家的估計，在二〇一六年美國大選第二次總統辯論期間，社交平台推特上有數萬條推文都是由機器人「寫」出來的[5]；這些機器人具有多重功能，他們可以宣傳假新聞，當足夠的假貼文互相轉發時，這些假訊息就可以在主題標籤（hashtag）搜尋功能中佔據最熱門的位置；機器人還可以用無聊的瑣事貼文佔滿各種主題標籤，讓真正的社會議題如「黑人的命也是命」（Black Lives Matter，簡稱BLM）等運動，看起來好像只是行銷人員趁機產生的網路資訊干擾。

網路言論空間這類公共領域遭到自動化，產生了這麼多危機並製造混亂，因此很需要有系統的分類和齊心協力的應對。本章將探討三組問題，首先，AI對於資訊溝通的實質內容視而不見，因此很容易成為極端分子、詐騙者和犯罪分子的目標；只有具備足夠專業知識和權力的人類審查員才能發覺、拆除和化解大多數這類危害。其次，由AI促成與推動的網路平台，正在吸走傳統媒體逐漸式微的收入和注意力，讓平台在資訊通訊管道的競爭上更容易勝出，所以，網路媒體經濟生態必須大幅改變，以阻止這種破壞性的反饋循環。第三，AI的黑盒子意味著我們可能永遠無法理解這種新媒體環境是如何被建構的——甚至無法瞭解，與我們互動的虛擬帳號背後，是真實的人類還是機器人，因此這裡的責任歸屬是關鍵，包括揭露線上帳號到底是由人類、AI還是兩者之間的某種組合在操作。

本書的機器人律法可以幫助我們理解和應對所有這些威脅，也拋出一個可能性，亦即我們可能無法修正與改善公共領域自動化所衍生的問題。當這麼多媒體上流通的內容與傳播都已經自動化的時候，我們可能就必須要有新的方法來重新建構溝通這件事，以維持社區的凝聚力、民主體制，以及社會對基本事實和價值的共識。正如媒體學者馬克．安卓耶維克（Mark

Andrejevic）在他令人信服的作品中所說的，自動化媒體「對自治所需要的公民特質造成深刻的挑戰」[6]。這些憂慮已經遠超出典型「同溫層」問題，而是要進一步探討，面對新媒體時，我們所需要的思維習慣為何，才能在公共領域中做出有意義的改善。

機器人律法還涉及媒體的政治經濟學。機器人律法第一條，支持維持記者專業地位的政策（視AI為幫助記者，而非取代記者的工具）[7]。如果要網路內容審查員在新的社交媒體環境中可靠地引導AI，就需要給他們更好的培訓、薪酬和工作條件。有一種可以同時資助老派傳統的新聞業以及媒體自動化後的新世代新聞業的方式，就是減少媒體出版業花費在數位化軍備競賽中，爭奪網路注意力的成本壓力（新律法第三條的關注之一，就是禁止將資源浪費在軍備競賽）。稍後，我們將於本章探討，如何將資金從單純的網路平台（如YouTube和Facebook）轉移到其他人身上，而這些人是真正應該負責幫助我們瞭解及參與政治、政策等其他面向的人[8]。

然而，前述想將資金移轉到對的方向的作法，將是極為困難的任務，部分原因是自動化的公共領域已經促成了新型態的威權主義；有些官方媒體和網路管制者，即使還留有民主國家的表皮，內部也已經崩毀而無法修復。但是，這只是意味，在沒有屈服於威權主義潮流的國家，保護媒體價值的工作是更加緊急與迫切；即使有些地方已經有媒體價值的保障，對於努力建立另類媒體生態系的公民而言，機器人四大新律與其細緻的延伸分析，應該也能提供很多幫助。

對於大型網路中介平台在政治、經濟和文化上的失敗，要有更多的關注與譴責；雖然這些企業常說自己所處理的業務內容太複雜，以至於無法規範，但是，歐洲卻已經展現出不一樣的價值，也就是在自動化公共領域的小角落（例如：姓名搜尋結果）採用更人道與包容的法律治理模式，證明是可行的。面對現在最廣泛且普遍影響生活的AI形式，即媒體自動化，我們可以向歐洲汲取經驗，制定一個更周全的管制框架；此框架以責任為核心，建立在稽核各種餵給演算法系統資料的基礎之上，並且將該AI系統的行為責任歸屬於該系統的控制者。正因為AI透過機器人自動化技術，可進入更多、更大範圍的真實物理世界領域，所以我們應該採用這樣的責任框架，作為AI的監管方式。

當文字可以殺人

因為自動化媒體只是文字和圖像，不是生死攸關、亟需精細操作的手術機器人或自主武器系統，所以看起來也許不太可能，或不適合成為管制者所關注的主題；然而，仇恨言論在網路媒體上失控傳播，血淋淋的後果已被明確地記錄下來。例如，在印度、斯里蘭卡和緬甸，偏執者與旁觀者在社群網路上大肆散佈關於穆斯林少數民族毫無根據的謊言，其中一個奇怪謠言，是造謠穆斯林使用「二三〇〇〇顆絕育藥丸」企圖消滅該國境內的佛教多數族群；這個謠言在Facebook上病毒式地散播，導致一群暴徒燒毀了一家他們認為在食物中以這些藥丸下毒的餐廳[9]，餐廳老闆因此不得不躲藏避難好幾個月。這類事件並不少見，他們將種族仇恨的言論敘事，轉換成為武器，用謊言影響英國、肯亞和美國等國家的重要選舉[10]，而這些被武器化的敘事方式與內容，在大型網路平台上競逐「網路注意力」，隨機地激化網路平台使用者[11]。

當涉及專業判斷與人類原本擔任的傳統重要社會角色（例如公共媒體）突然被自動化時，就會產生各種危險。平台經營者與工程師一而再、再而三地用拙劣的手法來優化演算法，透過不間斷、穩定的廣告點擊誘餌程式，製造聳動效應與進行操弄，以最大化廣告收入。也許我們希望影片的觀看次數，仍是人類管控品質的最後一道關卡，然而，用機器人刷觀看次數的方式，已經十分氾濫[12]；即使觀看次數是真的，這種衡量「參與度」的方法，僅僅依據使用者在網站上的停留時間和打字時間，作為衡量線上停留時間的標準，也過於粗糙，更不要說這些方式對於民主制度或政治社群的影響效果了[13]。

雖然社群網路也真的有連結社群的效果，促成了令人讚賞的社會運動，但是看看醫療照護或教育領域，無孔不入的自動化導致數百萬名學生無法學習數學和科學的基本事實，或導致數百起事前可以避免的傷害，就令人難以接受。在惡意行動者進一步操縱之前，是時候要更認真面對我們已經遭到自動化的公共領域；這需要重新承諾兩大簡單原則，首先，言論自由保障優先適用於人類，AI系統次之，大型科技公司不得繼續躲在「言論自由」背後，將「言論自由」作為他們不負責任的萬用護身符；其次，各產業領域的龍頭企業，必需對其優先事項或所發布的內容負責，不能再將有害的資訊和煽動行為歸咎於「都是演算法」。我們可以要求人工智慧具備人性價值，否則就得承受人工智慧在我們之間造成各種非人性的後果，這是完全沒有轉圜餘地的選擇。

當然，對於什麼是危害社會的內容，因而應該在搜尋和動態消息中遭到禁止、隱藏或取消優先性，勢必會有激烈的辯論。明顯的種族主義、誹謗及否認基本科學事實的內容，是很好的起點，尤其當它們直接危及生命和個人生計的時候；而內容審查委員會將在這個定義的過程中，扮演極為關鍵的角色[14]。

在理想情況下，內容審查委員會要能反映平台使用者的價值，以及相關領域專家們所考量的立場，而且委員也應該包含律師——能在言論自由、隱私與其他價值之間取得平衡的律師。

更重要的是，我們要重新思考新媒體與舊媒體的關係。多數記者都經歷過以往的錯誤並吸取經驗，因此至少我們可以倚賴他們的專業，試著驗證新聞的準確性；這種信賴，某部分是因為有法律的規範，因為一個魯莽失職的假報導，可能會招來嚴重的誹謗官司。相反地，科技公司的說客卻已說服太多管制者，將科技公司的網路平台視為和電話線一樣，只是讓他人表達意見的管道而已；這種便宜行事的自我定位，讓這些科技公司在許多情況下得以規避誹謗責任[15]。

當Facebook和Google還是剛起步的公司時，這種免除懲罰的做法或許還能理解，但是，放在今天早已不合時宜。威權主義的政治宣傳操弄，已經充斥網路動態訊息和搜尋結果[16]。Facebook或許可以對傳播「教宗支持川普」或「希拉蕊是撒旦」教徒等假訊息，主張免責[17]，然而，到今天為止Facebook卻只有承認該公司對其進行政治競選活動應該承擔更多責任。記者艾利克斯．馬蒂葛（Alexis Madrigal）和伊安．博格斯特（Ian Bogost）的報導指出，「該公司鼓勵廣告商完全交出控制權，讓Facebook得以在廣告、受眾、時間表以及預算之間調配」[18]，甚至，Facebook還對廣告的內容和樣態進行實驗。有時候，AI與其說是找尋受眾，不如說是創造受眾，與其說是資訊流通的管道，不如說是資訊本身的共同創作者。

在許多情況下，大型科技公司既是網路平台也是網路言論的出版商，既是媒體也是中介服務的提供者；無論其新聞來源如何，他們所設計的選項，就是要讓Facebook及Google桌面和行動裝置螢幕上的動態訊息摘要，看起來都有類似的權威感[19]。於是，一個名為「丹佛衛報」（Denver Guardian）的假新聞網站，捏造了一個新聞，將希拉蕊與一名聯邦調查局特務的自殺連結在一起，這則假新聞看起來就像是揭穿重大陰謀論的獲獎調查報導，具有權威性[20]。說得更白一點，Facebook從假新聞中獲利，這些訊息有越多人分享（無論其價值與真假如何）時，所帶來的廣告收入就越豐厚[21]。美國二〇一六年總統大選尾聲，假新聞在Facebook生態系的表現，遠勝於真實新聞的績效[22]；而我們現在也從相關調查報導中得知，Facebook曾直接幫助川普競選團隊，鎖定支持民主黨的非裔選民，進行選民壓制（voter suppression）[23]。

只要廣告資金不斷投入，道德倫理都只是事後諸葛。Facebook完全忽視公司內部安全主管與資安官的意見，即使他們已經告訴高層，有國家和非國家行為者正在惡意操縱該平台[24]，也無不同。當然，Facebook例子並非單一事件，這種輕率檢核非主要新聞來源的疏忽行為（以及傳統主流媒體的無能），也加速了專制極權和仇外領導人的崛起。但是，科技巨頭幾乎都不是無辜的旁觀者，Facebook對虛假或誤導性病毒式傳播的內容，反應遲鈍而緩慢[25]，而Twitter創辦人傑克．多西（Jack Dorsey）花了六年時間，才阻止像艾力克斯．瓊斯（Alex Jones）這種桑迪胡克小學槍擊案（Sandy Hook）陰謀論者（瓊斯積極支持陰謀論者，聲稱美國二〇一二年康乃狄克州桑迪胡克小學槍擊案從未發生過，是那些被屠殺小孩的父母自己捏造的）[26]。由此可知，網路世界已經出了大問題；問題的真正核心是，我們對於那些演算法生成動態訊息背後的AI，抱持盲目的信仰，而科技領導者卻藉此規避責任，明明科技領導者可以阻止那些行為不當的人為惡。

科技巨頭不能再只將自己定位為對他人內容採中立立場的平台，尤其是當他們從微定向廣告（microtargeted ads）中獲利時，更是如此。那些微定向廣告正是透過平台演算法，將內容投放給最受影響的特定對象[27]。因此，他們必須承擔編輯責任，這也意味必須導入更多的記者和事實核查員，來解決演算法未能解決的問題[28]。大型科技公司的辯護者聲稱，不可能只讓少數公司承擔這種責任（或者說，這樣是不明智的），因為共享內容的數量實在是太大，任何個人或個人組成的團隊，都不可能有充分能力進行管理。有一種任性的立場，則是堅持程式編寫的演算法，而非人類專業知識，才是解決平台問題的理想方法。但是，這種論點卻忽略了一個事實：Facebook等公司的問題背後，正是持續不斷地使用演算法與手動方式，調整動態訊息的篩選[29]。因此，長久之計，需要記者和程式工程師的合作，以解決這個問題。

大型科技公司的「不在席投資者」[30]問題

每次發生重大醜聞，大型科技公司都會道歉並承諾改進，有時他們甚至投資更多成本在內容審核上，或禁止最糟糕的假訊息和騷擾來源。然而，網路平台的「關注疲勞」（concern fatigue）效應、疏忽與未善盡職責、以及圖像式吸睛內容所帶來的潛在利潤等綜合效果，讓我們努力邁向安全和負責任平台的每一步進展，都有被逆轉的危險。我們已經看到Google

和反猶太主義的循環，雖然這家搜索引擎巨頭至少在二〇〇四年標註出一些納粹和白人至上主義的內容，但是，後來它又退縮了，直到二〇一六年遭到英國《衛報》記者卡蘿·德瓦拉德（Carole Cadwalladr）和著名學者薩菲亞·諾布爾（Safiya Umoja Noble）點名[31]為止，才又引起關注。到了二〇一八年，人們的擔憂再次蔓延，擔心演算法的「兔子洞」[32]被AI優化，引誘毫無戒心的人進入（持有極端保守主義觀點的）另類右翼內容，甚至是更糟的內容[33]。一旦自動化公共領域是由為了利潤而優化的AI驅動，就會出現相同的模式：網路群眾對媒體的責怪與羞辱引發一片關注，接著又再次退回到不負責任行為的迴圈。

雖然上述這種倒退並不是完全無法避免的，但是，由大型企業股東利益導向所驅動的AI進行優化，顯然是危險的，因為只有規模經濟才能產生投資者所要追求的利潤，而且只有AI才有辦法做到現在這種程度以上規模的運算。正如記者歐逸文（Evan Osnos）在一則Facebook創辦人馬克·祖克柏（Mark Zuckerberg）人物側寫中所觀察到的，「在規模和安全之間，他（祖克柏）選擇了規模。」[34]兒童、異議人士、內容審查員、被駭帳號持有者以及其他受害者，則是每天首當其衝，忍受著社交網路巨頭可預測的外部性成本。全球金融海嘯時，銀行「大到不能倒」現象備受關注，而今天大型科技公司則是「大到不在意（對他人所造成的傷害）」。

電視，曾經被稱為電子保姆，因為當父母太忙或太弱勢，無法提供孩童豐富活動時，電視可以娛樂孩童。YouTube提供數百萬則卡通動畫的各種變體版本，精準地幫父母或保姆找到最好的內容，轉移無時無刻不在尖叫、走路搖搖擺擺好動的幼兒或無聊煩悶孩子的注意力；然而YouTube龐大且隨選隨看的影片資料庫，讓家長的監督變得更加困難。噁心人士開始將原始卡通內容與如何自殺的指令暗示拼貼結合，而YouTube的AI卻對這種內容所隱含的意義視而不見，並將它評等為一般無害的兒童節目。

YouTube一般的內容審查流程，原則上可隨時間而修正改進，更快抓出這些影片；然而，某些由演算法所生成的影片內容，卻引起另一個層面的顧慮，因為網路上自動混搭剪輯影音的興起，像「粉紅豬小妹」(Peppa Pig)這種天真的卡通人物，可能會在一部影片中與朋友聊天，又在隨後自動播放的「諷刺影片」中舞刀弄槍。正如藝術家詹姆斯·布萊德爾(James Bridle)所指出的，這已經超出了我們一般對於影片合宜性的焦慮。布萊德爾認為，粉紅豬小妹這類惡搞影片變體的隱憂是，「明顯的惡搞模仿以及更陰暗的山寨影片，如何與大量演算法內容製作者相互作用，一直到我們完全無法知道發生了什麼事的地步」——無論是藝術創作、諷刺、殘忍的內容，或有違常理地想讓幼兒接觸暴力或色情內容的行為，都令人擔憂[35]。缺乏脈絡的文本內容，混合了這些形式，使得原本不相容的東西毫不違和地組合起來，濫用與傷害的問題也因此隨之而來，而AI在篩選、整合餵養給觀眾的資訊面向上，也引發了更深層的問題：

非常年幼的兒童，從出生開始，就在YouTube上承受風險；在正是對這種虐待形式非常脆弱的網路上，兒童成為平台內容刻意鎖定推播的目標，為兒童帶來創傷與侵擾。這不是平台是否蓄意的問題，而是數位系統和資本主義誘因結合本身就會帶來的暴力問題。系統是造成傷害虐待的同謀嫌犯，而YouTube和Google是該系統的共犯[36]。

這些混搭剪輯的影片，激化了一種變態偏激的競賽，以兒童作為人體實驗對象的競賽——只要帶來更多廣告收入就是成功。

一個普通的電視台如果播放這種粗製濫造的節目，會造成收視率下降或遭到贊助者抵制，因而必須承擔一些真正的後果；但是，當記者和社會大眾認為，「演算法」是無法控制的科學怪人時，YouTube就可以聲稱自己只是一個中立的平台，指責不斷變化的內容創作者、程式設計者和搜尋引擎優化者，也就是一切都是別人的錯。YouTube帶起的不負責任風氣，預示了科技公司會如何接管、掌握我們越來越多的生活日常：對的事情都歸功自己，一旦有災難則想方設法把責任推給別人。

在這種情境下，AI成了面具或藉口，成為一種極為複雜的生產製造方式，甚至連AI的擁有者也說他們無法控制這些內容，這顯然是在逃避責任。為了預防有問題的內容，實況轉播者經常會延遲其直播，以進行必要的干預；MySpace是一個早期的社交網路，在巴西，每張照片在發布之前都會有人工審查，以阻止侵害兒童的影像散播。YouTube和Facebook都聘請了「網路清道夫」來審查、事後處理平台使用者檢舉或演算法鎖定的圖像和影片，對於某些弱勢族群（如兒童）或遭逢敏感時期時（例如，在種族主義仇恨引發的大規模槍擊事件之後），他們可以做更多，以加強安全。

儘管這些公司的公關部門持續承諾「會做得更好」，但卻不斷有新聞報導披露這些公司實際上表現得多麼糟糕。《紐約時報》便報導了YouTube有時會在情色主題內容之後，自動推播含有穿著泳衣孩童的家庭影片，這反映出其AI技術裡的戀童癖傾向[37]。美國調查報導中心（Center for Investigative Reporting, CIR）的podcast節目《Reveal News》則是報導Facebook曾鎖定賭博成癮者，投以更誘人的撲克牌遊戲廣告影片；像這種情況，如果相關調查報導大幅減少，我們就很難判斷出究竟是網路平台的公益行為真的增加了，抑或只是因為數位仲介者轉移了廣告收入，而導致這類新聞能見度降低。

恢復網路媒體的責任

如果Google和Facebook有明確且公開承認的意識形態傾向，成年人就可以掌握這些議題並且先給自己打預防針，對於追逐私利的內容保持懷疑態度。然而，這些平台的AI更適合被理解為一種容易操弄的強大工具，用來優化搜尋引擎、有效組織極端分子與其他周邊人物。二〇一六年九月（希拉蕊短暫昏厥事件後），在Google搜尋「希拉蕊健康狀況」就會出現多條具有誤導性的影片與文章，毫無根據地指稱她患有帕金森氏症（Parkinson's disease）。在現代政治選戰迷霧中，光是誹謗性影片（無論真實性如何）的大肆傳播流竄，就可以成為公眾討論的主要話題。操縱者知道，無論訊息的驗證或捏造手法是多麼粗糙，只要隨便拋出一連串的假問題，都會破壞候選人好好討論公共議題的機會[38]。

在沒有任何人類編輯或管理人員直接對演算法的決策負責的情況下，網路平台會使社會上最糟糕的要素顯得更可信和權威；例如，Google的搜尋結果助長了迪倫．魯夫（Dylann Roof）的種族主義。他於二〇一五年在美國南卡羅來納州一個歷史悠久、以黑人社群為主的教堂裡謀殺了九個人。魯夫說，他在Google上搜尋「傷害白人的黑人犯罪者」時，發現來自白人至上主義組織的網路貼文，聲稱「白人種族滅絕」正在進行中。「從那天起，我就變得不一樣了。」魯夫說[39]。又如，「比薩門陰謀論」（Pizzagate conspiracy theory）至少促使一名槍手，帶著AR-15半自動步槍，去「調查」華盛頓特區一家比薩店毫無根據的性虐待指控。在自動化搜尋的狂熱泥沼中，很容易滋長與傳播支持氣候變遷否定論者、厭女者、種族民族主義和恐怖分子的力量[40]。

Google的自動完成功能也引發爭議——它會從搜尋輸入的第一個或前兩個詞中，自動預測查詢字串[41]，它們經常重複並強化種族主義和性別歧視的刻板印象[42]。Google圖片搜尋功能將有些非裔人士照片標記為大猩猩，荒謬且有辱人格；一年內，Google關閉照片的大猩猩分類詞，來「解決」這個問題，從此以後，任何內容物件甚至是真正的大猩猩，都不會被標記為大猩猩。Google關閉大猩猩分類詞這種快速修補方式，對於解決目前種族和性別歧視的潛在問題，幾乎沒有任何幫助，而這些種族歧視和性別歧視資料，正被大量用來訓練機器學習，或降低該技術系統被駭客攻擊的弱點[43]。

許多精英份子遇到Google圖像搜尋結果所呈現的種族主義或性別歧視刻板印象時，可能只是把這樣的結果，視為演算法悲哀地反射出Google使用者愚昧無知的態度，因為，畢竟搜尋結果的運算所使用的資料來源，都是使用者自己提供的資料。但是這種卸責的說法，是無法說服人的。諾布爾（Safiya Umoja Noble）從她自己的學者生涯和身為女性商業人士的專業經驗中取材，在她的著作《壓迫的演算法》（*Algorithms of Oppression*）中指出，當價格合適時，數位電商巨頭就會願意干預介入並改變演算結果（例如，在商業脈絡中銷售的廣告）；所以，同樣地，當公共利益受到威脅時，他們也必須承擔責任。

此外，諾布爾也主張放慢新媒體的步伐，因為即時上傳和共享的功能，已經讓「平台無法查看所有內容，確定這些內容是否應該存在於平台上」[44]。網路自由主義者認為，這只是顯示人類監督已經過時。不，不是這樣，諾布爾反駁，這些應該是為人類服務的系統，可以為了服務人類的目的而重新設計。某些新聞報導主題可能需要一些審查，延遲播送則能允許這樣的運作方式；這並不是意味著數百萬個貼文都要逐一審查，相反地，一旦一個動態訊息通過「驗明正身」（cleared）的程序，它就可以被分享出去。減緩病毒式傳播的速度，也可以成為限制「演算法放大效果」的作法（或在某些情況下是增加效果），讓相關的決策過程可以更加深思熟慮，因為演算法的放大效果，會導致回饋與運算之間的循環不斷自行增強，卻無助於基本的資訊品質或實用性。

對於諾布爾上述提議，有些科技辯護者會覺得可怕，認為那就是言論審查；然而，這裡並沒有提供什麼神奇「預設內建」的言論自由，因為這些平台早已經決定是否允許使用者直接向任何人（或僅向他們的朋友／關注者）發送訊息、分享影片可以多長、故事傳播的速度或向其他使用者推薦的速度可以多快。目前，這些決定幾乎完全是利潤動機導向：什麼樣的溝通與交流安排，最能極大化廣告收入和使用者參與度，這些計算可以立即進行，而且通常也會限制（有時會非常嚴重地限制）每則貼文的散播。諾布爾所建議的，只是讓更多的價值（包括那些需要更多時間討論和採納的價值）進入更細緻的計算當中。就像為了確保自主武器系統有「人為監督」一樣，諾布爾的「慢媒體」策略是聰明的[45]，它不僅可以避免我們不想要的後果，還迫使所謂單純中立的網路平台，承擔他們現在所扮演的媒體角色責任。

此外，具體案例還有極富企圖心的資訊篩選計畫，對於新聞或讀者感興趣的關鍵主題，提供更高品質（如果沒那麼快速和全面）的觀點。例如，技術評論家耶夫根尼．莫洛佐夫（Evgeny Morozov）所領導的分析師團隊，發佈了The Syllabus，一種以全球資訊網為基礎的媒體精選集，涵蓋數十個有趣的領域（從健康到文化、政治到商業）。響應機器人律法第一條中所表達對互補性的承諾，The Syllabus保證提供一種「新穎且博採眾長的方法，可以配對人類和演算法，以發掘出最好與最相關的資訊。」[46]憤世嫉俗的人可能會嘲笑The Syllabus的企圖心，不切實際地想要比矽谷的奇才想出更有效組織大量資訊的模式；然而，莫洛佐夫團隊確實製作出一系列關於「新冠肺炎政治」傑出的媒體精選集，讓網路平台上新興「假訊息大流行」（Infodemic）中的假新聞，無法與之相提並論，而且我們也不會輕易假設Facebook、Twitter和Google數萬名矽谷員工所做的事情，會比莫洛佐夫的小團隊更好[47]。

無論The Syllabus的理想主義使命有什麼實質優點，所有人都應該承認，與Facebook或Google緩慢而微弱的改革相比，有數百或數千個像The Syllabus這種值得信賴的新聞內容推薦者的世界，將更能有效地分散對於網路注意力的影響力，不會只集中在幾個科技巨頭。惡性循環的網路注意力漩渦，對我們所觀看和閱讀的內容產生的影響，已經不成比例；這種集中權力以說服群眾的影響力，已經越來越明顯，所以越來越多的競爭法（反壟斷法）專家呼籲，應該想辦法拆解過度集中的權力[48]，例如，祖克柏可能辯稱他的公司對於Instagram、Facebook和WhatsApp的控制，可以讓廣告更精準地投放給目標對象，但是，這樣的精準廣告定位，卻也提供了操縱選舉心理戰的廠商及國家行動者一個肥美的目標。即使這些不當行動受到控制，一家公司從使用者身上獲得如此多的資料（並對其施加不當權力）也是不正當的。分散這些重要的溝通交流基礎設施，避免過度集中於少數公司身上，將減少當前重要企業政策的風險，這也使得新聞媒體更容易為其所提供的人類專業知識，獲得更合理的補償，以平衡現在平台業者偏重於技術的數位廣告樣貌[49]。

打散網路注意力的工具

對於網路中介服務商的政治和文化影響力，許多不滿由來已久，因為這些不滿所衍生的商業效應，也如火如荼地出現。一體適用的入口網站無法為所有人提供均等品質的服務，尤其是當某個目標（獲利能力）超越所有其他目標時。脆弱族群容易遭到剝削，也很快就成為這些網路中介服務商的利潤中心[50]。

試想，Google搜尋引擎如何成為各種資訊的一站式商店[51]，即使對於那些絕望之人，也能在此一次滿足其需求。例如，當藥物成癮者尋求幫助時，他們通常會先使用Google搜尋，在Google搜尋框中輸入「戒治所」或「類鴉片藥品成癮」等詞語；他們對資料仲介和廣告商勾結的生態體系一無所知，而這些仲介與廣告商核心目的是，為廉價、未經審查的治療服務尋找大量現金支票。有一段時間，只要搜尋「我家附近的戒治所」，Google就會幫助第三方業者，生成數位廣告，鎖定這些搜尋者，進而成為業者銷售的潛在客戶名單；這些販賣潛在客戶名單的第三方業者，通常很少驗證那些支付他們費用的人，是否真是合法的成癮戒治業者。有時候，這些第三方業者還會設立服務電話，聲稱不帶偏見，但實際上是收錢介紹客戶。記者佛格森（Cat Ferguson）的結論是，由此一生態系所產生的混亂，「使得許多人無法獲得他們真正需要的幫助——甚至在極端情況下，像極了人口販賣。」[52]這種情形可能會形成惡性循環：在行銷上花費最多（而在實際照護上花費最少）的公司，可以透過大量付費廣告，排擠掉更好的、真正照護導向的戒治服務業者；廣告花費多的公司藉由所購買的知名度，拿到更多弱勢客戶，再從客戶身上賺取更多廣告的資金。這種情形正是機器人律法第三條的要義——要防止「注意力軍備競賽」的類型。

儘管機器學習的擁護者承認這種操縱會造成問題，但他們聲稱有簡單便宜的方式，可以在沒有法令管制的情況下解決這個問題。他們主張，為了消除商業扭曲（commercial distortions），可以邀請自願者對於有爭議的搜尋結果頁面自動新增資料。例如，在Google地圖上，由使用者自行產生的內容，可以引導需要幫助的人到離他們最近的診所。安德魯．麥克菲（Andrew McAfee）與艾瑞克．布林優夫森（Erik Brynjolfsson）在他們的《機器，平台，群眾：如何駕馭我們的數位未來》（*Machine, Platform, Crowd: Harnessing Our Digital Future*）一書中，將大型網路公司（網路平台）和其使用者（群眾）之間上述的這種互動，描述為一種最有生產力的協作效果[53]。像Google這種大型平台可以將機器學習用在許多任務上，找到方法利用大量自願「群眾」的資訊，用眾人的智慧來填補所需更多或更好的資料數據。

Google擔心將使用者轉介到聲名狼藉的戒治診所，可能帶來負面聲譽，因此提高了「群眾」選項的比重；Google停止向戒治診所收取廣告費，讓搜尋結果看似「有機地」出現。然而，詐騙者繼續操縱Google地圖中的使用者生成內容部分，匿名的破壞者開始篡改地圖上信譽良好的戒治診所電話號碼，改為潛在客戶名單仲介者的號碼，將戒治需求者導向不合格的診所[54]。無論「群眾」在其他脈絡下有什麼優點，當涉及大筆的金錢利益時，以信任為基礎的群眾參與機制就很容易遭到濫用[55]。

美國佛羅里達州受夠了劣質戒治中心的詭計，因而禁止戒治診所的欺騙性行銷手法[56]；目前尚不清楚該州法的效力如何，但幾乎美國各州都有一些消費者保護法，這些法律可能早在引起公眾關注之前，就已禁止向戒治診所銷售客戶名單等最糟糕的業務行為，同時勒令違反專業倫理戒治診所停業。但是，執法機關缺乏足夠的資源去調查每一個可疑事件，尤其是當數位操縱者可以輕易隱藏自己身份，並在調查開始後又轉移陣地、在其他新地方開業營運時，尤其困難。因此，必須藉由大型網路公司的自律，以避免弱勢族群被掠奪者欺騙與利用[57]。

正義和包容性的治理不是演算出來的

當美國國會要求Facebook執行長祖克柏出席聽證會，就其社交網路平台一再未能管制假新聞、選民操縱和資料濫用問題，接受質詢與作證時，這位執行長一直重複一句老話：「我們正在研究用人工智慧來解決。」批評者對這句話抱持懷疑態度，正如一位淘氣記者所下的好標題：「AI會解決Facebook最傷腦筋的問題，只是不要問何時或如何解決。」[58]祖克柏曾在一個財報電話會議上，承認在某些解方的進展上可能會很緩慢：「建立一個AI系統來偵測乳頭（裸露），遠比偵測仇恨言論要容易得多。」他是這樣解釋的。換言之，對於Facebook這家自我認同為「AI企業」的公司而言，比起打擊仇恨言論，禁止平台上某種形式的裸露是管理者更優先的事項。

祖克柏那句信口而出的話，掩蓋了網路空間中關於言論審查、價值觀和責任的重要爭議。社會大眾對於是否應該在大型社交網路上禁止裸露，應該優先考慮哪些問題，看法依然相當分歧，而各網站所採行的政策與實踐情形也不一致。Facebook的另一個資產Instagram，就不允許使用者張貼裸露的圖像或數位創作內容，但是，它卻接受裸體肖像繪畫[59]，理由是保護裸體藝術創作，但禁止色情或剝削性的描繪。美國關於「猥褻性言論」（obscenity）的判決先例就是圍繞這些區別而展開的，然而，這些判決先例也鑲嵌在更大的價值評估框架之中，如果沒有更大的言論自由框架，實體／數位的差別就無法適當地表達審美／非審美之間的區別：簡單來說，對於色情圖畫與裸體照片、裸體數位繪畫，大家都能想像它們都具備很多藝術價值。

然而，數位／非數位的區別，在另一個地方就非常有用：我們可以更容易想像，未來的機器視覺系統可以毫不費力地解析油畫和數位作品之間的差異，而不是用它去區分一段色情電影開頭的靜止畫面，以及性工作者生活藝術紀錄片的片段；前者差異只是一種模式識別的工作，我們可以想像成千上萬的圖像，毫無爭議地被歸類為油畫或數位作品，這工作也許由Amazon的Mechanical Turk平台工作人員（甚至可能是透過「非監督式機器學習」的機器學習）來達成[60]。而色情電影和性工作者藝術紀錄片之間，則是道德和審美判斷的問題——而這種價值判斷可能會隨著時間的推移而改變，或者因地方文化而有差異；我們不應該允許由這樣有侷限性的工具（AI），去決定採用一個不客觀或笨拙的方法，來處理棘手的文化和政治問題（例如對於兒童容易接觸的社交媒體場所中，多少裸露是合適的）[61]。

在有法治秩序的政治體制中，該社會中的社群會對「猥褻性言論」的範圍進行辯論，管制者必須決定要壓抑什麼和忽視什麼；若有人被有成見或有偏見的決策者不公平地鎖定對待，法院可以介入並捍衛那些人的權利。即使二〇二〇年我們原則上可以用「硬蕊」[62]判準，判斷哪些類型的圖像在平台上是可以接受的，而哪些不可以，但在二〇三〇年或二〇四〇年又會以什麼樣的價值來判斷呢？人的觀點會改變，平台的受眾和目的不斷擴大和縮小，正如社交媒體Tumblr在「色情禁令」之後所學到的懊惱經驗一樣（譯注：色情禁令實行後，Tumblr瀏覽量、行動用戶數量及公司市值皆大幅下滑）。「治理」在這裡就是一種持續且必須要做的重要工作，這不是可以簡化且一勞永逸機械化的事情。自願者的資料輸入，在這裡也不是一個便利簡單的解方。正如Amazon學到的，為了啟動該公司自動化隱藏某些類別書籍內容的流程步驟，同性戀恐懼人士就將該平台上數千本關於同性戀文化的書籍標記為「限成人」，以降低、隱藏該類別書籍的曝光管道。心懷不軌的極端分子在機器人和駭客的協助下，可以輕易地蓋過絕大多數人的意見；所謂網際網路可促成民主化的傾向，已經成為不在席的壟斷者（absentee monopolists）、有動機的操縱者以及自動化的「言論」利用的恐怖電鋸了。

忠誠的科技愛好者可能會說，決定裸體是藝術還是猥褻、或者值不值得關注，只是品味問題，他們傾向認為那是機器智慧「之下」的東西，一種二流的知識形式，因為它不能簡化為演算法。但是，人類可以相當輕易地顛覆這種階層意識，珍視無法標準化的專業判斷，認定其優於資料驅動或規則啟動（rule enabled）的判斷。也許是我們不想投入必要的資源，使得這些決定能夠容易地由人為判斷或人類辯論來處理，不過，這是關於資源分配的裁量決定，而不是朝向人工智慧技術進展的必然方向。

被遺忘的權利：人性自動化的測試

每當受到網路傷害的人提出管制提議時，總是可以預見的唱和是，無論科技公司做得多麼差，政府干預只會更糟。然而，我們已經在公共領域中，看到一個成功且以人為本的自動化案例：所謂「被遺忘權」（Right to be Forgotten, RtbF），也就是歐洲規範自動化人名搜尋的一個子題。為了瞭解該權利的重要性，我們可以想像一下，如果有人建立一個網站，內容是關於你身上曾經發生過所有最糟糕，或是你做過最糟糕的事情，你的名字在你的餘生當中，會與那些事情永遠連結，並且一直出現在搜尋結果的第一頁。在美國你無法訴諸法律，因為企業說客和自由主義追隨者，已經聯手讓想要規範此類搜尋結果的人，像是沾上了政治輻射線，讓人退避三舍；然而，在歐洲，「被遺忘權」則可以確保，純粹而無情的演算法邏輯不會讓一個人毫無止境地受到公眾指責。

被遺忘權，對於具有開放價值觀的政治社群而言（不只是那些剛好擁有該技術者的價值觀），是科技治理很好的測試劑。被遺忘權概念興起之前，Google的領導者一再堅持應該盡可能實現自動化搜尋，以符合搜尋者對該功能的品質體驗[63]，但卻拒絕考慮被搜尋者的利益。這是AI優化的經典策略——放棄一整套周全的考量，只專注於更單一的、機器可以解析的慾望與需求（例如廣告收入）。然而，正如政府不該為了讓立法者和官僚體系輕鬆，就忽視某一組人一般，AI背後的公司必須為他們對世界所發揮的影響力，全面擔起相關的複雜性和責任[64]；另一方面，這些公司也一直有效治理數位聲譽，所以他們必須採取相應的行動。

除非透過搜尋當事人姓名找到這些資訊，可以產生更大的公共利益[65]，否則歐盟公民可以刪除搜尋結果中「不充分、不相關、不再相關或過多」的資訊。這是一個難以解析的標準，至少與藝術和色情之間的界線標準一樣困難，但是，網路使用者、搜尋引擎和歐洲的政府官員一直努力在個人隱私利益和公眾「知的權利」之間取得平衡。

舉例而言，我們再設想一位女性的故事，她的丈夫在一九九〇年代遭到謀殺，幾十年之後她發現，每當有人用Google搜尋她的名字時，搜尋結果就會出現她丈夫遭謀殺的故事。這是一個典型的例子，一小片的資料可能會對一個人的生活產生過多的影響與干擾；由於她丈夫遭謀殺並不是虛假的故事，因此侵害名譽權（defamation）相關法律對這位女士並沒有幫助，但是，被遺忘權卻可以幫得上忙。該女士請求將這些故事從她的關聯搜尋結果中剔除，Google一名真人員工則依其請求處理。而且，無論人們何時在Google上搜索這名寡婦的名字，剔除寡婦名字與這個故事連結的搜尋結果，都沒有抵消任何公共利益[66]。

當歐洲法院（Court of Justice of the European Union）作出指標性判決，承認「被遺忘權」時，言論自由的激進分子（包括許多由Google資助的團體）譴責這是對言論自由的攻擊。這些抱怨實在是誇大了，被遺忘權對於該搜尋的言論資訊來源並沒有任何影響，而且言論自由並不保障私人資料庫裡的負面資訊就必須是人們搜尋姓名時所看到結果，而且，Google和政府當局在批准這些被遺忘權請求是審慎的。法律學者朱莉亞・波爾斯（Julia Powles）彙編了關於被遺忘權的關鍵判決，比對成功和被拒絕的除名請求[67]，發現曾被詐欺定罪的政客請求刪除關於這些違法行為新聞的搜尋結果時，通常會遭到拒絕；而愛滋病毒（HIV）病患的病況被曝光進而申請刪除者，則是成功刪除了與他們的連結。波爾斯的研究成果顯示，倘若謹慎應用法律和倫理原則，可以產生細緻的脈絡判斷，因此得以為不公平搜尋結果的受害者討回名譽，實現正義，同時，針對公眾人物或其他受公眾信任者的重要事實，也可以兼顧社會大眾「知的權利」。

被遺忘權的戰鬥涉及了許多敏感的問題，例如歐洲兒童性侵害者就失去此權利，即使他們的罪行已經過了數十年之久，因為公眾知的權利，大於兒童性侵害者重新開始人生的權利。日本最高法院也採用了同樣的理由，推翻了下級法院准許性犯罪者被遺忘權的判決[68]。正如日本案例所示，即使是有經驗的法學家，針對被遺忘權這類權利的範圍與效力，看法也有所歧異。對於那些尋求演算法正義的人而言，無法提出像數字計算一樣可以預測和黑白分明、不容質疑的判斷，是人類的缺陷；但是，當我們考慮新興數位領域當中所涉及的微妙權力關係時，人類的靈活性和創造力反而是一個優勢[69]。我們應該認真思考，要求一個人背負污名羞辱的時間應該多長才算合理，以及科技如何無意中使羞辱的有效期限加倍延長；而這樣的思辨對話，必須要有法律、道德、文化和科技領域專家的參與[70]。

多數被遺忘權的案例都涉及非常困難的判斷：這正是真人員工進行評估和裁決的理由。內容審查者已經消除了網路上色情、暴力或令人不安的圖像，儘管審查員往往工資很低，而且工作條件往往不人道[71]。基於主流科技公司卓越的營利能力，他們完全有能力可以更加善待這些一線員工；第一步就是將網路內容審查視為一種專業，讓此專業擁有自己獨立的專業誠信準則和職場保護標準。

網路上許多遭遇各種不幸、遭到錯誤判斷所傷害，或者遭受憤怒群眾暴民傷害的受害者都很清楚，網路搜尋結果並不是有一個預先存在的數位現實，再真實地反映出來的結果；它們是動態的，受搜尋引擎優化技術、Google工程師、付費廣告、提議演算法修改的真人審核員，以及許多其他因素的影響。我們都不應該預設這些搜尋結果就是真相的表述、人類的觀點、某公司的立場、或某些其他各方面的表達，而且這些表達都獲得堅實的言論自由保障。如果隱私、反歧視和公平資料實踐的目標，想要在數位時代中實現，我們就必須優先考量到搜尋引擎作為資料處理者和資料控制者的地位（這也是它們主要的自我表徵），而不是搜尋引擎的「媒體被告」（media defendant）[72]地位，「媒體被告」是網路公司投機地援引來逃避其責任的藉口。資訊演算法的安排，應該受公平性和準確性等社會標準的討論與檢視，否則，快速和自動的機器通訊溝通，將取代人類價值觀、民主意志的形成及正當程序。

馴服自動化的公共領域

被遺忘權證明了一種概念：即使是最全面詳盡的運算過程，也可以順應人類的價值觀。其他法律倡議都有助於對抗歧視、偏見和政治宣傳等問題，這些問題經常就是網路空間的污染源（甚至難以抵擋）。政府可以要求網路平台標記、監控和解釋仇恨導向的搜尋結果，以及其他極具攻擊性的內容。

舉例來說，立法者應該要求Google和其他大型中介服務商不要連結到否認納粹大屠殺存在的網站，或者至少大幅降低它們的知名度。有一些意識型態非常邪惡且毫無根據，因此不值得演算法幫它們製造網路名氣。至少，政府應該要求平台對明顯人為操縱的仇恨言論加上教育性標記。為了避免極端主義主流化，這些標記可能會連結到具有誤導性、看似無害的團體內容，但實際上這些團體宣揚的意識型態既危險又不可信。如果沒有這樣的標記，具有基本程式編碼技能的偏執狂就會利用自動化系統無法正確標記和解釋資訊來源的瑕疵，趁勢入侵、掠奪注意力經濟（attention economy）[73]。

在網路上，自動化機器人助長了極端主義的宣揚與散播，政府必須拉住它們。大型科技平台對這類機器人帳戶的奮戰，只做了半套。這些平台具有雙重忠誠度，他們知道使用者並不關心來自例如@rekt6575748等煩人的回覆，或者自動點擊農場誇大的影片觀看次數；另一方面，這些平台也沒有太多的競爭對手，所以無需擔心流失使用者。同時，平台的參與數字也因為機器人而誇大了，而這些參與數字正是數位行銷人員夢寐以求的「聖杯」。

二〇一二年，YouTube「設定了一個公司目標，要達成每天十億小時的觀看紀錄，並重寫其推薦引擎，以最大化這個目標」[74]，其首席執行官蘇珊．沃西基（Susan Wojcicki）說「每天十億小時的觀看時間，為我們技術人員提供了一個方向」；然而，很不幸的，對於YouTube使用者而言，狹隘地專注於這個指標，讓惡意行動者有機可乘，他們可以操縱推薦系統，並將流量導向危險的假訊息，正如同前幾個段落所述一般。為了協助指認並阻止這種操縱，社群網路平台和搜尋引擎都應該打擊操縱機器人，如果他們不肯做，法律就應該要求每個平台帳戶揭露自己是由人類還是機器操作。所有平台帳戶使用者在他們的使用者設定功能上，都應該要可以封鎖機器人帳戶——或者，更好的方式是，這類功能設定的預設狀態，應該是封鎖機器人，需要使用者自己採取確認的行動，才能打開相關功能，以接收平台系統自動釋出的動態訊息。有些科技愛好者擔心這類限制會干預言論自由，但是，如果沒有人直接為純粹自動化資訊來源和操縱的行為負責，就不應該享有這樣的言論自由權利。政府可以禁止發出聲音的微型無人機入侵我們個人空間以分享新聞、觀點或廣告，同樣的邏輯，也適用於網路空間。

言論自由保護的對象是人類，其次是才是軟體、演算法和人工智慧（如果它們有任何言論自由的話）[75]。基於對世界各公共領域操縱行為的調查結果，人們的言論自由保障是特別急迫的目標，正如法學教授詹姆士・格林姆蘭（James Grimmelmann）針對機器人著作權問題所提出的警告那樣，美國憲法增修條文第一條[76]對AI產品的保護，可能會系統性地偏向機器而非人類言論[77]。如果人類說謊或搞錯事實，他們必須擔心誹謗、侵害名譽權或其他形式的責任，但是，自主性機器人要怎麼負責呢？它沒有什麼可能失去的資產或聲譽，因此我們完全無法用法律罰則去阻止它。

模仿正在流行的支持性言論，比自己生產支持性言論要容易得多[78]。當選民甚至是政府，無法區分真實和虛假的言論表達時，社會學家哈伯馬斯（Jürgen Habermas）所謂的「民主意志的形成」就變得不可能了。已經有越來越多的實證研究顯示，機器人的「表達」將帶來不安效應，太多情境下機器人的介入比「反言論」還更不「言論」，而是有計畫的行動，以同時擾亂審慎的人和愚弄粗心的人（例如深偽技術，Deepfake）[79]。為了恢復社會大眾對民主進程的信心，政府應該儘快要求揭露用於生成演算法言論的資料、採用的演算法以及該言論鎖定的目標。機器人律法第四條（要求將AI的責任歸屬回到其發明者或控制者）強烈要求這種透明度。受影響的公司也許會聲稱他們的演算法過於複雜而無法揭露，若是如此，有關當局應該有權禁止這類資訊所針對的目標與策略安排，因為受保護的言論，必須與人類的認知過程有某種可辨識的關係；如果沒有這樣的規則，龐大的機器人大軍可能會淹沒而掩蓋真實人類的言論表達[80]。

政府當局也應該考慮禁止某些類型的操縱，例如，英國廣播廣告規則（UK Code of Broadcast Advertising）即規定「視聽商業傳播不得使用潛意識技巧」[81]。美國聯邦貿易委員會所發佈的指導方針中，有一長串關於禁止誤導性廣告，及禁止虛假或遺漏贊助標示的規定，各州還必須制定更具體的法律，去管制越來越自動化的公共領域。加州最近要求數位機器人至少在社交媒體網站上必須表明自己機器人的身份[82]；另一項立法草案則將會「禁止社交媒體網路版網站的經營者，使用執行自動化任務的電腦軟體帳號或使用者從事廣告銷售，也禁止該類未經過經營者驗證、由自然人控制的帳號或使用者銷售廣告」[83]。這些都是具有強制力且具體的法律，以確保人類交流和互動的重要言論領域，不會被「後人類」時代大量的垃圾郵件、政治宣傳和分散注意力的資訊所淹沒。

無論會說話的機器人是多麼具有科幻魅力，我們都不應該浪漫化操縱性機器人所生成的言論。在自動化的公共領域中，邏輯上人類自由放任的終點，就是各種機器人大軍對人類大腦佔有率的持久爭奪戰，最後的贏家可能是擁有最多資金的公司，他們將以「管用就好」的微定向廣告等策略，鎖定某些族群並動員他們（無論是真相、半真半假還是操縱性謊言），將公共領域分割成數百萬個客製化的私人領域。這不是表意自由（自主和民主自治）基本價值的勝利，而是預告了這些基本價值的蒸發，成為空氣中幽靈群眾虛構的同意。未揭露身份的機器人，仿冒了基本的「聲譽貨幣」[84]，那是人們靠著體現人類本質才能獲得的基本價值，這顯然違反了機器人律法第二條（機器人系統與AI不得假冒人性）。

終極機器人來電者

上述這種仿冒問題可能很快就會跳脫數位世界，進入真實世界。當Google助理在二〇一八年首次亮相時，讓觀眾驚嘆不已，尤其是當Google執行長桑德爾・皮蔡（Sundar Pichai）展示名為Duplex的進階版Google助理底層技術，其功能是打電話給人類向商家訂位。「我們想要用好的方式，將使用者與企業聯結起來，」皮蔡解釋，「百分之六十的小企業沒有建置線上預訂系統」，而許多客人又覺得打電話很煩人[85]。當皮蔡說話的時候，有個螢幕顯示正在輸入一個命令：「星期二早上十點到十二點之間的任何時間，幫我預約理髮。」Duplex立刻打了電話給髮廊，並且跟電話那頭的店員互動。「嗨，我打電話來是想要預約女性剪髮。」Duplex這樣說。當時，我們並不清楚Duplex的「聲音」是否是合成的聲音，還是來自於真人的聲音。皮蔡又播放另一段Duplex預約餐廳訂位的對話，兩段對話、兩個情境，這個機器人都像極了真人，當機器人用「嗯哼⋯」來回應髮廊店員時，觀眾席的群眾發出驚呼與開心的笑聲。在更複雜的對話情境裡，Duplex也完美應對了餐廳人員所建議的週間某些晚上其實不需要訂位，因為客人沒那麼多。這已經不只是「電話樹」[86]，Google龐大的電話對話資料庫，似乎已經精確掌控了許多基本的溝通任務。

向餐廳訂位似乎不是什麼偉大的成就，Duplex團隊背後的負責人很快就提醒那些追星族，AI的對話能力其實還非常有限[87]。然而，我們不難推斷Duplex為AI研究開闢出來的道路。例如，應用在Crisis Text Line[88]等組織資料庫中的數百萬條訊息，向客戶發送簡訊，以提供各種從災難到常見憂鬱症等問題的協助[89]。為了回應客戶，培訓客服人員，成本很高，因此，我們是否能想像有一天有一種AI驅動的資源工具，把抱怨、擔憂和絕望的表達，與過去安慰這種痛苦的語言媒合？Duplex的技術會不會成為自殺防治熱線的未來？如果不要那麼戲劇化，它是否預示著客服人員的消失？因為每個可以想像的情境，機器人都可以對龐雜的投訴和回應資料庫進行分析，進而所涵蓋這些情境而據以回覆應對。

截至目前為止，上述問題的答案似乎是否定的。Google很快就面對一波網路憤怒海嘯，認為Google欺騙不知情的商家員工，讓他們以為自己與真人互動，這也許是一種技術進步，但是卻很缺德。無論多麼熟練與客製化，我們的時間和注意力究竟是花在一段錄音上，還是與電話那頭的現場人員互動，兩者應該是大不相同的。經過一系列媒體文章的批評之後，Google勉為其難地承認，Duplex應該在打電話的時候告訴對方自己是AI[90]。Google也設計了「選擇退出」(opt-out)的功能，讓不想接聽其電話的公司可以選擇——以符合美國聯邦通訊委員會目前對自動語音電話的規範要求。諷刺的是，Duplex自己可能會在各種隨機垃圾電話的茫茫大海中迷失，找不到通話的目標，因為餐廳員工會忽略沒有顯示姓名的電話。

對於Duplex的強烈反彈，至少與產品本身一樣驚人，過去人們對AI和機器人的主要不滿是導因於它們的死板特性，單純的機械性讓人無法接受，因為它與人類的自發性、創造力和脆弱相去甚遠。但是，最近研究人機互動的學者對「近乎但不完全是人類」機器人的問題，提出了理論性分析[91]。情感運算領域——試圖在機器人中模擬人類情感的領域——的許多研究者相信，只要有足夠的資料數據、足夠複雜的聲音模擬、和更逼真的臉孔，他們的作品終究可以擺脫恐怖谷效應；然而，對於Duplex的強烈反彈，卻暗示了另一種可能。牛津大學研究員托馬斯．金（Thomas King）在接受著名科技記者娜塔莎．洛瑪斯（Natasha Lomas）的採訪時說：「Google的實驗看起來的確是為了欺騙人。」[92]崔維斯．科特（Travis Korte）評論道：「我們應該讓AI聽起來與人類不同，就像通常我們會在無臭無味的天然氣中，添加有臭味的添加劑一樣。」[93]科特的評論讓「大數據就是新石油」的老調有了新觀點——你必須知道什麼時候你面對的是AI，以免它在你面前爆炸；與真人對話（無論多麼簡短），跟被地表最大公司之一的擬人AI所操弄，兩者是完全不能相提並論的。

作為與AI對話閒聊的案例，Duplex可能看起來像個異數，因為幾乎沒有什麼持久的影響。然而，這只是AI所驅動的中介服務當中的冰山一角而已，它們對人類溝通型態會發揮越來越大的影響力。Duplex為對話片段所做的，YouTube為影片所做的，Facebook為媒體所做的，都是在幫一個給定的語彙模式找到一個「最佳」的配對應答。當我們滾動網頁或做網路搜尋時，通常不會想到AI，這就是他們的商業成功之處。這些公司擁有關於我們的觀看習慣、在網路上的數位足跡、電子郵件、簡訊和地理定位的大量資料，讓他們得以建構極有說服力、甚至讓人上癮的資訊娛樂機器[94]。當我們越少思考自己是如何受到影響時，有影響力的人就變得越強大[95]。

回歸新聞專業精神

目前，各國政府才開始意識到自動化公共領域所帶來的威脅；領頭羊德國已經立法明確規範網路平台針對假新聞應負的責任，AI偵測（假訊息）系統不足的問題，在德國已不再是藉口，而荷蘭還授權官員可以懲罰以仇恨言論或謊言為特色的網路平台。然而，兩國的媒體管制機構仍然面臨媒體的批評，該媒體認為任何言論限制，都是對於得來不易的言論自由與媒體獨立性的攻擊，即使該等限制是針對那些平台——也就是搶走媒體傳統收入的人。美國情況則是更糟，有個愛顧左右而言他的狡猾領袖，成功地將「假新聞」冠在試圖揭露其自身不當行為的媒體身上[96]。政治人物和名人已經持續抨擊Facebook這樣的平台，因為它對於一些陰謀論與仇恨言論，只採取了最小的作為來降低其能見度。這種緊張關係，意味著想要改善網路媒體樣態的立法行動，將會是一場艱苦的戰鬥。

即使各國政府沒能對自動化公共領域中的言論要求稽核及責任歸屬，大型網際網路平台也可以採取自律措施（即使只是為了安撫不安的廣告商）；一旦有新聞病毒式傳播，大型網路平台可以雇用更多記者來審查該新聞的真實性，尊重這些記者的意見，調整演算法來限制仇恨言論和誹謗內容的散播。這方面Facebook已經開始與非營利組織合作，但是投入資金卻嚴重不足，所以影響有限[97]。單純的志工無法控制這股將資訊武器化的潮流——即使志工可以，要他們無薪工作也不公平。的確，若要說這些事實查核措施會發揮作用，那麼事實查核機構背後的資助者則有機會可以強加推行他們自己的議題。因此，比較好的方式是，讓科技公司認同並重視記者和編輯專業獨有的權力和身份，並在程式設計師與工程師構建未來的數位公共領域時，視記者與編輯為平等的合作夥伴。

上述主張還不是主流的立場，在矽谷，許多人認為，動態訊息的製作，是內建於演算法的一種功能，由工程師監督[98]；但是，有段時間Facebook自己有不同想法，它為搜尋動態新聞上的「熱門話題」功能聘請了真人編輯；確實，這些真人編輯是地位低下的契約專案人員，但當某個可信賴度薄弱的新聞聲稱保守派內容遭到壓抑時，這些真人編輯就被任意拋棄掉[99]，不久Facebook就被假新聞淹沒，為假內行之人和騙子提供了極佳的宣傳、曝光和賺錢的機會。這裡我們應該學到的真正教訓是，Facebook的真人編輯應該被賦予更多而不是更少的權力，而他們的意見也應該接受某種形式的審視，並為其意見負責。這些內容對專業記者而言是理想的工作，應該得到與大型科技公司工程師同等級的尊重和自主權。新聞學院已經開始教寫作者學習寫程式、統計、資料驅動分析方面的技能，以橋接技術和媒體部門之間的鴻溝。很多在地專業記者也同樣能擔任此類職務。歷經數十年的裁員潮，美國在二〇二〇年初大約有八萬八千個新聞編輯工作職缺；相隔幾個月後，其中三萬六千個職缺就找到人了[100]。一種自然而然的經濟轉型應運而生，會將其中的一些專業知識應用於自動化的公共領域。

有些傳播學者反對以公民記者的名義，將網路內容的創造、篩選整合呈現、及傳輸專業化；而公民記者的初衷，是將新聞民主化，賦予任何擁有電腦和網路連結的人可以成為記者。雖然這在理論上是美好的理想，但在實踐上卻步履蹣跚。網際網路實質的控制者，未能區分真正的英國「衛報」的調查報導和「丹佛衛報」的假新聞，那並不只是個平衡資訊競賽的中立決定而已，相反地，因為這種不分辨真假新聞的方式，預期會出現數百萬美元關於資料、公關和帶風向的投資收入，來加速相關的宣傳策略。具有「準國家」性質（quasi-state actors）的陰暗私人行為者，在偏見、假訊息和網路影響力的闇黑藝術中如魚得水[101]。沒有任何人的活動是完全私密、自由而永遠不會妨礙他人的生活的，某些自由必須建立在約束另一種自由的基礎之上。

在我們這個時代，無論好壞，像Facebook和Google這樣的大型企業集團已經扮演了全球通訊監察機構的角色，他們必須為這個新角色承擔責任，否則就應該要把這些大企業集團予以拆解，讓位給對於人性面向比較關切的公司來好好做這件事。公共領域不能像烤麵包機的工廠生產線那樣自動化。新聞工作的本質是人性的，編輯功能也必然反映人類的價值觀[102]。在這個工作上會出現深刻且嚴重的衝突，會需要在商業利益和公共利益之間維持適當的平衡，包括像是如何將重要的版面分配給不同新聞來源、該類決策的透明度應該如何、以及個人使用者對於他們的動態訊息應該有多少控制權，這些議題對於民主的未來，都是至關重要的。不能只因為網路平台經營者比較關心股票收益和人工智慧技術進展，而不關心基本民主機制和公民社會對這些議題的重視，就被平台經營者排除在外。

將媒體AI人性化

自動化媒體已經快速重新整編了我們的商業和政治生活。企業已經用AI來做傳統上由電視台經理或報紙編輯所做的決策，但又產生比傳統決策方式更強大的影響效果。位於美國和中國的網路平台，已經改變全球數億人口的閱讀和觀看習慣；隨著網路平台崛起，吸走並中斷了傳統媒體的收入，這股破壞力量重創了報紙和記者。對於有些弱勢族群而言，向演算法篩選新聞靠攏的社交媒體，已經造成極為可怕的後果和悲劇——例如，穆斯林少數族群遭受社交媒體煽動的暴亂波及。這對於許多民主國家來說是災難，但是，自動化媒體的異智慧，卻在媒體市場異軍突起、攻城掠地。

我稱這種智慧為「異（類）」智慧，而不只是人工的，有幾個原因；首先，它與它試圖取代的認知模式相去甚遠，例如，在為報紙的頭版選擇頭條故事時，編輯主要運用的是新聞專業判斷，當然，新聞判斷會有商業考慮，也許還有一些隱藏的動機，但這種決策原則上是可以說明背後的原因，也可歸責於個人。但是，將文章置入數位化的動態新聞（或針對數位媒體環境優化演算法的許多形式），背後的決策過程則是千變萬化而令人有霧裡看花之感。使用者瀏覽歷史、新聞來源的聲譽、提高或操縱受歡迎程度的努力、以及數百個變數，都立即相稱地演算出來——同時也用這種方式將各種質性因素粉碎，成為各種數字的評分——幾乎始終是黑箱，完全不受外界檢視與審查；而且因為數億人口看到的都是客製化的內容，幾乎不可能取得真正具有代表性的樣本，也就不可能說明誰在何時看到了什麼，這比大眾媒體更難研究。

「異智慧」還顯示出全球科技公司的官僚，和其演算法在現實世界所造成後果之間的距離。這些企業經理人可能會在一個語言不通的國家發行其產品與服務，甚至該公司更低階幾層的人員也不懂當地語言。他們就是托斯丹・范伯倫（Thorstein Veblen）所謂「不在席投資者」

最糟糕的傳統：遠端投資者對於他們所控制的企業背景脈絡與影響，完全不瞭解[103]。當一家大型公司在距離其總部數千公里外的地方，買下一家小商店時，往往只是粗糙地評估小商店的業績，對於商店所在的社區與在地脈絡幾乎沒有興趣。一旦所有權更迭，換了新老闆，商店可能會忽略之前所肩負的傳統功能，極大化收入以符合那個不在席投資者的需求。相反的，居住在社區的業主，則比較可能以符合社區利益和價值觀的方式經營商店，因為在地業主可以享受社區生意業務所帶來的改善（或承受虧損）。我們可以說，地方新聞和媒體也是同樣的情況，它們也因為數位化轉型遭到重創，而Facebook和Google則是受惠者。不管地方新聞媒體為當地觀眾提供了多麼糟糕的服務，但至少它還在該地區具有一些真正的利害關係；如果巴爾的摩這個城市倒塌了，像《巴爾的摩太陽報》這樣的報紙就無法生存，但是，如果是科技巨頭，就幾乎不會注意到這個悲劇[104]。

最後，這些自動化媒體的使用者有異化疏離的傾向，對周遭事物出現令人沮喪、了無意義、以及碎片化的感覺，因而容易演變成極端主義或孤僻隔絕的狀態。對這種異化疏離恰當的分析，必須要超出對同溫層「迴聲室效應」那種缺乏脈絡的批評，那種批判在二十一世紀第一波社交媒體批評浪潮中很常見，但是，相反地，我們應該重新檢視一九三〇年代為了反對威權主義而形成的批判理論，尤其是政治方面，當公民被拋入德國哲學家拉赫爾．傑吉（Rahel Jaeggi）所謂的「無關係的關係」（relation of relationlessness），那是一個主流政黨用冷漠甚至使用威脅的情況，於是公共領域就開始急劇退化[105]。我們這個時代最成功的威權民粹主義者，就是利用這種普遍的異化疏離，將由此產生的不滿情緒轉化成為具破壞性的不良政治計畫。

機器人四大新律無法解決所有的問題，這些都是極為深層的挑戰，不僅是對民主的挑戰，也是對各種政治共同體的挑戰，儘管如此，對於人性化媒體的未來，重新面對互補性、真實性、合作和責任歸屬的承諾，是必要的。我們應該要振興新聞、編輯和資訊篩選的功能，讓它們成為穩定且報酬合理的專業，至少可以讓人們有機會對抗AI中介服務商的暴政（以及對抗公關專家和顧問大軍如此熟練地操縱它們）。要求揭露背後是否為機器人的做法，將提供使用者和網路平台他們所需要的基本資訊，以決定他們想要的人機互動的組合比例。重新平衡電腦運算和人類專業判斷之間的關係，應該也會減少異化疏離，就如同一種文化的轉向，從被動依賴新聞分析的中介服務機構，轉向更專業的資訊篩選揉合者，與觀眾有更直接或更在地的連結。

AI可以促進言論自由，前提是它受到機器人四大新律適當的約束。AI不能取代新聞專業判斷——或甚至不能取代現在網路上巡視非法、令人反感或充滿仇恨貼文的「內容審查員」大軍。主流AI公司在企業、政治人物和政治宣傳人員之間，挑起目標性行銷競賽，已經劫走了曾是新聞業重要的收入來源，而這其中的一些錢應該要直接返還給專業記者、舊有與新興的真相生產（和共識形成）機構[106]。隨著機器人和深偽技術的製造者變得越來越成熟精密，機器人四大新律尤其重要；機器人律法第四條要求立即而明確的責任歸屬，以及新律法第二條禁止欺騙性的仿造人類行為，這兩條律法都應該作為「假媒體問題」管制議題的指導原則；不應該讓人類要做到取得數位鑑識學位，才能確認推文和影片究竟是真實內容，還是只是一種精心調製的奇景。

網路平台是可以改革的，傳播學者已經擘劃出AI鼓舞人心的願景，旨在補充而非貿然取代編輯、記者和創意人員，而這些人員目前正受到那些強大網路中介服務商的壓迫。然而，這些提議雖然看起來值得讚許，但是，要達到目標並獲致成果，還需要機器人四大新律所提供的政治經濟環境來支持。如果實施得當，這些律法還將有助於防堵自動化公共領域最嚴重的越軌行為。

CHAPTER
5
由機器評價人類

想像一個情景，你應徵一個工作卻遭到拒絕，唯一理由是你的聲音音調和該公司不契合。企業現在開始與一些「獵人頭」公司合作，這些獵人頭公司採用臉部和聲紋辨識技術，來評估「緊張、情緒和行為模式」，目的都是為了判斷哪一位應徵者跟公司的「文化契合度」最合，例如跨國會計師事務所PWC（資誠為其台灣分部）、萊雅集團（L'Oréal）、瑪氏食品（Mars）和花旗銀行等大公司都部署了AI[1]。對於將AI作為人力資源工具來推廣的人而言，臉部和聲紋掃描很自然地只是原先履歷分類軟體的下一步發展；但如果一台機器可以自動刷掉數百份履歷，為什麼不讓它自行判斷更多無法用言語描述的事情呢？

因為運用上述AI軟體評斷應徵者時，「歧視」就是一個立即而明顯的危險。上述軟體可能會排除少數族群，而這些少數族群就是在AI資料庫中不具代表性的群體。女性主義者立刻就提醒企業可能會有這些歧視產生，如同評估真正的工作能力不免受到性別偏見的影響，「模範員工」的外表和聲音也可能與根深蒂固的性別歧視有關。如果女性不是過去企業管理團隊的一員，女性這個資料特徵就無法成為資料庫學習的對象，無法成為預測未來明日之星的基礎特質。為了強化這層考量，倡議組織「安普騰」（Upturn）發表了一份建議報告：關於有問題的招聘演算法，我們應「採取積極的措施，以檢測並消除該演算法工具中的偏見」[2]，例如，當特別有潛力的候選人被AI過濾淘汰後，雇主可以特別提供他們第二次機會。

人臉和聲音辨識解析，也有損人的尊嚴和自主權。用AI分析一個人的履歷，跟用神態舉止的神秘特質來評判一個人，兩者之間有很大的不同。當我的面試官說了一些令人驚訝的事情，我無法控制自己的眼睛睜得圓大，但是，我卻可以選擇在履歷上寫什麼。的確，真人面試可能會發生尷尬及壓迫感，熟練的面試者可能會自我吹捧，拿到根本不符實力的職位，其他相對更好的新人卻應徵失敗；即使如此，對神態、舉止和外表做單純的機器分析，似乎仍然不尊重人。我們知道，企業高階經理人都不是這樣被AI選出來的，那為什麼要用如此非人性的過程去貶抑員工呢？

隨著越來越多的機器評價人類趨勢出現，至少有四種可能反應。有些人會試圖找到方法，讓系統評斷結果導向他們的優勢，用「逆向工程」[3]方法得知哪些是AI要預測的、無法描述的資質、文化契合度或其他特徵；另一組人則是努力提高這些系統的準確性；第三組較為小眾，他們想辦法用技術方法或管制機制，使這些評價系統變得更公平；第四組人，則會大聲疾呼完全禁止機器評價，將它們排除在某些脈絡之外，或者要求決策過程中必須有「人為監督與介入」的機制。

這些「評價式AI」，是被設定用來衡量人的可靠性、信譽、犯罪行為或一般工作或福利的「適合度」。本章所關注的重點，在於上述最後兩組人——也就是試圖修補或終止評價式AI的立場。機器對於人的評斷，與醫學的影像辨識大不相同。在醫學領域中，每個人都同意科技改進的目的是為人類服務[4]；例如，在肺部發現一個腫瘤，跟從一群人當中挑出一個遊手好閒的人，並不一樣。是否應該讓全視角運算的眼睛監視我們的學校、街道和醫院，或者監控我們每一次的鍵盤敲擊與瀏覽，這些確實都是有爭議的；用來評估信任和信譽的新方法，例如金融科技（fintech）新創公司蒐集「邊緣」的小額金融數據資料，也同樣會產生爭議。

對於目前評斷人類的努力程度、注意力、可信度和價值的AI，社會上已經出現倡議機器學習需具備公平性、問責性和透明性的運動出現，並且提出許多改進的方法[5]；還有個很好的方式，是事先明文禁止許多相關技術，只在特定的、個案的情況下允許它們的發展與執行。例如，學校一般不應受到中國海康威視監控技術的凝視（如第三章中所提），但我們可以想像它在一家多次面臨虐待或疏忽瀆職指控的醫院案例中產生如何的效用。然而，即使在那個情形下，也應該抵制用運算法去評價護理品質或勞工價值。人類應該以人性的方式互相對待，對彼此關注和解釋說明，而不能將這樣的關鍵角色外包給不透明和不負責任的軟體。

機器人評價（robotic judgments）的吸引力（和危險）

想像你在信箱中收到法院傳票，要求您在法官面前出庭。到了法庭，你發現沒有人在那裡，只有一個自動服務的機器拍下你的照片，然後顯示一個螢幕指示，引你就座，座位上印有大大的數字九。它的聲音聽起來像是iPhone語音助理Siri和Amazon語音助理Alexa的混合體，述說當天你的案件將是第九次聽審，當所有人都安頓就位之後，「全體起立！」的聲音響起，法庭前方的窗簾露出另一個螢幕，上面的影像是一個穿著法袍的男人。這位法官的臉，是從生成對抗網路所產生的數百萬張假臉之一[6]。AI研究人員從一個萬部電影常用樣本集中，合成一個法官的圖像，他是從試鏡中脫穎而出的AI版法官。

機器人法警喊出了你的案名，你越過一道閘門，來到被告的椅子和桌子前面。那個法官頭像開始說話：「你因為多件嚴重違法行為被判有罪：你的車在過去兩年中超速五英里至少十次、去年你非法下載了三部電影、你在派對上吸食大麻；根據我們的演算法量刑，對你上述多個犯行的最佳嚇阻刑罰是：從你的信用評分中扣除四十分，裁處資產的百分之五為罰金，以及你必須同意安裝家庭攝影機，用演算法監控，在接下來的六個月內，確保你不會再次違法。如果你想提出上訴，請在剛剛下載到手機上的『即時正義應用程式』中輸入你的上訴理由。如果沒有異議，就請由剛剛進來的門離開，自動服務機器將給你進一步的指示。」

上述場景看起來可能科幻得非常荒謬——就像卡夫卡遇到了菲利普狄克[7]一般；然而，它也反映出當前社會控制的三個趨勢。第一，是無所不在的監視——能記錄和分析一個人一天中的每一刻。第二，是對於智慧城市的探索，能動態調整對於禁止和鼓勵行為的懲罰和獎勵；在未來主義者的想像裡，結果論導向的執法人員摒棄老派法律，可以更彈性地評估鄰里秩序；在這種沒有法律的秩序理想中，只要某個歡樂派對的聲響引來鄰人「足夠」的抱怨，它就會是非法的，如果沒有足夠抱怨，那麼派對就能繼續下去。第三，是尋求以機器代替人；保全人員和警察會領取工資和退休金，而機器人只需要電力和軟體更新，警衛工作的未來很可能是成群的無人機，隨時準備鎖定任何罪犯或嫌疑人。

目前，執法和治理場域中的人工智慧和機器人，主要是循著經濟學敘事方式的導向進行，意即以更有效地利用資源為目的。無人機、閉路電視攝影機（CCTV）和機器人的組合，可能比警察部隊更為便宜，而它們也可能更有效，甚至對於傷害嫌疑人或錯誤地瞄準無辜者的機率更低。但是，當政府在控制的光譜上走得太遠時，就會出現雙重性，有得必有失[8]。政府一直都具備保護者與潛在威脅的角色，同時是援助和壓迫的來源。警察可以保護和平示威抗議者免於受到對立群眾的傷害，但是也可以殘酷地逮捕和拘禁他們。甚至更惱人的是，國家力量的好處和負擔，也經常在不同族群裡分布不均，任由國家獨斷行事，沒什麼理由，從美國的非裔美國人到中國的維吾爾族人，再到巴西的貧民窟居民，皆有警察不成比例地對少數族裔施加暴力的現象。

致力於法治的公民團體已經找到了遏制這種不公平的方法；市民審查委員會（civilian review boards）和法院可以譴責警察的執法過當，在公民權利受到侵犯時，要求賠償。美國憲法增修條文第四條禁止「一般性的搜索」（general warrant），意即禁止無相當理由（probable cause）對於建築物與人員的搜索和扣押。其他人權框架則提供更強有力的保護，以抗衡警察國家的暴力。所有這些保護措施都是降低而非提高警務效率[9]。通常，我們的產業成就標準，很難與警務等社會實踐吻合。

多種軟體和AI已經為許多保安工作提供了資訊——涵蓋廣泛的安全保護（無論是網路世界還是物理世界的安全）、警務和軍事行動，這些活動消耗了全球生產力很大一部分[10]。有某些計畫針對機器人進行程式設計，要求機器人絕對尊重國際法，不受人類偏見、熱情或歧視的影響。法學教授班奈特・卡伯斯（Bennett Capers）曾經提出一種想像，認為在未來高度電腦化的警務工作中，將會透過極高品質的監控整體美國人口來「捍衛」平等[11]；在他的非洲未來主義願景中，執法科技將鑲嵌在更溫和、更寬容的社會秩序裡。卡伯斯希望「少數必要的法院審判不會完全是『機器審判』，但是他們卻可能會十分接近機器審判，因為這也將消除目前往往已經瀰漫在審判中的偏見。」

澳洲法律學者丹・杭特（Dan Hunter）認為AI可能會使監獄顯得過時[12]，只要有足夠複雜精密的運算系統，未來所有的判決量刑都可以用在家軟禁進行；由於許多人在監獄中根本是無所事事，不然就是再次經歷暴力，在家軟禁這種方式，似乎是人道懲罰和社會復歸（rehabilitation）方面的一大進步。但是，杭特院長對於「科技監禁計畫」的願景還包括從電影《關鍵報告》中擷取出來的提案，意即為了在家服刑，「罪犯將配備一個電子手環或腳鍊，如果演算法偵測到新的犯罪或違法行為即將發生，就會發出電擊使該罪犯喪失行為能力。如此一來，這樣對於即將（但尚未）發生犯罪的評估，將是一組生物辨識要素的組合，例如語音辨識和臉部分析。」[13]這就是自動化司法的定義。一旦AI做出裁判，就沒有機會向法官上訴，甚至沒有機會認罪協商。AI是法官、是陪審團，而如果系統對相關衝擊的校準有誤，它也很可能是劊子手。

對於警務執法AI的主要政策與方法，科技愛好者提供了十分尖銳與清晰的想像，在這個想像中，AI和機器人技術不可避免地會接管更多的警務工作，而身為公民、學者和技術人員的科技愛好者，有責任幫助該技術盡可能地好好發揮作用。例如：如果人臉辨識系統無法像識別白人那樣地辨識黑人，那麼，我們應該在資料庫中增加更多黑人的臉部樣本，以增加代表性。不過，我們同時也應該退一步思考，為什麼無差別監視或虛擬實境監獄，對這麼多人來說，是如此具有說服力？回想一下本書開頭討論的替代性AI的誘惑：現在人類可完成的工作中，條件越差或成本越高的項目，就越多人想要交由機器接手。當監獄管理不善，隨之而來的暴力和無所事事是唯一的結果時，在家中監禁並由配備泰瑟（Taser）電槍的機器人持續監視，或許看起來就沒有那麼糟。因為有那麼多警察部門可恥的種族歧視紀錄，使上述非洲未來主義的警察機器人，看起來像是一個偉大的進步。

但是，當社會需要更深層的改革時，如果我們接受這種改良主義的邏輯，究竟會失去什麼呢？普林斯頓大學「非裔美國人研究」教授魯哈・本傑明（Ruha Benjamin）認為，「這所謂更人道的監獄替代方案，其實是『技術更正』套裝論述的另一種版本，應該用它們的原形來稱呼——grilletes（西班牙語「鐐銬」）。」[14]當警察和獄警人員快速地接受AI和機器人技術時，其他可以更全面地解決社會控制問題的方法就跟著被忽略掉了，而且這個「技術更正」論述（無論任何版本）可能造成的潛在深層危害，也都沒有獲得解決。

如果電影《關鍵報告》場景的比較對象，不是標準監獄（用狹窄的牢房、不舒服的床和糟糕的食物去詛咒懲罰受刑人），而是斯堪地那維亞地區（北歐地區，包括丹麥、挪威和瑞典）常見的「開放式監獄」呢？在這些符合矯正意義的設施中，監獄「治理長」（governors，而非「典獄長」wardens）為受刑人提供陽光充足的房間，讓他們可以自主烹飪食物、清潔自己的生活區域；在那裡有教育、非剝削性工作或職業培訓，以及美國、中國和俄羅斯監獄中很難看到的信任度[15]。這些斯堪地那維亞地區的監獄並不是鄉村俱樂部——它們仍然嚴格限制罪犯的自由，但是，他們表現出對犯罪受刑人的基本尊重，是其他標準監獄和其技術「升級版」的矯正措施所嚴重缺乏的。同樣地，在警務工作方面，也有越來越多的倡議運動，鼓勵終結有問題的警務做法，而不是修正改良問題而已。

誤認，就是不尊重

英國至少有兩個主要警察部門部署了人臉掃描器，以「辨識和監控小型犯罪者、有心理健康問題的人、以及和平抗爭者」。英國非營利組織「Big Brother Watch」則是發現，超過百分之九十所謂符合監控對象特徵的「配對」，都是「偽陽性」（誤判識別）[16]。這個問題原則上可以透過更好的技術或更大的資料庫來解決，例如大量蒐集來自社群網路的標註照片。然而，這裡還有另一個層次的「偽陽性」問題，並不只是技術問題而已：為什麼將精神疾病患者與囚犯混為一談？為什麼國家可以建置和平抗爭者資料庫？最後，誰授權政府當局將這樣已經有爭議的身份分類，去與辨識科技配對？該辨識科技目的，就是設計來破壞平民百姓僅存平凡生活的權利（可以在人群中匿名不被認出的權利）[17]。隨著機器視覺技術的開展，批評者不僅關注該技術的功效如何，他們也質疑該技術所支持與鞏固的權力結構。

這種人臉辨識的誤用情形在公、私部門都越來越多。麻省理工學院研究員喬伊・布蘭維尼（Joy Buolamwini）記錄了商業人臉辨識軟體在辨識少數族裔上普遍的失敗率，尤其是少數族裔女性[18]。她將這種機器視覺稱為「編碼的凝視」，它反映了「有權力形塑科技之人的優先順序及偏好，有時也反映了他們的偏見與歧視」[19]。即使是在資源最豐富的公司，這種情形也並非少見。當美國公民自由聯盟（American Civil Liberties Union, ACLU）要求Amazon檢視其資料庫、用其技術辨識美國國會議員的臉是否為罪犯時，Amazon的Rekognition軟體出現了許多錯誤配對，其中少數族裔被配對為罪犯的情形，不成比例地高[20]。Amazon的系統甚至糟糕到讓其他幾家大型科技公司也呼籲應該進行管制，即使進行管制可能會衝擊到它們自己的底線。

許多企業正在努力確保，在其資料庫中有少數族裔充分的臉部資料與代表性；然而，一些民權運動者認為，人臉辨識資料庫的不完整，其實是一件好事。學者兼維權活動人士柔艾・山穆迪（Zoé Samudzi）提醒大眾美國警察持續至今日的悲慘暴行遺毒，指出「讓黑人平等地被軟體看到，並不是社會進步，因為軟體將無法避免被應用為武器，以對抗我們少數族裔」。[21]減少人臉辨識系統中的某些形式的偏見（例如，在其中包含更多少數族群的臉孔），可能會加劇其他偏見，美國社會科學研究理事會（Social Science Research Council, SSRC）主席阿隆德拉・尼爾森（Alondra Nelson）曾經指出，她一直難以理解「既然人臉辨識系統已經被過度濫用於監視用途，為什麼我們還會想要讓黑人社群在這樣的系統中更被認識」。[22]防止「偽陽性」的誤判是一個重要目標，但人臉辨識的整體性影響也必須解決，就如同法律學者伍德羅・哈佐格

（Woodrow Hartzog）和哲學家埃文．塞林格（Evan Selinger）不斷提出警告與呼籲：應該禁止人臉辨識技術[23]。

未來主義的警察與犯罪專家，希望能將通緝名單與通用閉路電視攝影機互相配對，以逮捕路上遊蕩的重罪犯。但是，我們真的是想增強企業和警察的能力，也就是那種能將每一張臉與某個名字（以及某個由演算法生成的、通常是不透明的紀錄）互相配對的能力嗎？[24]可能我們對於人臉辨識技術，應該像我們面對Google眼鏡一樣反射性地說「不」。Google銷售這種攝影眼鏡的策略，是把它當作增強現實、辨識友人和定位陌生空間的一種簡易方式。然而，許多被Google眼鏡佩戴者凝視的人，卻認為這個攝影眼鏡會構成隱私威脅，有些尷尬的問題也就應運而生，例如配戴Google眼鏡者在小便池和浴室周遭時的觀看，已經造成禮節方面的質疑，最終Google眼鏡技術也未能成功流行。而批評者對早期採用該技術產品者猛烈抨擊，稱他們為「眼鏡混蛋」（Glassholes）。即使是在幾十年前，一個人帶著攝影機到處走拍，也會被認為是偏執狂或強迫症。把攝影裝置縮小（在新一代遙感器的情況下，甚至接近隱形），是否就可以確保該產品會有更受歡迎的市場反應呢？不！事實上，不引人注目的技術凝視，甚至更具威脅性和侵入性，這些技術甚至是神不知鬼不覺地監視他人，不讓被監視者知道。此外，面紋（faceprint）生物特徵技術應該像指紋或銀行帳號一樣——這些生物特徵不應該成為可以任意蒐集和傳輸的目標[25]；相反地，應該需要特許執照，並且理當需要主管機關進行定期查核，以避免濫用。

隨著生物特徵資料庫拓展及涵蓋的人口範圍越來越大，背後的權力動態關係就更顯重要。《外交事務》雜誌（*Foreign Affairs*）曾刊載一篇名為〈北京的科技老大哥需要非洲臉孔〉的文章，該文作者艾美．霍金斯（Amy Hawkins）指出，「改善中國人臉辨識系統中，訓練資料所隱含的種族偏見……可以帶給中國重要的優勢」，但同時也指出「改善」這項技術將助長威權主義[26]。如果過去歷史上的南非，擁有北京目前使用於以穆斯林為主的新疆維吾爾自治區所部署的監控技術設施，南非還能發展出著名的反種族隔離運動嗎？[27]我們很難想像出可以有個合理的故事，說這樣的監控機制會啟發、產生一位中國的曼德拉[28]。

幸運的是，有一些成熟的方式可以管制危險（儘管只是有時有用）的科技。微軟研究院的路克．史塔克（Luke Stark）將人臉辨識技術稱為「AI的鈽」；正如史塔克解釋的，「鈽只能用在高度專業化和嚴格管制的用途，如果任其擴散，就會造成非常高的毒害風險，因此它受到國際制度的高度管控，可能的話根本不能生產。」[29]對於史塔克來說，人臉辨識技術也有很多負面效果——從幫助威權政權，到用科學的外衣洗白種族刻板印象——因此需要類似的預防措施和限制。各國紛紛開發高度專業化且用途限定的資料庫，以阻止流行病或恐怖主義，這應該是比較合理的使用方式；但是，若是將如此強大的技術用來抓超速、防詐欺、捕小案竊賊，就是「殺雞用牛刀」，不成比例了[30]。

史塔克的提議特別具有洞察力，因為它延伸了一個已獲廣泛認同、限定機器力量的邏輯：限制與規範暴力。在沒有許可證的情況下，任何人都不得購買或在自駕車引擎蓋上安裝槍枝；這是簡單的常識，坦克車只能用於戰爭，而不是個人的軍隊。人臉辨識技術的許多用途，預示了結構性暴力：系統性對個人進行分類，讓他們在原地受到監控，或徹底搜查資料庫以尋找操縱他們的方法。限制人臉辨識技術，至少能確保人類可匿名行動的自由，人類應該要有行蹤與身份不受電眼窺探與監視的自由[31]。

不幸的是，在許多社會中，法律上不負責任的騎士之一——自由表意基本教義派——可能會推翻合理的特許機制。許多企業主張對於「科學自由」有基本權利，於是他們辯稱政府不應該告訴他們，可以或不可以蒐集或研究什麼資料數據。諷刺的是，企業基於憲法基本權利的主張所創造的資料庫，卻將會對一般公民的言論產生巨大的寒蟬效應；當示威抗議活動舉行時，安全人員遠距離觀看你的抗議行動是一回事，但是，當警察可以向不需負責的私人公司購買快速人臉掃描技術，並利用該技術隨時查探你的姓名、地址和工作時，就是完全另一回事了。

長期以來，隱私權倡導者一直擔心這類資料庫的正確性，達娜・普里斯特（Dana Priest）和威廉・阿金（Bill M. Arkin）在他們的《美國最高機密》（*Top Secret America*）系列報導中，揭露有數百個法人組織可以取得美國公民的大量資料。自從史諾登事件（Snowden）曝露出美國政府大量蒐集個人資料的作為以來，這種蒐集個人資料的特殊權力，已經引起學者、民權自由主義者的焦慮，公民也意識到由資料所驅動的決策可能出現嚴重錯誤，令他們同樣感到不安。這種情形帶來很高的風險，沒有工作、沒有去投票、沒有飛行紀錄和沒有公民身份的特徵，成為被假定會投下反對票的名單；這些遭到不公平鎖定的目標對象，往往沒有真正的救濟途徑，只會陷入毫無用處的機關內部申訴程序，其結果就是造成對透明度和正當程序基本原則的卡夫卡式侮辱[32]。許多制度讓一般公民異常地難以「近用」政府和企業對他們所做出的評斷——更不用說是去挑戰這些評斷了。如果缺少這種基本保障措施，那麼「透過AI進行治理」的道德基礎就會崩潰[33]。

以貌取人：從人臉辨識到人臉分析

前述這種情況已經很不合理，但是，人臉分析可能很快會讓情況變得更糟；有些著名的機器學習研究人員聲稱，我們的臉可能會揭露我們的性取向和智力[34]；有人使用囚犯的臉部資料集合成資料庫，發展出犯罪特徵的刻板式影像[35]。有一家新創公司聲稱它可以發現戀童癖者和恐怖分子的特徵，而且它的技術已被世界各地的保安機構使用[36]。

批評者質疑這類預測的正確性；由囚犯臉孔組成的訓練資料並不足以代表罪行（crime）

的樣貌，只是代表哪些罪犯已經被逮捕、監禁和拍照而已，還有很大比例的罪犯從未被逮捕或受到懲罰，因此，資料集並無法充分代表罪行本身。有某個研究，旨在辨識同性戀者臉孔，但其可能只是從約會網站的會員發現某些自我展示的模式，而該研究卻使用這些約會網站，作為訓練AI分類「同性戀」和「非同性戀」影像的資料來源。某些特定時代和地區的男女同性戀者，可能比較常戴眼鏡或比較少戴眼鏡、比較會留特定的鬍子，或喜歡展現微笑或更嚴肅的樣子。正如丹．麥奎倫（Dan McQuillan）的警告，機器學習通常會做出很有影響力的預測，「以促進其與科學之間的比較，但是，機器學習並非普世和客觀的，而是旨在產生某些知識，而這些知識必然與特定運算機制及其訓練資料糾結在一起。」[37]

前述所有這些缺點，都指出我們應該要對機器判斷的不透明性有更多批判；若機器的判斷缺乏解釋（或根本無法解釋）其推斷的理由，充其量該判斷只能代表其訓練資料的再現結果[38]。例如，假設一個不堪負荷的法院，使用自然語言處理方式（natural-language processing）來決定當前哪些訴狀與過去成功的訴狀最為相似，然後在對工作流程進行分類時，優先考慮這些訴狀。過去的訴狀只能反映過去適用的法律條件，它們無法恰當地指引當前訴訟的主張是否真有法律價值[39]。一個注重解釋性意義的系統會更有幫助，因為它可以說明為什麼將某些單字或說法挑出來，能作為特別糟糕或特別有效論證主張的參數指標；甚至這種系統的價值也會隨著訴訟案件類型、法官的優先偏好或其他因素的變化而下降[40]。

用AI預測犯罪活動，還會衍生更多其他問題，正如法學教授基爾・布南・馬克斯（Kiel Brennan-Marquez）所解釋的，有充分懷疑依據的判決先例（主要來自於美國憲法增修條文第四條禁止不當搜查與扣押的判決先例）會要求執法當局提供一個可信的（plausible）解釋，不只是機率上的、統計上的或人工智慧的解釋，而是必須解釋調查某嫌疑人的理由依據[41]。我們不僅必須瞭解我們正在被監視，還必須瞭解為什麼被監視。這是對國家權力的限制，因為國家可能抵擋不住社會控制的誘惑，太想使用先進的監視技術，以實現控制公民的目的。預測分析技術背後的「黑盒子」，能夠輕易提供警察單位藉口，幾乎可以調查任何人，因為我們都可能做過一些行為，與潛在犯罪有某種程度的關聯。

這種因果關係的缺乏（而不只是單純缺乏關聯性），也指出了以臉部特徵為基礎的資料預測，有另一個讓人不安的面向。在沒有證據顯示臉型真的會影響犯罪的情況下，以此技術建構只有一些關聯性的基礎，來支持相關政策，令人毛骨悚然。這種人臉辨識技術在一個體系中確實提升了異類、非人類智慧的地位，但是這個體系裡各種社會控制手段的合法性當中，人性的意涵和人性的溝通交流才是更為重要[42]。如果我們真的可以告訴人們，有某種方式可以透過變臉來降低他們犯罪的可能性，那麼這類大數據的干預就預告了我們即將迎來史無前例的嚴密社會控制。這種雙重約束——介於黑盒子操縱和嚴密控制之間——正對我們提出應該反對此領域進一步發展的警示。

面對情感計算的應用，我們也應該抱持同樣的謹慎態度。美國Affectiva公司很自豪地宣稱自己擁有一些世界上最好的「情緒分析」技術，該公司使用數百萬張臉的資料庫，為情緒進行程式編碼，宣稱該公司的AI可以從人的臉部影片中讀取悲傷、喜悅、厭惡和許多其他感受。這種情緒分析的市場需求很大；鑒於大量需要人工進行安全審查的工作積壓在案，美國軍方正在尋找可以標示出可疑表情的AI[43]。情緒檢測器在警務、安全和軍事上，都有許多應用，其歷史可追溯到測謊器（測謊器本身就有重大爭議，它在美國的就業情境中是被禁止使用的）[44]。Affectiva的執行長兼共同創始人拉娜・埃爾・卡烏比（Rana el Kaliouby）拒絕將該公司技術授權給政府，但是，她也承認情緒辨識無論在哪裡使用，都是一把雙刃劍。她提出了一個想像，亦即未來的工作場所可以對員工的情緒狀態進行環境監控：

> 我確實相信，如果人們想匿名選擇加入，然後雇主能夠得到一個情緒評分，或者只是關於人們在辦公室是否有壓力的整體看法——或者人們是否參與或開心，那將是非常有趣的。
>
> 另一個很好的例子是，某個企業執行長正在向來自世界各地登入的人進行線上會議報告，機器會顯示出的訊息，即是否如該執行長所希望的那樣引起共鳴。目標是否讓觀眾興奮？人們有動力嗎？這些都是核心問題，如果我們都在同一地點，就很容易蒐集到這

些資訊；但是現在每個人都分散在各地，因此很難瞭解這些事情。但是，如果你反過來使用相同的技術，說：「好，我將找出某個員工，因為他們似乎真的很不投入工作，」那麼這就完全是資料的濫用[45]。

在埃爾．卡烏比的想像願景中，我們可以擁有兩全其美的優勢：無所不在的監控，但不會使用監控資料來對付我們，除此之外，AI瞭解我們的感受，為我們服務，而不是試圖控制或操縱我們。

我們有充分的理由懷疑上述這兩種希望是否過於天真理想；在此引用一群法律學者的結論，亦即美國的員工幾乎每天忍受著「無限制的監視」[46]。根據教科書內容，已經具有強勢隱私保護法律的司法管轄區，也往往缺乏執法能力，而科技公司事實上也沒能證明自己特別擅長規範他們授權的技術產品。當然，合乎倫理的AI，其供應商可能會在他們的契約中，寫入一些文字條款，要求雇主不要用於評斷員工不敬業，只因為該員工沒有對公司執行長的笑話作出微笑反應。但是，這些供應商能否破解受營業秘密保護的員工評量方法？公司持續監控其產品的使用有什麼商業案例？即使在認定這類侵入性監視會違反勞動法的司法管轄區，執法人員也明顯不足，而且其心力也多聚焦於其他更直接的威脅。第三方稽核審計人員也不是萬靈丹，即使是在法律要求嚴格審查企業行為的管轄地區中，這類稽核機制也總是失敗。

在上述所有情況下，我們必須做的不僅是對企業社會責任和管制做出模糊攏統的承諾，而是更需要建構實踐的社群，賦權員工「吹哨者」舉報並對抗濫用科技的作為（無論是企業內部還是外部）；我們需要資源充足且獨立的管制機關，能夠依據明確的法規執行；我們必須對違反法規的行為給予真正的懲罰，這些是人性自動化不可或缺的結構性基礎。關於問責性的契約條款和法制目標的辯論，也絕不能只停留在公平議題上，我們必須考慮更大的問題，例如究竟是否應該開發和部署這些技術工具[47]。

當銀行業普惠金融[48]成為可怕的掠奪性工具

關於人臉辨識與分析的爭論——有人想要提高AI預測能力，有人想禁止或嚴格限制其使用——將在金融和法律領域中反覆出現。放款人（貸方）依賴資料來核定信用額度和設定利率，他們不斷要求潛在借款人（借方）提供更多資訊，以增強貸方演算法的預測能力。資料的需求可能影響非常深遠，並具有侵入性和臆測性，導致借款人感到人性尊嚴正逐漸被貶低消滅……；那麼，那條線究竟要畫在哪裡呢？

機器學習的優點是可以找到優良信用風險借款人的特徵，正如過去的貸款經驗所歸納的那樣。但是，有些現在遭到貸方拒絕的人，也可能有那些特徵，例如，機器評估信用良好的借款人，傾向每晚至少睡七個小時（其粗略衡量方式是不使用手機）、使用Google瀏覽器、購買有機食品。個別來看，這些特徵的關聯性可能都不強，然而，當它們一旦達到一定的「臨界質量」（critical mass）時，可能就會出現一種新型的、動態的、以大數據驅動的優良信用風險借款人側寫；目前小額信貸機構已經使用「網路活動」等軌跡特徵，來決定要核定數額多高的貸款給申請者。

貸方表示，這些所有的創新都是金融監管應該更為鬆綁的好理由，AI只是一種電腦程式，不受人類情感和偏見的影響，為什麼還要擔心偏見呢？當AI越來越擅長決定誰更有能力償還貸款時，為什麼還要關心消費者呢？在金融科技烏托邦主義的鼓舞下，世界各地的監管機關開始放鬆對於新設公司的管制。美國和香港已通過對金融科技公司的「監理沙盒」，降低了法規審查的強度。這是一種誤導的方法，因為在金融科技中使用AI與傳統銀行核保的問題一樣多，甚至更多，這將導致我們走向一個「評等社會」，而被評等的每個人，卻都欠缺關於自己如何被評判的基本資訊[49]。

這些問題光在概念上就令人困擾，甚至正如NGO組織「隱私國際」（Privacy International）的報告所揭示的，這些問題的具體影響讓人不寒而慄，因為金融科技公司已經依據使用者的政治活動、會使用的標點符號以及假設的睡眠模式進行信用評等。根據「隱私國際」的說法，「如果貸方在印度某個人的Twitter帳戶上看到政治活動，他們會認為此人的還款能力較低，因此不會借款給那個人。」[50]預測分析方法始終在尋找資料的潛在關聯性，即使是最日常的行為也能找到意義：「〔某公司〕分析你填寫表格的方式（除了你在表格中所填的內容），以及你如何使用網站，用什麼設備裝置，在什麼地點填寫。」[51]而在中國，分享「關於政府或國家經濟狀況的好消息，會讓你的分數上升。」[52]美國一家金融科技業者表示，對它來說，在表格上用大寫字母填寫姓名，代表一種警告信號[53]。

我們都可能展現出其他更嚴重的「信號」，例如，研究人員最近解析網友在微軟搜尋引擎Bing上面，廣泛搜尋有關帕金森氏症疾病資訊的滑鼠游標移動軌跡[54]，這個群體中的一些人——比整體人口更可能患有帕金森氏症——在他們的滑鼠游標移動中往往會出現某些顫抖軌跡；這類顫抖資料及類似的身體活動（例如打字和滑鼠游標移動的速度），並非人們預期會被用來評判自己表現的資料。隨著越來越多的資料庫組合與分析技術運用出現，用來預測我們未來可能的健康狀況之微妙信號將會陸續出現。關於這類前兆資料越多，AI就越能預測它們。

我們可能希望自己的醫生可以使用這些資訊，但我們不需要讓銀行、雇主或其他人使用它。這些資訊，除了同意借款人和金融科技業者之間的交易以確保「金融普惠性」（financial inclusion，該產業放鬆管制的首選理由）之外，在生活和公共政策面向還有更多層次的意義。如果沒有適當的防護欄，隨著越來越多的人為了獲得更好的交易而向下沉淪，資料共享和行為塑造都將陷入「比爛」的競爭。這將導致「掠奪性普惠」(弊大於利)、「恐怖普惠」(讓企業得以偷窺方式密切地凝視我們的生活)和「從屬性普惠」(通過強迫人們維持相同的模式來鞏固不平等，導致他們絕望的生活)。立法者應該阻止、禁止這些「普惠」類型的每一種。

「掠奪性普惠」的概念由來已久[55]，「信用」能使鬼推磨，但同時信用的陰暗面(即債務)也綁住借款人。有時貸款的沉重負擔遠大於貸款所帶來的好處。想像一對名為喬和瑪格的夫婦，他們以每週百分之二十的利率申請「發薪日貸款」[56]，按這速度，每一個月債務就會增加一倍多；兩人想盡辦法儘快還錢，好幾天都沒錢讓孩子吃晚餐；他們拖欠房租過久而收到驅逐通知，但貸方會在三個月內幫他們全額償還，並從中獲得可觀的利潤(高利貸)。當我們想像消費金融AI的未來時，很大程度上將取決於這類公司如何將喬和瑪格這類經驗編寫成程式，這些公司從數百萬個人資金流動性危機中賺取巨額利潤，而金融科技粗糙演算法中的還款指標，還將激勵機器繼續搜尋這類絕望的借款人。

促成「成功」交易的要素很重要；放款人大多只關注底限，即使有的話，放款人也很少記錄關於還款(人)的狀況是輕鬆還是艱難，是羞辱還是例行公事的這類資料。無知就是福，對放款人來說，借款人總是默默忍受。一位美國堪薩斯州的退伍軍人為了二千五百美元的貸款支付了五萬美元的利息[57]；一位英國托嬰保育人員借了三百英鎊，一年後發現自己背負了一千五百英鎊的債務[58]；數百名借款人向倫敦的《衛報》講述了自己悲慘的故事，而美國的不幸故事更為普遍，在發展中國家，代價可能更高，無法償還貸款的小額借款人自殺的故事時有所聞。「信用圈」是指經常背負債務的債務同溫層，形成難以忍受的恥辱感。一位肯亞人認為，數位借貸應用程式正「奴役」著他們國家的貧窮勞工階級和受薪階級[59]。

「掠奪性普惠」也會破壞教育的目標；當渴望機會的人，背負著沉重的就學貸款負擔，參加價值令人存疑的培訓計畫時，培訓計畫的影響遠比貸款負擔來得更為深遠。培訓以自我提升的說辭說服了太多人，相信更多的學習就可以有能力賺更多錢；黑心的學店大學利用了這種希望[60]，兜售一種殘酷的樂觀主義——未來必須比過去更好[61]。

防止剝削性教育債務的方法，有一種是證明哪些課程能為學生提供好的「投資報酬率」。在美國，歐巴馬政府多年來一直為這樣的要求所苦惱，最後在二〇一五年頒布「有償就業規定」——結果下任政府立即取消了這些保障措施。這項歐巴馬政府的規定得到公眾極少的支持，這是一種以超級技術官僚的方法認證貸款資格的計畫，其過分關注畢業後的短期預期收入，意味著整個教育的重點，就是要達到一定的收入潛力。無論這種方法有什麼優點，整體而言它都不能適用於社會中的債務，沒有哪個政府能夠全面性規定哪些信用可以用來購買東西，哪些是禁止的。

其他司法管轄地區對教育債務則是採取更為開明的方法，也可應用於許多其他信貸脈絡；例如，以收入為基準的還款計畫，在某個年限內償還收入一定比例金額的貸款[62]，它本質上是一種畢業稅——除非收入足以償還貸款餘額的人，一旦餘額償還完畢，就能停止支付。此外，「免費大學」運動也要求社會應該直接提供教育福利[63]。

此時，我們似乎離金融領域的AI有一段距離了，但是，科技倫理社群已經越來越意識到AI的核心問題，那個核心問題並非是技術議題，相反地，AI的社會作用更為關鍵。如果我們想阻止掠奪性貸款，那麼，解決債權人和債務人之間的權力失衡，比調整AI技術更重要。

同樣的原則也適用於「恐怖普惠」，典型的例子則是持續不間斷的手機追蹤、存檔和資料轉售[64]。倘若一位銀行家詢問一名員工是否介意他每週七天、每天二十四小時追蹤她，相信員工馬上會感受到立即的威脅與壓迫感，她甚至可能可以向法院申請禁制令，因為銀行家的行為已經構成跟蹤騷擾。另一方面，儘管隨著手機追蹤而來的信用契約似乎沒有什麼立即的威脅，但資料的使用和再利用，仍會產生一種獨特且不安的威脅。恐怖感來自直覺感受到對於未來的威脅，因為有偏離正常的跡象。正常的經驗應該是，我們有權享受公私分明的家庭與工作生活，與我們有關的判斷上（例如：我們的償債能力），應該是依據清楚的標準而產生；「恐怖普惠」破壞了這種平衡，讓未知的機械決策者潛入我們的汽車、臥室和浴室，追蹤我們的生活。

目前，這樣的監控需求還算少見。金融圈企業家不理會監管呼籲，向當局保證他們的軟體不會記錄或評估敏感性資料，例如位置、受話人或對話內容[65]。然而，後設資料（metadata）

是無窮盡的，正如我們用手部顫抖情形來預測帕金森氏症的例子，它可以對一個人的特質[66]產生意想不到的洞見[67]。企業可以輕率地聲稱自己對於消費者個資的利用是一種行之有年的「消費者偏好」；在這種操縱式行銷誘使許多人陷入「金融普惠」不良交易之前，現在是時候立法禁止「恐怖普惠」了。

這個時機點非常重要，因為產業界在實踐操縱式行銷之初，就以「創新」之名使法規轉向。遊說者主張「等等看後續如何發展再說」，一旦這種做法施行了一段時間，就會出現另一種反對管制規範的理由：「你竟敢干涉消費者的選擇！」這種憤世嫉俗的論點，與自由放任的理念是哥倆好，但是，對於資料治理而言，卻尤其危險，因為人們為了爭奪競爭優勢，使得產業行為準則快速變動[68]。這樣的情況如果不相互協調，我們將被迫快速達到平衡，使得每個人都必須揭露更多資料以避免吃虧。如果可以透過合作，制定可執行的規則，我們就能保護自己免於「監控資本主義」(surveillance capitalism)毫無底限的侵害[69]；例如，某些司法管轄地區已開始通過相關法律，禁止企業將米粒大小的感應晶片注射到工人皮膚下[70]。

自我保護的任務已迫在眉睫，因為隨著時間的流逝，「從屬性普惠」必將越來越受歡迎。如同印度和中國一些公司正在做的，懲罰人們參與政治活動，進一步加劇了「提供信貸者」對「需要信貸者」的支配地位。花旗銀行所謂「民眾輿論風險」(vox populi risk)的興起——包括人們要求企業更適當地對待所謂「危險」——將促使更多金融業高層考慮貸款的政治面向。金融公司可能會認為，那些因為違反租約而控告房東，或在工作中提出申訴的人，是還款成本更高的客戶，因為他們比一般人更維護自己的權利。這樣的標準無法彰顯人性化的信用體系，反之，他們讓我們所有人都參加了「自貶」的競賽，每個人都急於證明自己願意接受任何侮辱，以換取（貸款）成功。

掠奪性普惠、恐怖普惠和從屬性普惠在不同面向都令人反感，但也都釐清了自動化的關鍵問題，即它們都允許人們以損害自身財務健康、尊嚴和政治權力的方式，在金融市場上競爭以取得優勢。正如機器人新律法第三條所暗示的那樣，在這種監控的軍備競賽正常化之前，必須立即停止。

信用評等社會中的內化服從

二〇一四年中國國務院發佈《社會信用體系建設規劃綱要（二〇一四－二〇二〇年）》，其中以評分作為聲譽信用評估的一個部分[71]。社會信用可能會影響一個人的各種機會，從旅行的權利、獲得貸款和入學的機會（影響自己和自己孩子的機會）等等。中國國務院提出了「褒揚誠信，懲戒失信」的總體要求，在二〇一四年要求「各省、自治區、直轄市人民政府，國務院各部委、各直屬機構」要「認真貫徹執行」[72]。

從那時起，中國各地方開展了許多進階版措施，在浙江陽橋村，居民「在孝道或善行等項目表現良好，就可以在『道德銀行』計畫中獲得最高三星評分……。」[73]這些評等級分可能代表更好的貸款條件。在山東榮成，公民有「每人或公司基本分一千分，以及從AAA到D的等級評分」，無論是法律明文禁止，還是只被當局視為「不文明」的不可信、不誠實或異常行為，都可能會遭到呈報而影響評分[74]。在浙江寧波，「在公共運輸上逃票或延遲支付電費」可能「影響個人獲得抵押貸款、升遷或加薪的機會」[75]。大城市如北京，很快也將部署自己的評分項目與系統。社會信用評分系統，用最雄心勃勃的形式，確保美德的自動化——或至少是其衡量標準的自動化，公民將收到有關自己相對等級的即時回饋訊息，可以根據官方設定的條件「自由競爭」。

中國的「社會信用體系」可能是基於無數個數據點（data point）[76]，但沒有一個數據點可以完全整合國家「綱要」的全部範圍（譯注：指的是前段所提到的《社會信用體系建設規劃綱要》這類國家綱要、綱領等政策。）；然而，中國有關當局顯然正在更進一步推展評估系統，這些進展皆具有三個特別令人不安的特徵。首先，社會信用體系（無論是在國家還是地方實施）是隨時準備全面或近乎全面性地整合所有資料——從網路貼文到交通違規行為、從家庭生活到工作行為等等。其次，黑名單（譴責個人）和紅名單（表揚個人）表示連鎖效應將會遠超出違規行為的原始來源[77]。換句話說，不償還債務不僅會影響一個人的財務信用和地位，而且可能會影響一個人旅行、獲得政府福利或享受其他公民特權的能力。第三，失去信用可能會產生**網絡後果**（networked consequences），意即「信用低分」者的家人或朋友的分數也會受到影響[78]。

社會信用體系上述這三個特徵（綜合性、連鎖效應和網絡後果）有可能形成一種完美的社會控制手段，特別是如果它們應用於關於權利、政治和社會信用體系本身的互動關係上[79]。連鎖效應意味著行為「偏差」可能會導致多年的惡果，先進的生物辨識技術（虹膜、臉部和步態辨識等），讓人一旦遭受污名、破壞了人格，就幾乎不可能有新的身份；即使是那些有勇氣面對不服從後果的人，也可能不願意冒險，因為會為他們關心的人帶來負擔[80]。被列入黑名單或降低分數的連鎖反應，導致難以針對違法行為作完整有效的評估，甚至不可能作評估。紅名單則可能更加細緻、幽微地壓制公民，灌輸公民一種「演算法的自我」，以求自身地位的最大化[81]。

中國政府聲稱社會信用體系只是反映了現在中國家庭、學校及法院所體現的價值觀，但是，由於沒有上訴標準與機制，黑名單（以及褒獎紅名單）的自動化分配將可能成為新的權威來源，取代而非輔助家庭、學校和法院[82]。中國社會信用體系的各個面向終究容易成為量化驅動的權力奪取工具，官僚體系原本永遠無法透過公共立法取得，而今卻能藉此工具實現權力，對社會大眾生活行使威權的力量。這種對文化的量化治理其實造成了矛盾，原本想明確表達舉止、情感和網絡訊息價值的努力，恰恰也削弱了它們的真實性，因為原本應該自發的情感和互動，被評分機制工具化了。在家庭、友誼、社區和禮儀等難以言說的領域中，這是將評估標準加以形式化的眾多危險之一。

法律學者已經開始憂慮社會信用體系的準確性和公平性；有些重要的努力正在進行，以確保對這些社會信用體系實施的獎懲符合正當程序。然而，更重要的是，如果改革者只關心法律議題，那麼，推動演算法問責性，可能會只見樹不見林，因為社會信用體系既是法律議題，也是文化和政治議題；演算法的治理容易讓政府和企業（通常同時一起）鞏固並主導聲譽領域，因此該領域應該更去中心化和更重視隱私保護[83]，否則將使演算法的治理容易走向專制的細緻化、嚴厲且更具侵入性[84]。

可悲的是，監控和評量的熱潮已遠超出社會信用體系；美國企業正在使用不透明和不負責任的AI，對客戶及消費者進行行為評估[85]；全球的教育科技產業已推動對學生、學校和教師的行為測驗和排名[86]。同樣的監控技術也可能主導醫院、療養院和托嬰照護機構。只要泰勒主義式的衡量和管理盛行，這種方式就可能很快散播普及；聲譽價值機制藉此將社會高壓控制，重新塑造為理性的手法。

扭轉局面，轉而占「評價式AI」的上風

現在有一系列令人眼花撩亂的AI系統，聲稱可以對人類進行評分、排名或評級。那些被判定亟需被評比（但尚未被評比）的人，能扭轉局面，讓AI本身達到倫理標準。從社會信用體系和金融科技，到人臉分析和預測性警務工作，「評價式AI」需要太多的資料，它做出不透明、無法確證或不公平的推論，雖然承諾安全和普惠兼容，但卻往往帶來危險和污名化，而這些還只是個人層面的傷害；同樣重要的是，從長遠的角度來看，AI的過度擴張，可能會侵蝕將社會凝聚在一起的規範和價值觀。

跟著哲學家麥可．瓦瑟（Michael Walzer）的理論，我們可以將家庭和許多公民社會機構歸類為獨特的「正義諸領域」（spheres of justice）——即人類的經驗領域中，理想上可以根據自己的分配邏輯（認可和資源），而不是外部強加運作標準（無論是官僚還是AI）的領域[87]。不同於現在被功利主義和義務論主導的倫理取徑[88]，瓦瑟提倡理想的正義領域，作為拯救和復興西方倫理理論的哲學取徑。他深度剖析不同領域在當前社會實踐的規範基礎，對於變革或改革的良好論據，抱持開放態度。究竟是什麼使一個人成為好孩子或好父母、宗教信徒或神職人員、園丁或環保主義者、老闆或工人，本即爭論不休，但是瓦瑟的核心思想之一是，人在一個領域中，不該因為自己另一個領域的行為而受到不合理的影響；換句話說，僅僅因為一

個人破產或超速，這（本身）不應該嚴重降低他作為雇員、牧師或父母的聲譽信用，更不用說該行為對他親屬的影響了。

這些想法聽起來可能很抽象，但如果認真看待，它們會顛覆本章所探討的許多大數據方法。這樣的原則既譴責社會信用評分的「漣漪」連鎖效應，也譴責使用臉部表情、走路姿態（「步態」）和網際網路搜尋歷史來評估求職者的「大數據招聘」方式。為什麼某人只是因為購買了有些違約者經常購買的啤酒品牌，就要被收取更高的利率？但在AI的黑盒子領域裡，這是完全合理的——重要的是預測和關聯性，而不是正義或公平。然而，如果我們將信用視為一種正義的領域——即正義是有關義務、破產和承諾的所有道德論述中皆隱含的某種東西——那麼，關聯主義者想用部分資料的關聯性去預測他人，就毫無意義。一個人應該依據她自己的優點被評判，以一種公眾可理解和合法的方式受評判[89]。

相較於在技術操作上需要更加複雜設計的政府或市場行動者，為什麼這些「正義諸領域」值得尊重？哈伯馬斯的「生活世界系統性殖民化」概念可以支持瓦瑟的領域分離理論[90]，對哈伯馬斯來說，政府和市場行動者的官僚體系總有過度擴張的危險，透過對所謂「正確的行為」強加規範，以「合法化生活世界」；但是，對於那些所謂「正確行為」卻是過度簡化、扭曲或徹底推翻現存的理想原則[91]。這些商業和治理系統，很大程度上，是透過市場交換或政治官僚決策（在背地裡）決定了我們的生活。生活世界中的公民社會、家庭、基層機構和其他更人性的互動，這些生活世界領域之間，其合法性的差異在於，固有存在於某些感覺：即部分現象學式的「即時性」（immediacy）、可理解性、以及將我們行為圍繞其中的控制性。

對於生活世界的系統性殖民，在其最糟糕的情況下，是鼓勵一種世界工具化和自我工具化[92]，以貶低（或完全掩蓋）內在固有價值。「你無法管理你無法衡量的東西」是了無新意的新自由管理主義口號，它假定的是，無法比較和不可計算的觀察，不如那些可比較與可計算的觀察有價值。就像女性主義者批評工具化的「男性凝視」（male gaze）[93]一樣，「資料凝視」（data gaze）現在也構成了「誤識想像」（misrecognition）和「物化」（reification）人類的威脅[94]。「資料凝視」消除具體意義和目的感的拘束，不僅貶抑了我們自己的自主權，也破壞賦予自主性意義的制度完整性。

企業和政府對人類行為、思想和靈魂的形塑必須受到限制。無所不在的感應器網絡和AI為我們提供了一種世界，在這個世界中，「聲譽信用銀行」裡的每個行為都可能對每個消費者和公民有利或不利。在美國，這些聲譽信用帳戶中的「餘額」是零散不完整的，通常是秘密地分散在數千個不連接的資料中心裡。中國社會信用評分有望更加集中，而且保證評估標準更公開；但是，這兩種方法都無法讓人滿意，秘密評分從根本上就是不公平。被評了分的人沒有機會提出質疑與申訴，當詳細的評分系統公諸於世時，它們以過度和親密的方式恐嚇並管束著人們的行為。因此，我們必須更努力，不只是改革評分機制，更要超越並且轉而限制評分機制的範圍，「評價式AI」本身在許多關鍵點皆有不足之處。

關於維護社會秩序和判斷誰應該獲得利益與負擔，AI並非唯一的衡量方式，還有許多其他的專業、評估、關懷和關注的實務作法。無論是否可以做得更好或更糟，或是技巧更高或低，有些獨特的人類行為模式在敘事上、整體性上和情感模式上，相較於簡化的數字或指令編碼，是更優質而且符合規則的。因此，有關「機器評斷人」的批評所面臨的一個挑戰課題是，用非量化評估方式進行的維持、改善和發展——即判斷能力。對AI評量方式有個強勢的批評，在於有些舊判斷方法的正向紀錄，正被AI方法侵蝕破壞[95]。例如，在學術領域中，除了論文引用次數、期刊影響指數（impact factor）的評量之外，還有終身教職推薦信和致敬「紀念文集」等方式；學術文章作為解釋一位學術工作者專業生涯的樣態，以及該名學術工作者選擇某個主題或研究方法的原因，對於學術工作者來說，應該是更受歡迎的自我評價方式。我們需要對學術貢獻的深度和廣度有更好、更具敘事性的專業評估。這種質性的評估模式，可能比現在在學術界占主導地位的量化驅動指標更為豐富多彩。

簡言之，我們「需要一種理論來擊敗另一個理論」，以及一種替代方式來解釋專業人員所從事的是什麼，以及如何以更好或更壞的方式，以抵抗AI評量的誘惑。這樣多元的敘事方式可能會強加該敘事自己的紀律和焦慮，但是，至少它們讓我們擺脫了幻想，即學者、醫生、護理師、教師和各種專業人士都可透過機器學習計算出指標來判斷的幻想。在許多其他脈絡下，這樣的敘事方式也可以作為人道判斷的例子。

生產力vs.權力

在影響深遠的思想史中，威廉．戴維斯描述過社會中知識使用典範的廣泛轉移[96]。啟蒙時代的知識分子認為，知識應該創造一個共享的現實藍圖——在科學上（更精準的世界模型）與社會上（對某些關鍵事實、價值觀和規範之共同理解的基礎上建構一個公共領域）。然而，經濟思維的興起預示了另一種知識想像，其關鍵價值在於獲取比他人更好的優勢；也許這在商業中是必要的，但它卻也已經在公共領域、教育、金融等領域產生了潛在的負面影響，因為藉由獲取知識以獲得權力的目標，已經排擠了其他更關注公眾利益的目的了。

隨著公司和政府越來越傾向使用機器來評價人，也賦予了AI開發者巨大的權力。權力是一種能力，驅使另一個人做原本不會做某件事情的能力[97]；權力在政治和戰爭中最為明顯，但是在經濟、社會和家庭中也很重要。人工智慧可能會在學校、工作場所甚至家庭中鞏固或破壞現有的權力關係，因此我們需要認識這種動態關係，並防範權力最具破壞性的展現：軍備競賽。

我們可以很直觀地理解兩個軍事對手對峙時，軍備競賽是如何浪費資源，例如儲備導彈、導彈防禦系統、干擾或躲避導彈防禦系統的方法等等。比敵人佔得先機是個體理性的作法，但是，當所有人都無止盡地想極力拉大彼此的距離時，則是集體的瘋狂。為了「安全」，沒有所謂客觀合理的花費上限[98]，只有相對優勢，但是，如果敵人不斷提出新的戰術或科技，優勢也有不斷被打亂的風險。這就是美國儘管為「國防」支付的資金比接下來排名順序上的七個國家所花費的經費總和還要多，卻仍繼續在軍事、警察和情報部門投入更多資金的原因之一。

軍備競賽模式在軍事環境之外的脈絡也很重要；前哈佛大學法學教授伊莉莎白．華倫（Elizabeth Warren）在《雙薪的陷阱》（*Two Income Trap*）一書中描述了中產階級家庭為了爭取更好的學區，而競相抬高了房地產價格；經濟學家羅伯．法蘭克（Robert Frank）在《落後》（*Falling Behind*）一書中提供了這類軍備競賽的一般性理論。當某些東西限量供應時——例如權力、聲望或市中心的黃金地段——競爭即無法避免。在許多這樣的軍備競賽中，法律和金融對最終的勝利者有強大的影響力，例如，能夠獲得最高額抵押貸款的人，就可以在房地產市場上比他人出更高價[99]。

法律、政治，甚至政治辯護代理也可能退化為軍備競賽，法蘭克將商業訴訟描述為一種錢坑，每一方都將資源投入律師事務所（現在是法律分析），以壓倒對手。在政治上，即使是最小的優勢也很關鍵，候選人贏得選舉並不是因為獲得一些神奇的選票數字，而只是因為獲得比對手更多的選票。一旦新的選舉開始，這些優勢不會簡單地歸零，多數黨（有時通過單次投票）可以運作其意志，促進盟友的利益，使其敵人處於不利地位。有些國家，在幾輪自我強化優勢並累積到勝利者身上後，民主本身就已經受到侵蝕。政治運動能以其他方式讓人感覺就像戰爭一樣，因為注意力戰爭就是一場零和遊戲[100]。

機器人新律法第三條——阻止AI驅動的軍備競賽——應該適用於這些所有的領域中。這是本章和下一章的共同點，藉由合理化招聘、解僱、犯罪等社會評斷的名義，AI評分正把我們都帶向地位競爭遊戲的滑坡效應，透過向強權和不透明的組織實體揭露我們生活的各個面向，依據他們的目的一步步被嚴格控制住。只有協調一致的行動，才能阻止這場走向全面揭露未來的競賽。

有時，合作的道路會相對清晰——例如，在金融監管機制限制貸方如何使用無人機或社交媒體分析，來觀察目前或潛在客戶的行為；在其他情況下，特別是大國軍事競爭中，我們強制實行限制措施的能力，可能只可以依靠脆弱的社會規範準則或國際關係。然而，人道的合作策略是必須的，以避免更多社會秩序的細節被降低地位，進而交付給機器。

CHAPTER

6

自主的力量

在遊戲公司「雅達利」（Atari）經典的遊戲《Pong》中，玩家移動「槳」（在螢幕的側邊有一個細長方塊）來防禦傳入的球，並且據以擊球，目標是要越過對方球員的防衛槳。這是史上最簡單的電動遊戲之一，Pong將乒乓球縮小為二維空間，獲勝的關鍵，是靠靈巧的雙手和對幾何的良好直覺。

至少上述技巧是人類要在Pong遊戲中獲勝所需要的。有一組AI研究人員嘗試了一種完全不同的方法，他們只設置一台電腦，嘗試對於傳入的球做出你可以想像得到的反應——避開它、直接將它擊回、用槳的邊緣擊球，所有這些都以略微不同的角度或速度加以調整。對於能夠每秒嘗試數百萬種策略的AI來說，很快就能出現最佳的遊戲致勝模式。AI主宰了Pong遊戲，並且能夠擊敗任何人類玩家，後來它也學會如何在其他電子遊戲中擊敗其他人，甚至是古老的中國圍棋遊戲[1]。

AI研究人員稱這些勝利是一大突破，因為它們是機器自學的結果，這些程式沒有像人類那樣去研究過去Pong或圍棋的戰術來蒐集策略；相反地，是結合蠻力（模擬大量的情境場景）和演算法排序（對每個情境的最佳反應），讓AI能夠征服遊戲；而且，目前看來，人類似乎沒有辦法打敗它。

這樣的主宰是軍事理論家的美夢，他們長期以來一直在模組化戰爭遊戲，以模擬敵人的行動和對應的反擊。事實上，AI這個領域可溯源二十世紀中葉的模控學（cybernetics），當時作業研究（operations research）專家提供將軍們建議，如何編寫出最好的自動反應程式，以應付不顧一切追求科技進展的敵人[2]。模組的建構有一個像鏡廳的效果——戰士試圖預測敵人即將使出的戰略行動，藉此提供戰士最好的機會突襲敵人。

我們已經討論過警務機器人化所帶來的倫理和法律層面的特殊難題，而AI在戰爭中的使用，又加深了複雜性。截至目前為止，我所描述的所有軍備競賽情境，都預設有一個可以製定規則並懲罰違反規則者的國家；然而目前全球並不存在這樣的強權。聯合國可以譴責一個國家，但它的權威卻常常被藐視。

因為欠缺全球治理權威，戰爭中的機器人議題變成了一對二律背反的遊戲[3]。廢止主義者試著透過國際條約禁止殺手機器人；而自稱「現實主義者」的人則是主張，國家必須儲備先進的軍事技術，以免被不那麼光明正大的競爭對手佔得先機，或是遭到威脅；AI提倡者聲稱機器人將減少戰爭的可怕，因為可以比任何人更精準地瞄準與使用武力（譯注：預設該精準度可以減少誤殺與誤傷）；懷疑論者認為，未來還有很長一段路要走；而嚇阻理論家則是擔心，即使自動化戰爭變得更「人道」，也不能讓武裝衝突太容易發生，以免強國利用自己的技術優勢來支配其他國家。

在探討了軍事AI的廢止主義取徑和現實主義取徑各自的優點和侷限性之後，本章根據機器人新律法第四條（要求指明機器人背後的控制者和擁有者）主張責任歸屬的形式，可能會使國家更容易遵守新律法第二條（阻止軍備競賽）。軍備控制可能是一種令人焦慮和危險的過程，然而，如果各國能夠共同努力，至少對自己的能力和行動有誠實的說明，情況就不會那麼嚴重。我們還可以從「反對核擴散」的歷史吸取教訓，擁有核武的國家遠遠少於有能力製造此類武器的政府；對於現在全球難以形成反對AI軍備競賽一致行動的困境，「反對核擴散」的經驗，指出了一條跳脫AI戰略迷宮的出路。

想像一下用機器人進行屠殺

螢幕上播放的影片呈現出血淋淋的畫面：在田野裡，兩個來勢洶洶的男人站在一輛白色小貨車旁邊，手裡拿著遙控器，他們打開貨車的後門，四旋翼無人機的聲響越來越大。他們撥動一個開關，無人機像蝙蝠一樣從洞穴裡飛出來。幾秒鐘後，鏡頭切入了一間大學教室，殺手機器人從窗戶和通風口湧入；學生們驚恐地尖叫著，被困在裡面……。電影《機器屠夫》（*Slaughterbots*）將剩下的留給我們去想像，但是其意義卻顯而易見，手掌大小的殺手機器人要不在這裡，要不在技術進展一小步之外，恐怖分子可以輕易部署它們，而現有的防禦若非不是很薄弱，就是等於不存在[4]。

在生命未來研究所（Future of Life Institute）公開放映電影《機器屠夫》之後，便引起國防界的一些領導者抱怨；他們說這部電影危言聳聽，在需要我們明智反思的地方製造恐懼。但是，科幻小說和產業事實之間的界限，在戰爭未來主義中卻經常很模糊。美國空軍曾預測，「SWAT特警部隊將在人質挾持對峙期間，發送帶有攝影鏡頭的機械昆蟲潛伏進入該建築物。」[5]有個「微系統協作」成果已經公開發表了Octoroach微系統仿生機器人，這是一種「帶有攝影鏡頭和無線電發射器的超小型機器人，其無線電發射器可以覆蓋地面一百米。」[6]如果負子蟲（Waterbug）可以進入牆壁的裂縫，Octoroach也可以。誰知道現在有多少其他有害生物成為無人機「群集」技術的模型，這是前衛軍事理論家的另一個口號。

彼得．辛格（Peter Singer）和奧格斯．科爾（August Cole）的技術戰爭小說《幽靈艦隊》（*Ghost Fleet*），描繪了美國在面對俄羅斯和中國的戰爭裡，部署了自動無人機、劫持衛星和雷射等，讓戰事像萬花筒般千變萬化[7]。這本書不能被認為只是科技軍事的幻想：它包含數百個註腳，記錄了它描述的每個軟硬體的開發；兩位作者都曾參與過軍事行動[8]。

殺人機器人理論建模技術的進展，可能比武器裝備的發展趨勢更令人不安。一九六〇年代的俄羅斯科幻小說《島上的螃蟹》（*Crabs on the Island*）描繪了演算法版的飢餓遊戲，螃蟹機器人在其中相互爭奪資源，敗者淘汰、勝者生存，不斷循環重複，直到一些機器人進化成為最好的殺戮機器[9]。當一位領先的電腦科學家向隸屬美國國防部的「國防高等研究計畫署」（Defense Advanced Research Projects Agency）提到類似場景時，稱之為「機器人侏羅紀公園」，該署承辦人說那是「極為可能的」[10]。毋須多想，我們就能意識到這樣的實驗很有可能會失控[11]。成為完美殺戮機器的一部分，是知道如何逃避其他人的捕捉，無論是人類還是機器人。所費不貲，是一個大國要投入這種實驗項目的主要障礙，然而，軟體建模也許可以消除這個障礙，可以使用虛擬戰鬥測試的模擬，來激發未來的軍事投資。

在禁止特別恐怖或可怕的武器方面，各國有充分的前例可循，在二十世紀中葉時，國際公約禁止使用生化武器，國際社會也禁止使用致盲雷射技術。一個強大活躍的非政府組織網絡則是成功地促使聯合國召集其成員國，同意對致命自主武器科技（lethal autonomous weapons systems，簡稱LAWS）制定類似禁令。雖然關於LAWS的定義已經（並且將會）有很長的爭論，但是，我們都可以想像有些子集合是某些特別可怕的類型，是所有國家都應該要同意永遠不會製造或部署的武器；例如，將敵方士兵逐漸加熱致死的無人機，會違反禁止酷刑的國際公約[12]。同樣地，旨在破壞敵人聽力或平衡的聲波武器，也應該受類似的禁令所限制。這類武器的設計者，例如設計出致命流感病毒或有毒氣體，都應該被逐出國際社會。

殺手機器人令人不安的案例

殺手機器人和生化武器一樣可怕嗎？有些軍事理論家說，它們不僅在技術上優於舊武器，而且還更人性化。根據美海軍戰爭學院（U.S. Naval War College）邁克．施密特（Michael Schmitt）的說法，自主武器系統（autonomous weapons systems，簡稱 AWS）提供了更新且更好的方法來瞄準攻擊，得以將傷亡最小化，例如，考慮到人臉或步態辨識技術可能的進步，一個殺手機器人可能只對一個村子裡二十一到六十五歲的人開槍[13]。施密特還期待自主武器系統能保障和平，他認為它們可以執行「天網」，確保像獨裁者海珊（Saddam Hussein）因殺害庫德族人和沼地阿拉伯人（Marsh Arabs）這樣的屠殺不會再次發生[14]。

對於軍事理論家和電腦科學家來說，用程式所設定的武器提供了平衡戰爭要求與國際人道法規範的最佳方式。喬治亞理工學院的羅納德．雅金（Ronald Arkin）認為，AWS 可以「透過科技減少人對人的不人道」，因為機器人不存在太過人性的憤怒、虐待或殘忍；他提議將人類排除在目標決策圈之外，同時針對機器人的致命行動，把倫理約束編寫進其程式碼之中，為此雅金還開發了目標程式碼（例如，豁免醫院的程式碼）。[15]

理論上，雅金說的有道理。很難想像一場機器人對美萊村的屠殺（My Lai Massacre）[16]，這種殘忍似乎是根植於人類非理性的形式，屬於情緒化而不是運算性質；然而，我們最深切的譴責，常常並不是針對內心深處的暴力行為，而是譴責冷靜策劃襲擊的預謀兇手。我們很難想像一個機器人武器系統針對各種限制沒有某些優先特性，而該等限制當然應由真人士兵控制。

任何想要將法律和倫理寫入殺手機器人程式碼的嘗試，都會遭遇巨大的實際困難。電腦科學教授諾埃爾．夏基（Noel Sharkey）認為，原則上是不可能對機器人士兵進行程式編碼，讓它能夠針對激烈衝突中可能出現的無數情況做出反應[17]。「維度災難」（curse of dimensionality）[18]太強大了，特別是我們沒有大量過去資料來指導未來的行動，不過這也是一種幸運。戰爭迷霧中的AWS是危險的，就像自駕車被雪干擾感應器那樣無能為力。機器學習在有大量資料集的情況下，效果最好，這些資料集可以清楚地理解好與壞、對與錯的決策。例如，信用卡公司改進了詐欺偵測機制，持續分析數億筆交易，其中「偽陽性」和「偽陰性」已經可以輕易地被標記出來，有接近百分之一百的準確率。有沒有可能「數據化」伊拉克士兵的經驗，來決定是否向模糊不確定的敵人開火？即使可能，這樣的資料集，又與蘇丹或葉門的佔領行動有何關聯性（兩國皆為有美國軍方介入的眾多國家中的兩個）呢[19]？

用大數據做預測分析取得一般性成功的前提，是有大量易於編碼的資訊。大多數鎮暴部隊士兵會證明，戰爭的日常是長時間且被突如其來的恐怖與混亂所打斷的無聊時光；將這類事件的記錄標準化，是一項很大的挑戰。軍事專業中的遭遇敘事，並不總是得以取得——而且這些敘事對於解析任何特定情況的處理，是否有被正確地歸類為「適當」或「不適當」，似乎是相當關鍵的。更令人不安的是，「資訊武器化」已經成為一種越來越重要的衝突策略——例如部署假資訊（misinformation）的策略[20]。從俄羅斯總統普丁復刻了經典的俄羅斯「戰爭騙術」（maskirovka）戰略，到美國陸軍關於戰略性使用假資訊的報告，全球的軍事單位都已經意識到，衝突的探討框架與軍事行動本身具有同樣的重要地位[21]。由於有關衝突的資料相當稀少，而且其敏感性易受操縱，對有倫理道德機器人的渴望似乎顯得不切實際。

殺人機器人與戰爭法

國際人道法（International Humanitarian Law，IHL）是一套規範武裝衝突的準則，對自主武器的開發者帶來更多挑戰[22]。國際人道法的一個關鍵規範是「區分原則」（rule of distinction），它要求衝突各方無論何時均應區分出平民和戰鬥員，只有戰鬥員可以成為攻擊目標[23]。對於游擊隊或叛亂分子而言，不會固定地「自我認同」為戰鬥員（例如制服或徽章）；反之，在過去幾十年裡，叛亂鎮壓與其他非常規戰爭變得越來越普遍，戰鬥員與平民已經混為一體。

非政府組織「人權觀察」指出由機器驅動的戰爭具有潛在的悲劇，而這悲劇是可以透過人類判斷來預防的：

一個受到驚嚇的母親可能會追上她的兩個孩子，吼叫著讓他們不要在士兵附近玩玩具槍。真人士兵可能會知道母親的恐懼和孩子們的遊戲，因而認為他們的意圖是無害的，但是，完全自主武器可能只會看到一個人和兩個武裝人員跑向它而已；前者會按兵不動，後者卻可能就會發動攻擊[24]。

在戰爭中使用機器人技術，因為受到目前對程式編寫和人臉辨識讀限制，所以上述潛在例子是非常有力的批評。戰爭有一項關鍵倫理原則就是差別性：要求攻擊者區分戰鬥員和平民。

然而，AWS的支持者卻堅持這種武器的差別性只會越來越好，一旦達到完美境界，無人機監視可能會啟用「可見的戰鬥區」，仔細地追蹤敵人之中誰是武裝與危險的，誰一直處於靜止狀態，可以區分出有無可疑信號或不尋常的活動模式[25]。即使我們假設該技術將變得更能準確用於鎖定目標上，但是，也不能假定在戰爭迷霧中，指揮官會採用或制定公正的差別性原則。現在「任何形式的、與某些激進組織合作的、或假定與某些激進組織有關聯的成員等方式」的說法，已經逐漸稀釋了「戰鬥員」這個合法的攻擊目標的類別[26]。

區分原則只是管轄戰爭的眾多國際法原則之一而已，《日內瓦公約》的「比例原則」則是禁止「使平民生命受損失、平民受傷害、平民物件受損害，或三種情形均有而且與預期的具體和直接軍事利益相比損害過分（excessive）的攻擊。」[27]原則上，「戰鬥員」的身份判定，可能落在「天網」的全景前身範圍內，由它追蹤一個領土內的所有人，評估他們是否有武裝或以其他方式參與了戰爭行為。但是，即使是美國空軍也將比例原則的決定，稱為「一種內在的主觀決定，必須根據個案具體情況判定」[28]。

有幾位權威人士曾經解釋：對機器人進行編程，以處理戰爭中「可能面臨的無數情境」有多麼困難[29]。受過電腦科學和科學哲學培訓的機器人專家彼得．亞薩洛（Peter Asaro）認為，「風險最小化的功利主義式計算」不能替代律師過去為解釋「馬爾頓條款」（Martens clause）所做的法律分析特徵[30]。軍事官員和國際法庭，都應該解決日益自主性的武器所引發的廣泛倫理問題。亞薩洛認為機器人資料處理與司法程序的人類理性特徵之間，具有明顯的不一致性，正如他所指出的，「根據感應器資料數據所預先設計的自動化過程，既不是法律專業判斷也不是道德判斷。」[31]無論目標鎖定技術在監控、偵測及消除威脅方面如何有效率，目前仍然缺乏證據證明它可以進行細緻而靈活的推論，而這些特質對於即使是稍微模糊的法律或規範的適用上，也是不可或缺的。

歷史學家山繆．莫恩（Samuel Moyn）在這裡增加了另一層道德關注，即使我們假設在目標鎖定的精準度方面，戰爭機器人的技術進步，會使戰爭的死傷比以往任何時候都要來得低，然而，這會是一件好事嗎？在探討「人權原則」對衝突法規的近期影響之後，莫恩指出了一個矛盾：戰爭已經變得「更加人道，也更難結束」。對於入侵者而言，機器人讓政治家不必擔心傷亡人數會在國內引發反彈[32]；遭到入侵的國家，則是更難向盟國或國際社會證明他們正在遭受大規模破壞，相較於其他更為傳統的戰爭，也更難促使他國干預[33]。戰爭將越來越像一場國際化的警察行動，嫌疑人有機會叛逃或面臨機器人化的拘留程序。

基於戰場上技術霸權的歷史，法國哲學家格列果．查瑪優（Grégoire Chamayou）也持懷疑態度。在他的《無人機理論》（*Drone Theory*）一書中，他提醒讀者，一八九八年一支配備機關槍的英埃軍隊屠殺了一萬名蘇丹人，但自己卻僅四十八人傷亡。查瑪優將無人機稱為「後殖民暴力失憶症武器」[34]；此外，他還懷疑機器人技術的進步，是否真的會帶來殺手機器人粉絲所宣稱與承諾的那種精確度[35]。平民經常被人類操作駕駛的無人機殺死，而當我們想要改革時，很難想像是哪一種情況會更讓人不寒而慄——是在沒有正確辨識目標情況下的自動化武力，還是運算系統如此強力地監控特定目標人群，以至於它們可以評估其中每個人所構成的威脅（並因此肅清這些人）。即使我們假設該技術將變得更精準，但是，預設指揮官因而採用殺手機器人或制定公正的「差別原則」以對待不同對象，在邏輯上仍有巨大的漏洞。

查瑪優上述以系統性的方式所拆解的精確概念，就是無人機擁護者宣稱未來主義的基礎；無人機倡導者說，這種武器是可以增加差別性和發動人道戰爭的關鍵。但是，對於查瑪優而言，「透過排除肉搏戰鬥的可能性，無人機破壞了戰鬥員和非戰鬥員之間任何明確區分的可能性。」[36]無人機「消除肉搏戰鬥」的說法看似誇張，但是，想想葉門或巴基斯坦內陸偏僻地區的地面情況：「武裝分子」真的能抵抗千百架來自美國的無人駕駛飛行器在他們的天空巡邏嗎？這種控制環境相當於戰爭和警務的融合，但卻缺乏該兩者合法性的監督機制，也就是欠缺重要的限制與保障措施；因此，任何人都不應該在軍事專業領域中急於將無人機合法化。

在大國競爭中加碼賭注

儘管有如此強力的規範和倫理批評，大國的主要軍事理論家現在似乎相信他們別無選擇，只能投資於暴力型的機器人自動化技術。大型軍隊可能會決定發展各種自動化優勢，例如，有一種策略是同時在防禦性（例如投資閃電般的雷射武器以壓制敵方無人機）和進攻性（例如建造自己的無人機，以對任何傷害進行殘酷的報復）兩方面推進[37]。社會理論家威廉・鮑嘉德（William Bogard）則稱這種永久、有秩序的統治是一種「軍事夢」，即「戰爭正在消失，戰爭還沒打完就結束，所有的不確定性和難以辨識的性質……都置於理性控制之下」[38]。將軍們會公開幻想徹底擊潰敵人的日子，已不復返。這種「震驚和敬畏」的模式，甚至在開戰之前，就已經成為威嚇對手以屈服敵人的手法。

如果貨幣和技術優勢是明確公開的指標，可以指出軍隊是否擁有能力去實現上述那些目標，那麼由霸權國家精心策劃之「機器統治下的太平」（Pax Robotica）就可能可以抑制衝突。然而，似乎不能這樣自滿，衝突專家保羅・沙爾（Paul Scharre）警告，自動化創造了戰爭機器人「每秒犯下一百萬次錯誤」的可能性[39]；故障或遭駭客入侵的軟體可能會引發戰爭，而不是避免戰爭。即使是在一九八〇年代，白人至上主義的恐怖分子也夢想著要挑起美國與俄羅斯之間的核武戰爭，以終結新興多元文化主義，並且實行種族滅絕政策的政權[40]。對於這些瘋子來說，毀滅文明的核子寒冬[41]只是為種族淨化所付出的小代價。簡言之，中東、南海、喀什米爾和烏克蘭日益緊張的局勢，為美國、俄羅斯、印度、巴基斯坦和中國等大國提供了充足的機會，逐步加速在空中、陸地及海洋部署監控和武裝無人機。

進攻和防守能力之間的刀鋒加劇了危險，先發制人的戰爭邏輯，在那些害怕失去優勢的偏執狂之中發揮強大作用[42]。機器可以比人類行動更隱密，可以更快速地做出反應；戰鬥機飛行員至少需要三分之一秒才能對攻擊予以反應，但是自動發射反制系統卻可以在不到百萬分之一秒的時間內做到觀察、定位、決策和採取行動[43]。原則上，機器人防禦系統可以讓所有被感知到的攻擊者為其行為負責，有了完美的自動化報復，「任何向我們部隊開槍的人都會死……〔他們〕每次向我們的一個人開槍時，都必須付出血的代價」一位前美軍在伊拉克聯合部隊司令部的成員這樣說[44]。但是，嘲弄系統的駭客，卻可能會挑起大屠殺和急遽惡化的報復[45]。

「以眼還眼」的自動化報復，不僅表示軍隊應對叛亂時所採行的方法，還代表其對付更強大對手時會有的反應。在軍事戰略上，「末日裝置」已經同時成為眾所渴望也是眾所奚落的對象。一個無情的軍事強權，可能會試圖殺死控制敵方軍隊的人，但是，如果對手的部隊被強制寫入程式，只要偵測到任何攻擊的那一刻，就予以致命武力反擊，那麼先發制人的策略都是白費的；正因為毀滅性武器全球均可取得，核子威懾（相互確保毀滅）的邏輯可能比由死人（被敵方殺死者）控制開關的自主系統更為適合。

上述這種策略極其危險，自動化可能會引發災難性的結果，而落入它本來應該要排除的危險。一九六〇年，就在美國大選前不久，美國的彈道飛彈預警系統（位於格陵蘭）「偵測到」蘇聯發射導彈，並聲稱「百分之九十九點九」已經確定發生此事，結果後來發現，是異常的月光觸發了該系統的警報；所幸，北大西洋公約組織（NATO）在得知該警報錯誤之前，就擱置了報復計畫。

在現實世界中，有些演算法失控的例子引人注目，並且產生令人擔憂的結果，這些結果原則上都可能發生在軍事情境之中；例如，在Amazon上有兩個書商寫了機器人程式，它們各自的行為都算理性——當看到另一個書商提高價格時，兩個書商機器人都會自動提高價格[46]，當兩者一起互動時，則引發了一個反饋循環，最後將一本通常是三十美元的書，定價為二百萬美元[47]。電腦的故障失誤，摧毀了騎士資本集團（Knight Capital），因為自動為該公司產生了數萬筆交易虧損[48]。二〇一〇年的閃電崩盤，最後則是歸結於更複雜的交易演算法之間的未預期交互作用[49]。這些案例背後的抽象模式——競爭、勝人一籌伎倆和導致意外結果的碎形推理鏈——也可能會發生在越來越電腦化的武器上。即使故障保險和其他安全機制也已經發展起來，但是這些運算化武器也會被敵人駭入，成為更大的漏洞。隨著各國投入更多資源，避免被競爭對手主宰，將升級加速這些風險。

施行禁令的障礙

因為有這些危險，全球領導人可能會根據國際人道法原則，試圖全面禁止某些殺戮功能或殺戮方法。國際人道法中的一項基本原則是「軍事必要性」，要求指揮官在追求成功實務與「人性」的責任之間取得平衡[50]。對「公共意識的要求」（dictates of public consciousness）的尊重，也啟發了這個法律體系[51]。「人性」和「良心」等術語的模糊性，正是演算法邏輯的障礙，因為演算法邏輯需要明確的價值觀來觸發行動[52]。有些研究顯示，公眾對自主機器人的興起非常擔憂[53]。「人權觀察」、機器人武器控制國際委員會（International Committee for Robot Arms Control）、「Pax Christi」、「Article36」、「諾貝爾婦女倡議」（Nobel Women's Initiative）和「帕格沃什科學和世界事務會議」（Pugwash）等非營利組織已組成一個聯盟，「以建立一個民間社會運動，以製定新的、具有法律約束力的國際條約，以禁止開發、生產及使用完全自主的武器。」[54]

要瞭解這類軍備控制協議的未來，回顧過去的經驗，可以提供我們一些幫助。最簡單的自主武器系統，是用來捕捉敵人的誘殺裝置；再致命一點的，則是隱藏式炸彈，其程式設定在無戒心人士絆到一些金屬導線時，就會引爆。「反步兵地雷」則旨在殺死或重傷任何踩到它或靠近它的人，這在第一次世界大戰中嚇壞了許多戰鬥員[55]，地雷因為便宜且易於分佈，因而在全球較小的各式衝突中持續流行使用。到了一九九四年，各國士兵已在六十二個國家埋下了一億顆地雷[56]。

儘管地雷尺寸很小，但是，在敵對行動終止之後，這些地雷卻仍繼續摧毀和威脅人們的安全。因爲地雷傷亡的人員，通常會至少失去一條腿，有時是兩條腿，附帶撕裂傷、感染和心理創傷。在一些受害特別嚴重的國家，這些地雷更構成了公共衛生危機。一九九四年，每二三六名柬埔寨人中就有一人因地雷引爆而至少失去了一條肢臂或腿[57]。

一九九〇年代中期，國際社會已經逐漸形成應該禁止地雷的共識。國際反地雷組織（The

International Campaign to Ban Landmines，簡稱ICBL）向各國政府施壓，要求譴責並禁用地雷。這個禁令的道德理由很複雜，因為地雷並不像許多其他武器那樣致命，但與其他武力不同的是，它可以在戰鬥結束很久之後，繼續殘害、殺死平民。一九九七年當ICBL（及其領導人茱蒂．威廉斯〔Jody Williams〕）獲得諾貝爾和平獎時，已經有數十個國家簽署具有約束力的國際條約，承諾不製造、儲存或部署此類地雷。

美國拒絕加入這個國際條約，直到今天美國都還沒有簽署反地雷武器公約[58]；公約在談判的時候，美國和英國的談判代表都堅持真正的解決方案，是確保未來的地雷要能設定在一段時間後自動關閉——或者具有一些遠端控制的能力[59]，亦即一旦敵對行動停止，該裝置就可以「打電話回家」，以遠端關閉其地雷功能[60]；反之，它也可以重新打開。

美國的技術解方，對於地雷會談的許多參與者並沒有吸引力；到了一九九八年時，已有數十個國家簽署了渥太華公約（Ottawa Accord）[61]。從一九九八年到二〇一〇年，每年都有更多國家加入這個公約，包括中國等大國[62]。美國外交體系在這個問題上，傾向於聽從其軍事單位的意見，而這些軍事單位對國際軍備控制協議所抱持的懷疑態度，則是眾所皆知；他們對這類協議的態度，就可能會加速戰爭的自動化。

對戰爭機器人負責

相較於禁止殺手機器人，美國軍事機構比較偏好用「管制」的治理方式。對於自動化武器的故障、短路或其他意外後果的擔憂，已經引發了應該節制與改革軍用機器人技術的論述。例如，新美國基金會（New America Foundation）的彼得・辛格（Peter W. Singer）主張應該讓機器人「僅能用在自主非致命武器」[63]，因此，自主無人機可以在沙漠中巡邏，或例如，擊暈一名戰鬥員或將他裹在網中，但是，「殺戮的決定」則只留給人類決定。在這個規則下，即使戰鬥員試圖摧毀無人機，無人機也不能殲滅他。

這類規則將有助於將戰爭轉變為維護和平，而最終轉化為一種警務形式，捕捉和殺戮決定之間的時間差，為正當程序撐開一個空間，以評估有罪與否和如何量刑。辛格還強調，「如果一個軟體工程師因為失誤而讓機器人炸毀整個村莊，他應該為此錯誤受到刑事起訴。」[64]嚴格責任（strict liability）的標準，將促進對「數學毀滅性武器」的問責（資料科學家凱西・歐尼爾（Cathy O'Neil）對失控濫用的演算法有令人難忘的描述）。然而，「失誤的」程式設計師，實際上受到懲罰的可能性，到底有多大呢？在二〇一五年時，美國軍方轟炸了一家醫院，該醫院是由諾貝爾和平獎無國界醫生組織所經營的，就在爆炸發生的時候，醫院的工作人員拼命地打電話給他們在美國軍方的聯繫人，請求停止轟炸。無人機對醫院、學校、婚禮派對和其他不適當目標的襲擊，相關人員負有直接的責任。但期待國內或（剩下的）國際法律體系，對造成類似錯誤甚至屠殺的程式設計師課以責任，似乎是不切實際。

雅金主張要用演算法倫理對機器人進行程式編碼，而辛格則在幾個世紀以來我們管理人員的經驗上提出規範方式，但是，仍有大量文獻預測或希望完全自主的機器人或軟體系統，不受任何人類的束縛[65]。為了確保「部署戰爭演算法」的問責性，軍隊必須確認機器人和演算法能動者（algorithmic agents）可追溯到並指認出其創造者[66]。

確實，技術上可以讓這種可追溯性成真。美國國內學者們提出了「無人機牌照」，將任何魯莽或疏忽的飛行，連結到無人機所有者或控制者的責任上[67]。電腦系統已經試著透過行為的特徵與已知不良行為者連結，來解決或減輕網路安全中的「責任歸屬問題」（當有人匿名攻擊系統時，會發生這種問題）[68]。機器人新律法第四條（「機器人始終都必須表明其創造者、控制者或擁有者的身份」）應該作為戰爭的基本規則，若有違反將受到嚴厲制裁。

讓武力更為昂貴

發展全球歸責系統及檢查制度，以確保武器和電腦系統與該系統制度兼容，是昂貴的。這從一般經濟學原理來說，是個問題，但是，破壞性技術的顛覆經濟學，反而認為施加這個成本是好的：它會嚇阻大量囤積那些會造成人類傷害的軍備機器的行為。

有很多方法可以使武力部署的成本加高，從對殺手機器人的部署施加法律要件，到強制人類控制武力任務，再到針對這類技術課稅等等。這些限制，就像對監控的限制一樣，將戳到戰爭未來主義者的痛處，因為他們更喜歡能自由發展和部署自主武力。但是，這裡的經濟低效率，不會只是繁重的官僚行政事務——它也反映了人類價值觀[69]。機器人化的軍事或警察國家，顯然是對自由的威脅；當我們談到國家暴力時，對武力部署課以有意義的人類控制成本，也是一種好處[70]。「半人馬」戰略將人類專業和AI互相結合，提高了軍事效率和倫理責任；這不僅因為「按鈕」戰爭極可能就是以錯誤為前提的（在假新聞、不負責任的平台和先進的影音偽造技術的世界中，這種可能性更令人不寒而慄），而且監控和社會控制應該要耗費昂貴的氣力，以免「要塞國家」（garrison state）廉價地監視和控制我們的生活[71]。

全球政治經濟也很重要，武器投資就是對於已經感知到的威脅所做出的回應。二〇一八年，美國將軍備支出提高到六四九〇億美元，其次是中國的軍備支出二五〇〇億美元。中國的軍備支出在二十年間增長許多，而至少自二〇一三年以來，在其持續增長GDP中，它一直保持占GDP一個穩定的百分比（百分之一．九）[72]。沙烏地阿拉伯、印度、法國和俄羅斯則是次大軍備支出國，這幾個國家購置了六百至七百億美元的軍事裝備和服務。所有的數字都小得令人誤解，因為它們往往不包括國內安全機制設備、緊急撥款和傷兵長期照護（或支持遇難者家屬）的支出。

美國的國防支出往往超過軍備支出排名其後七個國家的支出總和，這種大規模的軍事力量增強現象，可能會讓未來的歷史學家認為它是國家資源嚴重誤導性的投資[73]。諷刺的是，即使在生物安全方面投資了數百億美元，這個世界領先的軍事「超級大國」卻在二〇二〇年被新冠病毒摧毀，而許多其他國家則靈活地減少了確診病例和死亡人數。正如法國智庫蒙田學院（Institut Montaigne）的政治科學家多米尼克．莫西（Dominique Moïsi）所解釋的，「美國為一場錯估的戰爭做了準備，它做足了準備面對新的九一一事件，但是迎來的卻是病毒。」[74]因為擔憂幻想的威脅，美國領導人投資了數萬億美元的武器，卻在預防措施上節省預算，而這些預防措施原本可以挽救更多生命，美國在這次疫情中所失去的性命，比起在越南、伊拉克和阿富汗等戰爭中失去的人命總和還要多。

依據諾貝爾經濟學獎得主約瑟夫．史迪格里茲（Joseph Stiglitz）和哈佛大學甘迺迪學院教授琳達．比爾姆斯（Linda Bilmes）的估算，截至二〇〇八年為止，美國人至少為中東戰爭投入了三兆美元，這個數字由比爾姆斯在二〇一六年更新為五兆美元。許多評論家認為，儘管在對抗塔利班方面取得了一些重要勝利（如賓拉登等恐怖分子的死亡），但是，這數兆美元的戰爭投入，實際上卻損害了美國的長期戰略利益[75]，而美軍的軟硬體投資策略，也受到戰爭分析師的廣泛批評[76]。

同樣地，中國研究者的分析，揭露了中國針對新疆的高壓手段投資（包含傳統的保安投資以及由AI驅動的人臉辨識和分類系統），也破壞了中國共產黨（CCP）在國內外的更遠大目標；中國政府表面上是為了應對心懷不滿的穆斯林所造成的一系列持刀襲擊事件，現在已將數十萬人關押進再教育營裡。中共還推廣高科技模式的監控、忠誠度評估和評分系統。香港震懾人心的抗議活動，至少部分是香港居民為了抵抗不負責任且集權的統治階級所主導的現況。土耳其社會學者澤奈．圖費克吉（Zeynep Tufekci）說，對新疆式末日遊戲的恐懼——到處都是監視器（甚至連家裡都有）和對政權忠誠度的不間斷評估——加劇了香港抗議者的絕望。香港人的抗爭，幫助翻轉了二〇二〇年的台灣大選結果；雖然台灣的國民黨在二〇一九年民調一直處於領先地位，但是，隨著香港抗爭議題的延燒，親中立場的國民黨也逐漸失去支持。傾向獨立的台灣總統蔡英文順勢贏得連任，並將繼續培養走向兩岸徹底分治和文化獨特性的公共氛圍[77]。

由於第四章提到的公共領域自動化趨勢，上述最後一段中的觀點不太可能在中國得到廣泛迴響，因為AI強化的言論審查制度可能在短期內有助於鞏固政權的權力，這種媒體武器化，就是要加強公眾凝聚抵抗外部介入的氛圍。可是，長遠而言，即使是非民主政府也必須依賴一些反饋機制來確定什麼有效、什麼無效、什麼有助於合法性、什麼助長了悶燒的民怨。正如同政治學教授亨利．菲洛（Henry Farrell）所主張的：

一個合理的反饋循環可以看到偏見導致錯誤，再導致進一步的偏見，而且沒有現成的方法可以糾正它。當然，威權主義的一般政治，以及典型不敢糾正領導人的態度可能會加劇這個問題，即使這些領導人的政策正帶著大家走向災難。領導人有缺陷的意識形態（我們都必須研讀習同志思想才能發現真相！）和演算法（機器學習是解決萬事的魔法！）有瑕疵的預設，也可能會以非常不幸的方式相互強化[78]。

再一次地，強就是弱的主題反覆出現；中共極致超凡的力量，使它能夠如此密切地監控和塑造言論表達，但是，當這種權力扼殺了批判性反饋時，國家的強硬僵化就會變得易碎和虛弱。

這並不是說中國的大國競爭對手美國，在當代治理模式方面可以提供很多範例；美國自己正在滑向後民主狀態，這情形要部分歸因於美國自己已經日益自動化的公共領域。碎片化的媒體無法反映和維護基本的社會規範，以抵抗破壞性政策、捍衛公平選舉。神經學家羅伯特．伯頓（Robert A. Burton）推測，川普總統可以被模組化為「黑盒子、第一代人工智慧總統，完全以自我選擇的資料和大幅波動的成功標準所驅動。」[79]菲洛認為中國領導人習近平對於反饋意見視而不見，伯頓則描述川普是完全隨心所欲、不斷用憤世嫉俗的修辭訴求，來確立「什麼有效」的施政，以此來轉移對他多重失敗的指責。無論過去美國主導的全球秩序有什麼優點，川普政府都對其不屑一顧，也深深傷害了它的未來前景[80]。

僅僅是權力的積累，並不能保證明智的治理[81]，國際體系的多極化，不只是大國治理失敗的可能結果，對保護全球社會免於受到過於極權專橫或不負責任行使權力的霸權國家過度行使權力而言，也有其必要性。總體上逐步降低破壞能力，與確保安全聯盟有足夠的軍力去阻止大國的侵略和非國家行為者的恐怖主義，兩者之間具有微妙的平衡關係。有些國家可能需要在國防上投資更多（包括領先的AI技術），但是，一個國家目前在軍備武器上的支出越大，其公民就越應該注意它可能增溫「要塞國家」和軍備競賽之間的動態關係，正如同本章前述段落所批判的內容一般。

傳統公共財政專家曾提出經典的「槍與牛油」（guns and butter）交換關係。增加服務人民的支出，就是削弱戰爭國防的立場；但是，這種國內支出實際上反而可以拯救政權，將資源投注內政，等於減少用於軍備競賽和自欺欺人的武力展示。國家越負起責任，為公民提供高品質的健康、教育、住房和其他生活必需，就會減少投注於為了帝國擴權、讓軍事AI毫無拘束進展的各種計畫。即使我們可以理解，一個較小或較貧窮的國家投資購買致命自主武器以抵禦大國的掠奪，也有可能激怒處境相似的鄰居，競相投資以保持自己的軍備相對優勢地位。比較好的解決方案，應該是建立戰略聯盟以平衡武力。

即使簽訂了正式條約協議，因為實質監督軍備控制協議，有其內在的困難，自我克制的保證也只是配套措施之一，以防止AI驅動軍備競賽。對於具有緊迫性與必要性的計畫，例如國防，持續不斷的社會關注也非常重要。

合作的邏輯

對於大量研究人員（通常由軍方或其承包商直接或間接資助）來說，自主機器人武器的進展是無法避免的，他們用滑坡邏輯來推論：人類對機器的控制是個光譜，一旦初始的步驟啟動了，就沒有清楚的原則能阻止進一步授予自動化系統自主權。然而，科技並不需要遵循這樣的發展路徑，合作的形式或是無情的競爭模式，都是可行的。社會規範過去曾經而未來也將繼續阻止許多可能的武器的產生。

因為涉及無數的變數，殺手機器人的邪惡問題並沒有解決的方法，但是，我們可以從歷史上類似的困境去學習，而變得更有智慧；這裡我們可以從核子擴散國際政治經濟學者身上學到很多，例如，伊蒂爾・索林根（Etel Solingen）研究了為什麼有些國家和地區傾向投資大規模毀滅性武器，而其他國家地區則沒有。國際政治學經典的「現實主義」理論強調軍備競賽的力量，將各國「走向核武」的決定，歸結於他們的不安全感（若是反過來看，這其實又由對手和敵人的力量決定）。但是，現實主義理論並沒有解釋，為什麼這麼多國家未能研製出核彈，即使它們面臨的安全威脅比新舊核武大國所面臨的威脅更大。索林根認為政治領導在此扮演很重要角色，各國可以理性地決定，要聚焦（國內）經濟發展以及（國際）商業競爭與合作，而不是核武化[82]，因為核武計畫無論在經濟和聲譽上都要付出昂貴的代價。

例如，索林根仔細研究了台灣的情況，因為中國將台灣視為叛亂的省份，所以整個二十世紀中葉，台灣都面臨著特別困難的安全局勢。台灣本可以朝著製造更多可武器化材料的方向，發展其核能計畫；相反地，國民黨（過去長期的執政黨）的領導階層，戰略性地選擇用經濟成長和貿易來確保其政權合法性，而不是加深與中國的對抗。於是，隨著經濟的成長，台灣的軍事投資比例逐年下降，同時台灣的核能企圖心也只專注於和平用途。

當然，索林根的「能量聚焦」理論並不是這種戰略態勢的唯一理由；台灣長期的領導人蔣介石是從中國大陸來台的流亡者，他根本不想考慮轟炸他在中國大陸的同胞。美國也對禁止核子擴散做出堅定承諾，並向台灣施壓以維護禁止核子擴散的國際規範。這些因素也符合索林根理論裡更大的框架，因為它們強調了台灣與當時大國的相互連結與合作。

當我們要將這種政治經濟學框架應用於致命自主武器（LAWS）時，核心的問題是，如何確保不是只有社會規範和法律能禁止特別具有破壞性的科技，還要追求這些科技的經濟和聲譽成本。不僅政府可以扮演角色，企業也可以在這裡發揮建設性的作用；二〇一九年OpenAI不願發布其言論生成模型，就是一個很好的例子。AI驅動的文本生成器，可能看起來不像是一種武器，但是，一旦結合社交媒體自動生成創建的檔案文件（搭配深偽技術偽造的AVI影音檔），機器人言論將成為專制政權的完美工具，用來破壞網路意見的有機生態；此外，軍方也可以應用該技術來干擾其他國家的選舉（假訊息）。或許，該技術完全不要發布使用，才是最好的選擇。

「科技不作為」與軍用AI商業化的內在阻力

在有些美國最大的AI公司裡，有越來越多軟體工程師拒絕建造殺手機器人——甚至拒絕發展殺手機器人的尖端技術。他們的抵制是專業人士和工會成員發起的大型運動的其中一環，目的在於主張對自己工作方式和工作的主控權。Google最近的發展，可看出這種方法的優點，但同時卻也顯現其侷限性。

政府外包契約為科技公司提供了利潤豐厚且穩定的工作，也為軍方提供了不可或缺的專業知識。美軍在世界各地不斷累積的監控影片數量非常多，使得美國國防部與Google簽訂契約，以處理無人機監控蒐集的影像。無人機可以在敵方領土上空飛行數千小時，人類可以查看錄影，但是卻有可能會錯過恐怖活動的判斷關鍵特徵。機器學習的優點，就是可以在大量影音中找到這些隱藏的特徵，並且最後將這種分析結果應用於即時影像的處理與判讀上。

Google設計了一個名為Maven的專案來加速影音片段的處理；憑著每年監控數百萬小時YouTube影音中是否有虐待圖像、侵犯著作權、仇恨言論和其他問題的經驗，Google的高層管理人員相當渴望將這些經驗與效率，也應用到生死攸關的議題上。

然而，那些處於開發技術前線的人，卻有不同的道德考量。四千名Google員工簽署了一封措辭嚴厲的簡短信函，認為「Google不應該參與戰爭」；員工們提出了商業和道德方面的理由，呼籲讓他們遠離AI技術的軍事應用。考慮到Google資料蒐集與使用者生活有緊密連結，他們認為軍事應用將對公司品牌「造成不可修復的傷害」。有些公司如Palantir、Raytheon和General Dynamics，直接參與了軍事應用；Microsoft和Amazon等其他公司則是間接參與其中。Google員工表示，他們公司不應該屬於上述任何一個類型；透過要求老闆「起草、公開和執行一項明確的政策，來結束他們的數位抗議，聲明Google及其承包商都不會做戰爭技術。」儘管管理層取消了Maven項目，但是因為擔心該公司未來仍然會在道德上妥協，至少有十名Google員工在該爭議之後辭職[83]。

雖然在媒體上廣受讚譽，但是，理想主義的程式設計師也受到批評，有些人諷刺他們只是遲到的良心。二〇一三年史諾登（Snowden）的揭密，顯示大科技公司的資料對執法和軍事單位的利益有多麼大。Google前首席執行官艾瑞克・施密特（Eric Schmidt）多年來擔任美國國防創新諮詢委員會（Defense Innovation Advisory Board）主席，一直領導該委員會，Google曾以「不作惡」的座右銘而聞名，但是它現在甚至連那最基本的倫理標準都做不到了[84]。

其他批評者則是認為，Google對其誕生母國所做的，還遠遠不夠；這是一場AI軍備競賽，美國如果不能運用國內的頂尖科技公司，那些具有順從又忠誠的富豪的國家，終將超越美國取得領先地位。北約組織的高級顧問桑德羅・蓋肯（Sandro Gaycken）指出：「這些來自矽谷的天真嬉皮開發商如果還是不明白——中央情報局就應該強迫他們瞭解。」[85]不合作的公司，將迫使美國陷入在AI軍備競賽中落後於中國甚至俄羅斯的風險。中國在資料整合的規模上，更有可能在監控和個人鎖定的能力上取得更快速進展——這些能力在警務、流行病和戰爭上非常有用。國家和私人行動者的緊密結合，可能會帶來更多進展[86]；但是，另一方面，西方評論家也可能誇大了這個威脅[87]。

Google為了重返中國市場，宣布研發「蜻蜓計畫」（Project Dragonfly），打造符合中國內容審查政策的搜尋引擎版本；無論是現實主義者和理想主義者都對此感到憤怒[88]。如果美國政府沒有資格要求美國搜尋引擎公司配合，為什麼中國政府有資格？表面上，審查搜尋服務不會殺死任何人，可是，棘手的問題卻仍然存在。被消失、被屏蔽的網站會如何？「蜻蜓計畫」會告知他們的作者嗎？在資訊戰的時代，嚴密監控網路生活是許多國家的重要政治目標[89]。這種專制的控制也可能帶給世界其他地區嚴重的問題——例如SARS-CoV-2（導致新冠肺炎的病毒），一種起源於中國的冠狀病毒，如果中國官員沒有對警告此一新傳染病傳播危險的醫生進行言論審查的話，今天肆虐全球的新冠疫情可能可以更快受到控制。

Google的員工積極地拒絕從事軍事科技工作，似乎顯得為時已晚，或者被認為是不愛國的表現，然而，加入倫理考量是有脈絡可循的。與其他國家相比，美國已經投資並獲得了非凡的軍事優勢；儘管自一九九〇年代以來，其軍事優勢地位可能略有下滑，但美國仍能向任何攻擊它的國家回報足以毀滅世界的暴力反擊。像上述所提Maven這樣的軍事計畫，可能不會提高這種反攻能力，但它確實讓所謂「維持現狀」——事實上的佔領——在許多領域中顯得更加合理，因為在那些領域，美國的存在可能會引發的是怨恨，而不是建立善意。

合作之路

警衛勞動事務（guard labor），包括戰爭的準備，是一項大生意[90]；「恐怖資本主義」（terror capitalism）的興起，加速了全球監控設備貿易的蓬勃發展。美國是主要的出口國，但其他大國正迎頭趕上；中國公司向英國國家安全單位和辛巴威政府出售高科技攝影機[91]，而來自世界各地的安全警務專家，在中國新疆警用反恐技術裝備博覽會上進行採購[92]；俄羅斯的軍事設備則出現在敘利亞、伊朗和墨西哥。據說，私人公司儲存的資料被政府單位的「融合中心」購買、駭入或合作，能將無數資訊來源與數十萬人的生活分析模式整合。武器裝備一直是筆大生意，AI軍備競賽則有望為精通科技和政治關係密切的人帶來可觀的利潤。

反對軍備競賽的建議，可能看起來完全不切實際，大國對於AI的軍事應用都正在投入大量資源，在這些國家中，有太多的公民，不是毫不關心，就是隨意贊成對於各種加強他們安全的表面努力（無論其成本效益如何）[93]；然而，隨著國內對AI監控的使用越來越多，而且越來越多的警衛勞動被認為是黑箱的社會控制工具，而不是地方民主與負責任的權力，公民沉默被動的態度，可能會隨著時間而改變。

軍事和警務AI不僅只用於（甚至主要用於）抵禦外敵，它已被重新使用於辨識和打擊內部的敵人。雖然美國近二十年來沒有發生過像九一一那樣的恐怖攻擊事件，但國土安全單位（尤其是在州和地方政府層級）卻已悄悄地將反恐工具，轉向用於對付罪犯、保險欺詐甚至是抗議者。另一方面，中國大肆宣傳「穆斯林恐怖主義」的威脅，將相當大比例的維吾爾族人關進再教育營，並且透過不間斷的通話檢查和犯罪風險特徵分析來恐嚇其他人。如果說有些中國設備被採購以提升美國國內情報機構的監控能力，與此同時又有大量美國科技公司被中國政府納編於中國政府的監視計畫之中，我們應該也沒什麼好驚訝了。

AI警衛勞務的進步，與其說是大國之間的競爭，不如說是全球企業和政府精英為了維持對不受管束人口所行使的霸權；而實施的計畫，相較於強國與國內一般公民的關係，強國之間往往有更多的共同點。強國沙文主義之間的劍拔弩張，為強國之間的共同利益提供了方便的衝突表面，以增進汲取勞動價值的穩定性，而那些勞動者本身卻無法在這個經濟生產收益中要求更大份額的分享。就美國、中國和俄羅斯的公民對其政府在軍備政策的影響力而言，他們應該牢記這種國家和其公民之間的新分歧。正如我們在警務領域看到的，在戰爭中，獲取壯觀的新型AI驅動武力，並不只是簡單地增強政府權力以執行正義而已，它同時也是一種壓迫工具，利用快速的技術進步以鞏固不公平的現狀[94]。

這類AI警衛勞動一旦部署在國外的戰鬥和專業中，往往會找到另一條路回到國內戰線；他們首先針對不受歡迎或相對弱勢的少數群體進行部署，再傳播到其他群體。儘管有「民兵團法」原則的限制[95]，美國國土安全部（US Department of Homeland Security）聯邦官員還是贈送了地方警察部門坦克和裝甲。警長將更加熱衷於AI驅動的鎖定和威脅評估，但是，正如同我們在國內警務和監獄的案例中所看到的，解決社會問題的方法有很多，並非所有情況都需要持續不斷地監控，或結合機械化武力的威脅。

實際上這些可能是保障國內或國際安全最沒有效果的方式；無人機讓美國在中東和中亞「存在」的時間，已遠遠超過實體軍隊佔領的時間。機器人看守人的存在，能夠提醒士兵注意任何威脅行為，這其實是一種壓迫。美國軍方可能堅持認為，來自伊拉克和巴基斯坦部分地區的威脅，足以證明持續警惕是合理的，但他們忽略了這種支配方式，可能反而會激起它本來想要平息的憤怒。

在一個無法單方面掌握的世界裡，盡力達成合作方的需求，是科技資本軍備競賽之外可行的替代方案。然而，因為只有機器才能夠快速地預測敵人、制定反制策略的表面理由，目前軍事工業複合體正在加速驅使我們發展「人類退出監督」（human-out-of-the-loop）的無人機群。這是一個自我實現的預言，可能會刺激敵人開發所謂可以證明演算法軍事化合理的技術[96]。為了擺脫這種自我毀滅的循環，我們必須開始面對公共知識分子的質疑，即質疑整個對軍事機器人賦予倫理的改革主義論述。相較於對戰鬥能力競爭予以微小改進的路徑，我們真正需要的是一條不同的路徑——合作與和平，無論要實現這個目標可能遭遇多少困難[97]。

美國前國防部官員羅莎·布魯克斯（Rosa Brooks），在她的《一切變戰爭，軍隊變一切》（暫譯，*How Everything Became War and the Military Became Everything*）一書中，描述美國國防專家日益認識到，發展、治理和人道主義援助，就像武力的規劃一樣，對於安全至少有同等的重要性[98]。在氣候變遷危機的時代，若能快速反應以協助災害受創者（而不是控制他們），可能會減緩或停止社會的不穩定。類似的情況，中國的發展計畫，充其量就是在合作國家領土上建設基礎設施，提高被投資方的生產力，也交換了自己的利益[99]。擁有豐富真實資源的世界，沒有理由去追求零和戰爭，它還可以選擇轉而更從容地對抗自然界的天敵，例如新冠病毒。如果美國將其軍事費用的一小部分，投注在公共衛生領域，幾乎可肯定二〇二〇年得以避免數萬人死亡，以及經濟上災難性的封鎖[100]。

為了讓這種更廣闊以及更人性化的心態勝出，其倡導者必須在自己的國家贏得一場價值的論戰，也就是關於政府應該扮演的適當角色及其與安全之間的矛盾的論戰。他們必須將政治目標，從主導統治轉向培育。伊恩・肖認為美國國家安全的發展模式是「掠奪者帝國」，他問道「我們難道沒有看到控制壓過同情、安全勝過支持、資本勝過關懷、戰爭勝過福利等慾望的攀升嗎？」[101]當代AI和機器人政策的主要目標，應該就是要阻止這些情勢爬升。換個角度來說，這將需要重塑我們對於金錢、資源和富足的新觀念。下一章我將討論以人類需求和機會為中心的新政治經濟學。

CHAPTER

7

反思自動化的政治經濟學

機器人新律法的每一條都有其代價。通常用機器人替代勞工比用提高成本的科技來輔助勞工更為便宜。放棄軍備競賽意味著失去利潤和權力的風險，延遲或避免人形機器人的發展，將會否定潛在平等的機械夥伴，進而確保機器人的行為可歸屬於某個人或某個機構，這將帶來複雜的記錄保存義務。

但是，上述成本中也都有其一體兩面。消費者提高花費的地方，就是勞工為生計賺取更多報酬的來源。當每個人都放棄軍備競賽時，所有人都會過得更好。延遲（或限制）機器人替代人類，意味著機器對人類注意力、情感和資源的競爭也會減少。責任歸因則是為了嚇阻事故的發生，並且幫助我們追究做錯事者的責任。

這種雙面性反映了經濟學中的基本張力。個體經濟學的觀點是，個別企業會盡量減少勞動成本；而總體經濟學的視角，則是從整體社會的角度要求消費者有一定的收入來源——對我們大多數人來說，就是工作。社會如何平衡勞動和資本的這些相互對立的需求，是政治和經濟學的主題──即所謂的政治經濟學。政治經濟學的視角，開拓了現在被認為不切實際、甚至根本不值得考慮思維的可能性[1]。

AI經濟學的標準特徵，是往往會在管制和創新之間做出妥協與交換，而政治經濟學則是拒絕這種想法。我們並不是想要最大化某個想像中的經濟「大餅」，然後重新分配由此產生的賞金[2]。相反地，法律可以而且也應該形塑我們能夠擁有的AI類型，例如，法律可以限制或禁止每天拍攝數千張學童照片的人臉辨識系統，法律也可以要求、促進或補助機器人清潔工和測試員來對抗傳染病。對於AI和機器人技術的管制，不光只是為了控制瘋狂的科學家，或為粗暴的企業巨頭設置一些防護欄而已，而是為了在健康、教育、新聞、警務和許多其他領域裡，我們正在努力維護的某些人性價值。我們努力確保這些領域，都可以根據不同的地方需求和優先事項、而不是依據現在主導AI商業化的企業所發布的指令去發展[3]。

這將需要政府的資助。要想做得好，引入機器人系統和AI，通常會比目前的方法花費更高，而不是更少。機器人新律法第一條和第三條之間的簡單經濟關係應該很清楚：不應該只為了競爭優勢地位，而浪費錢在軍備競賽上；反之，因此節省下來的錢，可以用於輔助性的自動化，而將原本警衛人力勞動的支出重新分配到其他人類服務領域。除此之外，我們還需要搭配自動化創造一種更永續的經濟型態，主要是為了幫所有人創造充裕的商品和服務，同時減少生產對環境所造成的負面影響。這就是我們應該少花錢多辦事的地方──而不是減少資助世界各地已經遭到緊縮政策傷害的人類服務領域[4]。

為了幫我的論點開道，我要先說明兩種敘事手法，一是我們可以稱之為經濟學家的噩夢，另一個則是激進分子的夢想。經濟學家的噩夢是一種被稱為「成本病」的社會診斷——擔心健康和教育支出，會像寄生蟲似地從其他經濟部門抽走資源。激進分子的夢想則是「完全自動化」——希望有朝一日，所有一切都由機器完成。經濟學家傾向拒絕完全自動化，因為它太不切實際了；然而，對於將個人交易的效率高於社會整體和諧安排的思維方式來說，夢想和噩夢其實是一體兩面[5]。

對於AI和機器人技術的未來，本章同時採取「成本病」和「全自動」兩種敘事方式。我們必須重新平衡經濟競爭環境，而不是允許大型科技公司以AI驅動效率提升為名，接管人類的專業。國家必須更保護勞動者和中小企業的各種權利以及特許權，同時限制大型科技公司的權力。目前，有太多法律會讓資本主義經濟促進「替代性自動化」的發展。稅收、競爭、勞動力和教育政策的振興，將有助於校正這種傾斜的不平衡狀態，讓我們所有人都在AI和機器人技術的未來發展中，擁有更多的角色比重。

從職業訓練到創新治理

目前，市場壓力正推動著快速而廉價的自動化，他們將世界建構成一條裝配線模型，每項工作都被分割成更小的、例行公事化的任務。服務機器人的商業機會是顯而易見的——它們不需要支付報酬、不須睡覺也無需激勵，就能持續執行任務；只要有觀光客尋找便宜的方案，或商務出差部門希望削減開支，旅宿業者就會需要機器人清潔工、機器人接待員、機器人門房和機器人櫃台服務員。所有這些工作都可能像以前的電梯操作員一樣，因為過時而遭到淘汰。

因為新冠疫情降低人際互動，為服務業帶來更大的壓力，而無止盡的封城措施，使機器人技術比任何企業商管大師更為管用。當倉庫操作者、肉類包裝商和農場工人擔心在工作中感染致命病毒時，將他們的工作機器人化，看起來可能完全符合人道主義（如果我們搭配基本收入和未來工作的合理承諾）。許多其他服務領域的自動化，其道德平衡也發生了變化；在疫情期間，這類食物、衛生、交通等基礎服務工作，被稱為「必要工作者」（essential workers），是一種弔詭的「榮譽」。即使疫苗能消滅自二〇一九年開始肆虐世界的新冠病毒株，也總是有可能再發生另一場疫情。即使是在時間經過很久之後，這種可能性也提供了工作場域的自動化邏輯很大的助力。而更嚴重的病毒甚至可能摧毀基礎服務和供應鏈，從而威脅及導致社會崩潰；因此，疫情威脅的突然出現，有利於加速機器人技術的發展，以確保民生必需品穩定的生產和分配。

但是，總會有許多社會角色需要更多人性化的接觸。在共榮共利、以人為本的創新，以及僅利用成本壓力和危機來促進不成熟的自動化兩者之間，我們必須謹慎地劃定界線。機器人和AI的故事不只是一種無法阻擋的科技進步，無論它們在哪裡出現，都會同時迎接熱情與不安、溫暖和失望；而決策者的工作，就是要決定如何以一種最尊重人、承認資源限制並且與可課責性結合起來的方式，來協調這些反應。這將需要對教育進行大量和持續的投資。

用美國東北大學校長約瑟夫．奧恩（Joseph Aoun）的話來說，敏銳精明的大學已經致力於讓學生「不受機器人威脅」[6]。科學、科技、工程和醫學STEM教育（Science、Technology、Engineering、Medicine）的培訓需求量很大，但也正如奧恩所下的結論一般，人文領域學科——從文學到政治科學、歷史到哲學——也是理解自動化所有利害關係的基礎。這些人文學的價值必須予以重估，而不是低估。這是恰當地實施AI將帶來更多工作的另一種途徑。當最先進的生產模式變得更加複雜時，我們就更加需要教育，需要投入更多的資源[7]。

經濟確實發生了變化，某些技能將會變得過時。對於這個可預見的問題，其解決方案不是縮短就讀中學或大學的時間，而是增加畢業後終身學習的機會。太多的政府只提供「勞工再培訓計畫」間接性的或有如雞肋般的資助，但是，政府應該做得更多，從職業訓練轉向更有企圖心和更有成就感的計畫。一個被機器取代的勞工，應該在程式寫作訓練營裡待上幾個星期；瞭解造成失業的原因，可以如何用不同的方式處理失業問題，並瞭解更大的經濟變化脈絡。這些課程曾經是學校教育的一部分，這些都是可以再重新學習的。

即使在傳統的經濟指標上，上述這種策略也是成功的；投資教育以跟上AI創造的新機會，至少會在三個方面提高生產力。首先，它將透過軟體、資料分析和機器人技術的進展，為臨時僱用者或失業者提供更多技能；其次，它也將推廣這些進展，確保更有生產力的經濟體系，能夠支持長期從事教育的人；最後，隨著新的運算能力重塑工作型態，研究、教學和培訓方面的工作，應該要更加普遍。

人工智慧已經要求——並將繼續要求——勞工和經理人要有更好的表現，同時針對蒐集、儲存和管理資料其中可能產生的困難與爭議，也要進行更好的協調。此外，進階運算也挑戰我們作為公民的角色。本書第四章所分析的兩個國家，法國與芬蘭，最能抵禦網路政治宣傳的猛烈衝擊；兩國都有強大的教育體系，芬蘭特別訓練學童，識讀網路訊息來源，並評估是否有別有用心的動機和隱藏的議題[8]。如果民主體制要有未來，諸如此類的資訊判讀力，就必須成為一種更為通用的技能——就如同包容性、開放性、對公平和正義進行推論的能力等等基本價值觀一樣。

人文與社會科學的許多領域都可以為這個過程注入一些東西，因為專業知識的本質是隨著時間的推移不斷塑造和再造的過程。隨著大學逐漸滿足學生和社會的需求，新領域（例如機器學習中的公平性、可課責性和透明性）也正在持續發展。當電腦科學家和作業研究（operations research）人員持續探索更好的方法以實現我們的目標時，其他能在傳統方法中嵌入並闡明人類價值觀的工作者，也將不斷且必要地進行反擊。AI領域的思想領導者說，人類必須在情感上更具「適應性」，才能被機器理解，但是，思慮周全的評論者則可以觀察到這種學科專業如何扭曲和貶低人類經驗[9]，適當的情緒反應不僅是感覺，還將知識和情感融合在一起，揭露了各種情況下令人不安或值得花費心思探索的面向。正如我們在之前的章節討論兒童和老人的照護一般，這種情緒反應體現了一些重要且人性化的東西。關鍵在於，我們要建立一個機制，可以有尊嚴地探索這些問題，而不是透過法令去強制解決這些問題[10]。最好的情況是，由大學提供這些思考的論壇，在情感和科學、自我認識和探索世界的層面上教育學生。

從補助到輔助原則

由國家（直接或間接）支付費用，幫助公民瞭解如何最適當地開發或限制技術，是否公平？市場難道不能提供這樣的專業嗎？雖然政策界普遍反對，但是，這種對補助的批評，都沒有考慮到兩個面向。首先，在教育、研究和開發方面的投資，就像醫療照護領域的真正進步一樣，都有具有極大的長期利益，可以激發更多經濟增長。其次，除了任何工具性利益之外，它們還有本質上的價值。

單獨的市場交易並不總是、甚至通常不利於更廣泛的社會利益，就像現在全球暖化危機所揭櫫的啟示與教訓。事實上，例如肥胖和吸菸的後果，即使對於那些親身參與肥胖飲食與吸菸交易本身的人而言，也常常是有爭議且不符合利益的[11]。針對教育等具有長期社會效益的投資，市場更是難以成為適當的提供者。一般典型的公司也沒有適當的激勵措施來提高員工的技能，因為員工可以輕易地偷偷跳槽到對手公司。高等或專業教育也不是普通勞工在沒有補貼的情況下願意（或應該）冒險從事的事情，尤其是在科技和社會快速變革的時代裡。

我們需要大膽的思維，思考如何支持與擴大教育部門，真正讓人們做好準備，以利用數位革命所帶來的工作（和休閒）新機會。就像十九世紀初期，美國公開免費提供中學教育一樣，今天中學以上的（高等）教育應該也要成為公民的最基本的權利。有些人可能會抱怨補貼只會墊高學費成本，但是，如果這些成本不合理，可以實施價格控制措施；既然教育可以直接或間接地促進經濟增長，這些措施都應該可以謹慎地運用[12]。

教育經濟學家很容易忽略知識傳播的政治面向，以及治理和改進科技部署所需的其他能力。民主不僅止於偶爾才來投投票，而是必須盡可能地給某些人角色，來形塑安德魯・芬伯格（Andrew Feenberg）所說的「技術系統」（technosystem）——意即深刻影響我們「第二天性」（second nature）的工具、媒體和界面，而這些技術系統已經深刻地影響我們的生活面貌。這與其說是經濟原則，不如說是對理想治理模式的改寫。所謂「輔助性原則」（subsidiarity），所代表的就是，將權力下放給最有能力處理它的在地實體組織或個人；我們熟悉的輔助原則形式之一就是聯邦制——例如，歐盟或美國將某些領域（例如歷史教育的內容）的權力下放。

保持人類對AI系統的控制，是另一種形式的輔助原則，比疆域性質更具功能性。例如，想像一下對教室的責任，最中心化的方式是將權力集中在國家權威機構下，由國家控制各種明確的教學材料、紀律、娛樂，甚至下課上廁所的休息時間。透過課堂監控攝影機和軟體，AI可以賦予國家權威機構這樣的權力，將全國性的行為治理編碼成程式代碼。然後，給地方更多的控制權，意味著將部分權力下放給教育局長、校長，還有教師。保持人類對AI系統的控制，將需要在整個經濟體系中進行類似的責任委託。正如美國電機電子工程師學會（Institute of Electrical and Electronics Engineers，IEEE）的一項倡議所要求的，即使AI和機器人技術「比人類員工更便宜、更可預測、更容易控制，也應該在每個決策層面維持一個由人類員工所組成的核心網絡——以確保人類自主性、溝通交流和創新。」[13]在最好的情況下，這種規劃可以同時兼顧工作場所中的效率和民主，確保訓練有素的專業人員可以評估：哪些事務透過AI進行的常規化面向可以做得很好，而哪些方面則可以再改進。

在工作場域談論民主似乎很奇怪——混雜了政治和經濟術語，然而，正如法律理論家羅伯特．李．海爾（Robert Lee Hale）所指出的，「當一個人或團體可以告訴其他人他們必須做什麼，以及其他人必須服從或受到懲罰時，就是有政府的存在」。[14]社會組織需要一定的等級制度，但其結構可以或多或少是開放並且可質疑與辯論的。AI不應該鞏固或加深勞工、經理與資本所有者在權力上的差距，相反地，它可以幫助工會和勞工團體為工作場所帶來更多自治的權利。例如，勞工排班的演算法調度，不必只基於成本最小化，只用零碎的工時契約顛倒勞工的生活，相反地，有組織的勞動者可以要求相關的AI動態地滿足他們的需求，為每個人提供適當的家庭時間、休閒和教育機會類型，從而實現更有生產力的經濟[15]。

民主不僅限於政黨、選舉和立法等明顯的政治領域而已，它也應該以某種形式延伸到「私人體制」（private government），意即現在由老闆們所主導的工作場所[16]。像德國這樣工業部門擁有強大共同決定權的國家，將更有能力公平地應用人工智能和機器人技術，因為它們已經將勞工代表以制度化的方式融入公司治理當中。

在機器人新律法第一條所嵌入的長期願景中，就是要求在部署AI和機器人時，勞工代表或工會有一定的發言權。在短期之內，以公共利益為目標的工會可以減弱最具剝削性的AI管理形式，長遠而言，這樣可能會演變成具有獨特性、社會認可特許權的職業，可以充分應用他們（從資料蒐集到評估各種情況下）的專業知識。教師、醫師和護理師已經以這種方式證明自己，而以他們為榜樣，影響了許多其他工作場域。例如，Uber司機能夠就安全措施進行集體談判，或者能對不公平的工作評價提出異議。在這樣的願景中，Uber司機不光只被視為儲備的資料而已，一步步剝削自己以為自動化駕駛鋪設未來的道路，相反地，他們正是社會逐步實現更安全、更快速和更可靠的交通基礎設施時不可或缺的部分[17]。

傳統的經濟取徑，透過建置就業模型作為善意的勞動談判，而省略了工作場所的政治互動。如果沒有強而有力的社會保障和保護勞工的法律，上述願景頂多只是理想，而且多數是毫無關聯的。勞工真的敢在僱傭條件上討價還價嗎？如果老闆偏離了這些條款，勞工想堅持權利要付出的相對成本和收益是多少？大型用人單位的法務部門可以僱用全職員工，但是有多少勞工享受同等待遇呢？簡言之，許多僱傭契約只是強加於一方，就像城市可能對其居民強加相關法規命令一樣，卻缺乏民主控制的形式，以及具有正當合法性的公共體制運作方式。

另一股經濟思維則是堅持，我們接受任意僱傭（employment-at-will）[18]創造了不需負責的私人體制，因為這種制度比其他規範工作場所的方式，可以產生更多的社會福祉。雖然這種功利主義作為管制成本經濟模型的骨架，可能很有吸引力，但這種功利主義在面對經驗證據時，就顯示出它的弱點。與歐洲大部分地區更細微的工作場所治理制度相比，美國看似較高的人均GDP（人均國民生產總值）是否真的表示美國公民——尤其是勞工——過著較好的生活？這是值得懷疑的。

當然，這裡沒有完美的解決方案，但總有正當的理由與立場，可以要求站在第一線的現代專業實務作法展示其價值。例如，政府當局可能需要從不稱職或過度嚴厲執行紀律的教師手中解救學生，我們也無法指望市場和國家永遠支持一個作品從未被閱讀過的作家，或一個作品從未被聽過的音樂家。但是，將工作職責委任給專業人員的總體結構，卻可以避免落入精神上的單一文化陷阱[19]。

高等教育的本質和工具性

除了補貼問題，可以預見高等教育的內容也會有爭議。各式各樣的課程琳瑯滿目，從最實務的職業課程，到非常不實際的（如果非常有益的話）課程皆有。基於當前高等教育政策的趨勢，這裡最大的問題是過早的專業化。大學時期應該大致分為本質性學習和工具性學習。工具性學習旨在確保維持生計的能力，亦即一個人在當代經濟體系中需擁有一些適合謀生的技能，從程式設計到經營行銷，從統計學到修辭學，均屬之。而本質性學習中最重要的學習主題，則是在學習價值觀、傳統、遺產和歷史，讓我們瞭解學習與努力為何重要。

當然，本質性學習和工具性學習兩者之間沒有絕對而簡易的界線，未來的律師可以透過研究文藝復興時期的詩歌來學習大量有關文本分析的知識，或者原本只是為了改善自己的健康而進行的瑜伽練習，最終可能會成為對自己具有深刻迴響的意義來源。儘管如此，因為商科和類似的專業在大學階段越來越熱門，如果沒有更強烈的社會承諾來投資其他「曾經被教授和傳述過最好的」專業，我們終將面臨失去那些專業的危險。因此，正因為AI巨大的力量，我們在部署它的時候，必須觸及那些深層的人類價值[20]。

有些由電腦運算所驅動的產業，其領導者可能會反對上述提議。安東尼・李文多斯基（Anthony Levandowski）是自動駕駛汽車某些關鍵技術進展背後的工程師，他曾提出如下評論：「唯一重要的是未來，我甚至不知道我們為什麼要學習歷史。我想，學學恐龍、史前人類尼安德塔人、和工業革命之類的事情，是因為有趣，但過去已經發生的事情並不重要，你不需要知道那段歷史，就可以在他們的基礎之上建構新東西。在科技面，重要的是未來。」[21]這種對過去的否定論點實在令人不安，那些處於交通技術制高點的人，必須瞭解為什麼汽車的文化可能是一個大錯誤；今天各種交通解決方案的集合，對減少全球溫室氣體排放是如此重要，而任何一個急於加速推廣汽車個人主義的人，都應該閱讀像班・格林（Ben Green）的《被科技綁架的智慧城市》（*The Smart Enough City*）之類博學精深且人性化的書，這類書籍以專業權威方式，講述了這些科技導向思維的侷限[22]。

高等教育經濟學家通常不會在這種價值觀領域中發言，這個領域的太多政策空間都被「學位溢價」的投射所主導（教育帶來實際收入的增加，減去其成本，等於「學位溢價」）。

與任何誤導性的量化計畫一樣，這些成本效益分析並未考慮所有相關的資料，例如畢業生工作的社會價值。透過粗略地形塑教育部門本身的方式，將教育工具化，成為純粹「勞動力準備」的努力，抹煞了一些必要的價值觀，讓我們無法注意到經濟主義的缺點[23]。

在自動化時代重整稅收政策

為確保充足的就業機會，有一系列眼花撩亂的政策選擇，這些政策都能夠進行微妙的調整，以平衡許多正在追求中的社會目標；例如，「勞動所得稅扣抵制」（Earned Income Tax Credit，EITC）[24]的目的，是在於誘使勞工從事他們通常不會從事的工作（或獎勵長期報酬過低的工作）。一般來說，所得稅會在「邊際效益」上阻撓勞動力，因為雇主每多支付一美元，勞工得到的收入就會少於一美元；我可能為了多賺一美元而多做一些工作，但如果稅率是百分之二十五，我卻只能得到七十五分美元。有了ＥＩＴＣ，低收入水準的人實際上會從政府那裡獲得工作獎金，而不是為其所得納稅。例如，一名計程車司機儘管只從車資中賺了一萬美元，但因為轉移支付實際上產生了百分之三十的「負所得稅」（negative income tax，政府因而補貼該百分之三十的負所得／工作獎金），所以該司機可能帶回家的收入總共是一萬三千美元。雖然美國很吝嗇，但ＥＩＴＣ可以提高那些因自動化而減少工作量部門的收入。該計畫似乎特別適合在英國和德國等地區施行，在這些地方，失業人員的邊際稅率可以高達百分之八十[25]。

當然，像EITC這樣的政策也有很多缺點。例如，他們只對有一定收入水準的人有幫助，對於那些受困於AI有效接管所有工作領域的勞工來說，EITC根本於事無補。補貼低薪的工作，也意味著我們會看到更多低薪的工作。換句話說，原本可以透過創新來提高勞工生產力的公司，可能會被誘使選擇次佳的勞動力安排方案。例如，相對於機器自動化，如果國家補貼有效地為勞動力提供了大量相對的成本優勢，那麼連鎖商店就沒有理由投資自動化清潔設備來取代清潔維運工作者（或甚至幫他們提高百分之十效率）。當然，相對於讓眾人的資本收入變得優渥，像EITC這樣的政策，可能只是彌補了許多稅收制度中勞動薪資的不公平待遇。然而，當人類的治理和洞察力對於流程和品質改進無法有所貢獻的時候，我們就必須避免阻礙技術的進步，我們還必須避免支持「最低公分母」的雇主，將勞工的工資水準拉得越來越低。

EITC這些可預見的缺點，引起人們對於另一種模式的興趣，該方法還更簡單：無論是否工作，所有人都有「全民基本收入」，又稱UBI（universal basic income）。經過菲利普·范·帕雷斯（Philippe Van Parijs）與楊尼克·范德波特（Yannick Vanderborght）等哲學家反覆嘗試為之詳盡辯護和發展，UBI在自動化時代重新獲得其意義，此一理論可以用四種不同的框架來驗證其正當性。第一是純粹的人道主義：不管對社會的貢獻如何，每個人都應該得到一些基本的生活保障。第二是凱因斯學派（Keynesian）：UBI會提高經濟活動，因為其許多受益人都有很高的邊際消費傾向（或者，用直白易懂的語言來說，錢就像糞肥：四處播撒時，比堆成單獨一堆時更為肥沃和多產）。

UBI的第三個概念框架則來自哲學家和社會學家哈特穆特．羅莎（Hartmut Rosa），他將UBI視為「共振」（resonance）的物質基礎[26]。對羅莎來說，現代性的異化傾向——一種無意義和空白感——需要重新投入共振（意即那些我們經常在自然、藝術、歷史、遊戲、我們的家庭和朋友中發現的意義和價值的來源）。透過將最糟糕的貧困形式，從職業計算表的選項中剔除，UBI應該可以給我們空間和時間，來從事我們真正關心的工作——或者根本不工作。

羅莎的想法極富啟發性，但也讓許多人擔憂，此種觀念將助長機會主義者退出勞動力市場（而其他人則在社會必要的角色中辛勤工作），因而反對UBI。UBI的第四個規範性理由則試圖應對這個挑戰，堅持認為幾乎所有人（包含我們的祖先）對我們現在享受的各種繁榮物質基礎上，都發揮了一定作用；例如，光使用Google或Facebook就可能會改進這些服務的演算法，而評論、按讚和其他反應，也進一步完善了演算法。表演者為觀眾工作，而觀眾透過投入注意力、抵擋不了的分心，甚至皺眉、惱怒或表現出其他不耐煩的跡象，對表演者演出的娛樂價值時時刻刻提供評斷，因此，觀眾也為表演者工作。雖然這樣似乎對勞動力予以過度定義，但是，重視和維護人性的一部分，正是在於我們願意承認這些賦予個人意義和目的的社會制度很重要。與其批評UBI付錢給人們是愚蠢輕浮的，我們或許可以說，讓公民更容易與文化銜接，是一種值得推崇的願景。

對經濟生產力的普世貢獻，也需要能替人類商品提供普世目的[27]。當數以百萬計的勞工被機器人和AI取代時，這項技術是根據勞工在工作過程中所創建的資料進行訓練的。在不同的智慧財產權制度中，他們或許能夠要求此類工作成品的權利金，甚至可能為子孫後代留下租金流（stream of rent）。而全民基本收入（UBI）等於是補償了勞工對生產力的無名貢獻[28]。

但是，錢要從哪裡來呢？方法之一是對機器人和AI徵稅，以平衡財政環境。稅法的核心在於不對稱性，亦即「積極補貼……設備的使用（例如，透過各種稅收抵免和「加速攤提」[29]）和向……勞動力就業徵稅（例如，透過薪資徵收所得稅）。[30]」我們已經看到許多實例，由於人工智慧還不成熟或遭到誤導的應用，結果不是往智能增強（Intelligence augmentation，IA）的方向發展，這導致了直接問題（偏見和不準確）和間接問題（從喪失尊嚴到降低專業人員技能，該專業人士應該引導AI與軟體，而非被取代）。然而，在經濟的廣大周邊領域——清潔、基礎設施、運輸、潔淨能源（clean energy）、物流等方面的工作——我們很需要更多、更快地應用機器人和AI。因此，整體上對機器人自動化一事徵稅，似乎不太明智，尤其是當上述這些部門必須迅速發展，以便讓每個人看起來都能擁有某些能力，那些目前被全球最富有的前五分之一人口視為理所當然的能力。

ＵＢＩ另一個更好的收入來源，是對富人或高收入水準者徵稅。有些國家貧富差距程度之高，以至於從這類稅收可能可以徵集到巨額資金。例如，美國參議員伊莉莎白．華倫（Elizabeth Warren）提議，對資產超過五千萬美元的七萬五千個家庭徵收富人稅，這可以在十年內每年徵到二七五〇億美元稅收[31]；而參議員伯尼．桑德斯（Bernie Sanders）的主張，則是每年將從十八萬個家庭收到稅收達四三五〇億美元[32]。這些稅收計畫都可以支持重要的社會項目。相反地，如果是桑德斯主張徵得的四三五〇億美元，光是分配給所有三．三三億美國人，每人將可獲得大約一千三百美元的年基本收入。這將改善許多家庭的財務狀況，尤其是那些有孩子的家庭，但這也並非真正可以取代職業收入的嚴肅替代方案。

當然，理論學者可以也同時為ＵＢＩ制定了更有企圖心的計畫，以更廣更深的稅賦水準為基礎，例如，凱爾．維德奎茲特（Karl Widerquist）提出的ＵＢＩ機制，以確保每個美國家庭年收入不低於二萬美元[33]為主。從相對較低的門檻開始，它將以百分之五十的邊際稅率徵收所得稅[34]。從淨值來看，這將對〇到五萬美元之間收入的家庭補貼，補貼金額從大約二萬美元到二千美元不等。等一個家庭每年收入達五萬五千美元時，該家庭分攤給ＵＢＩ的稅收，將超過其收到的基本收入。

當然，由廣大的勞工負責分攤，或是由富裕投資者的稅賦，兩種稅賦來源所資助的

ＵＢＩ有極大的差異。若想讓自己落在每年一千三百美元到二萬美元之間的收入數字，納稅義務人可以有無數種可能的節稅調整。ＵＢＩ越慷慨，就越有可能激起政治抵抗，反對自己成為ＵＢＩ所需的稅收資金來源。ＵＢＩ倡導者可以優先將所得重分配的社會福利要求，集中在對富人公平徵稅上，然後逐漸擴大他們倡導提議的稅基[35]，進而加強他們的說服力[36]。

從全民基本收入到工作保障

資金問題可能不是全民基本收入（ＵＢＩ）最大的挑戰，無論是作為人道主義的救濟、凱因斯學派干預以刺激經濟的方式，或是合理補償[37]，ＵＢＩ很快都會碰到實務上的困難。房東不會忽視新的補助金，他們可能就簡單地用提高租金的方式來獲得它。事實上，像Airbnb這樣的平台，資本家現在甚至正在加速「備用房間／空房」的商業化，這讓人想起英國保守黨的一項政策，意即對家裡有太多空間的福利收益者徵收「臥房稅」。當代經濟中其他強大的參與者，也可能會提高價格；這對美國來說尤其危險，正如法國經濟學家湯瑪斯．菲利龐（Thomas Philippon）所說的，關鍵部門將由寡頭壟斷者所主導，如果規劃不周，ＵＢＩ只會助長通貨膨脹。

另一個言之成理的隱憂，則是擔心ＵＢＩ成為瓦解國家的力量；這個概念獲得自由主義者的支持，因為他們希望為公民提供一個簡單的交易：稅賦可以繼續，但稅收將平均分配給每個人，而不是支持醫療保險、教育、郵局或類似的國家服務。公民可以使用這些錢來購買曾經由國家提供的服務。有些矽谷未來主義者將ＵＢＩ視為國家服務的替代方案，按照這個想法，只要給每個人錢去購買健康保險或就學，就可以實現最佳的消費選擇自由。有些人可能會選擇非常便宜的健康保險，用剩下的錢去度假或買一輛更好的車；有些家庭則可能會選擇在家接受更便宜的網路教育，用多餘的錢購買奢侈品。我們不難看出這種策略的侷限性，其中兒童應該特別受到一些保護，避免其受到父母不良消費選擇的影響。買廉價保險的人，一旦受傷就會迫使醫院人員做出可怕的選擇：在幾乎沒有治療費用支付保證的情況下進行治療，或者就讓患者死亡（伴隨著道德譴責）。這就是為什麼ＵＢＩ多數支持者將ＵＢＩ視為現有國家狀態的明顯附加服務，而不是替代既有國家服務的原因之一。

然而，就算有那些附加服務的保證，也仍然有像ＵＢＩ這樣的支付風險巧妙破壞了原本對社會及對公共利益的支持。例如，過去幾十年中，美國阿拉斯加透過該州資源開採特許權利金，已經積累了「永久基金」；幾十年來，該基金回饋給每位居民共約一千五百美元（以二〇一九年的美元計算）。該州一位共和黨州長希望提高基金回饋金額，並為此推動大幅削減該州的教育預算（針對大學）[38]。越多州從一般財源中直接轉出現金，立法者壓力就越大，必須削減更多服務以支付更強大的ＵＢＩ。雖然許多倡導者認為ＵＢＩ資金主要來自富人稅，但富人在政治上卻是很有辦法集結力量反對的。最容易從政府財政裡取得資金來源，是削減對未來生產能力（例如教育或基礎設施）的投資；舉例來說，美國沒有維持富人稅，而是削減了防疫措施（以及其他計畫）的資金，結果在新冠肺炎來襲時，才發現自己完全無法因應。事實上，美國過去這半個世紀以來的沉淪歷史，可以寫成警世寓言：這些曾經是公共基礎設施、教育和醫療保健的公共財源，已經遭到系統性的手法挪回私人和企業的口袋裡。

即使是最複雜的UBI理論，也往往有兩個共同的缺點。首先，它們傾向於將經濟模組化，視其為機器運作，與人和社會的本質非常不同，它會產生賞金（而不是永續的搖錢樹）。這裡的歸謬證法（reductio ad absurdum）[39]是所謂的完全自動化的豪華共產主義，其生產能力幾乎不需要公民的介入。其次，他們假設個人消費決策是資源的最佳分配者，但是，這種選擇在很多地方都會出錯——包括此假設已根本上腐蝕UBI理想所依賴的經濟「機器」模型。

舉例來說，想像有兩個社會都實施UBI。第一個社會的UBI接受者，將錢花在汽油消耗量較高的大型汽車上；另一個社會UBI接受者的首選支出，則是用於屋頂的太陽能蓄電板，以支持油電混合動力汽車的電力。那個太陽能國家不僅有助於保護環境，也變得更有韌性，更有能力承受化石燃料不穩定的價格，或者，該能源碳稅類型應成為更永續性的全球治理基石。只要像陽光這樣唾手可得的資源存在，直接補貼個人的AI政策就會受到質疑。

對UBI的批評，還包括追求更廣大的社會目標，透過自動化紅利提供資金來源。有一項研究建議政府應該提供全民基本服務（universal basic services, UBS），而不是保障收入，其中可能包括醫療照護、住房、電力、寬頻設施等等。UBS不會保證收入，而是保證那些必要領域的工作。最近關於UBS的工作，應該已成為自動化政治經濟學論戰的焦點，因為它有助於我們瞭解當代社會最深層次的需求。就AI和機器人技術創新可以用符合機器人四大新律的方式予以引導的程度內，相關的技術創新就應該被引導到那些社會最深層次的需求[40]。

由於新冠病毒在二〇二〇年初所引發的經濟危機，將會有充足的機會來保證這些必要領域的工作招募。在美國三十年代的大蕭條之後，羅斯福新政（The New Deal）提供了一種模式，以平民保育團（Civilian Conservation Corps）與公共事業振興署（Works Progress Administration）在大蕭條期間迅速僱用了失業者。經濟學家帕夫莉娜．特爾妮娃（Pavlina Tcherneva）根據社區團體和非營利組織的提議，提倡一種更由下而上的方法[41]。這種由下而上公民行動的總體經濟學是關鍵，目的不僅止於取代現狀，而是確保在AI驅動的失業之後的就業政策，以解決氣候變遷、不健康和嚴重不平等的三重（交互增強）威脅。這些挑戰必須是任何「未來工作」（future of work）永續政策的核心。

質疑「成本病」

政府保障人類服務工作的想法，勢必將遭到傳統型經濟學家的抵制。從幾十年前開始，他們對於緊縮的政策偏好，已經成為公共會計的基石。這種方法被經濟學家威廉·鮑莫爾（William Baumol）和威廉·鮑恩（William Bowen）稱之為「成本病」；「成本病」將經濟分為兩個部門[42]，在所謂的「進步型部門」（Progressive Sector）[43]，例如製造業和農業，即使商品為了消費者而提高品質，價格也會下降。今天的農民可以使用先進的技術（包括機器人），來生產比祖先產量更高、品質更高的作物[44]。製造業也是如此。福特汽車位於美國密西根州的胭脂河（River Rouge）工廠在汽車生產數量遠比現在少的時代，曾經僱用了是今天二十倍之多的勞工數量。在這些「進步型」部門中，隨著機器可以協助完成更多工作，勞工就業率就會隨著時間而降低[45]。

相反地，在鮑莫爾和鮑恩所謂的「停滯」部門，例如藝術、健康和教育等部門，價格若非維持，就是上漲。一七九〇年需要四個人才能演奏弦樂四重奏，今天也需要同樣的人數才能演奏四重奏。而二〇二〇年的演講課程，也可能與一八二〇年或一六二〇年的基本模式相同。對於成本病學者來說，教授講課或醫生體檢的連貫性，都是有問題的，為什麼學校不能像農場那樣技術革命，學生不能像新的基因改造作物那樣地改良茁壯？醫療照護的流水裝配線、可互換的零件和標準化的干預措施，又在哪裡呢？

在大型機構中很常見到浪費或效率低下的情形，因而上述技術改革所帶來的挑戰，表面上十分具有吸引力。但是，事實上，成本病的診斷只不過是集合了糟糕的比喻和可疑的假設罷了。自動化在思想的形成或思想的傳播上，可能有主導性，然而，學生和病人不是產品，確定疾病可治癒的界限，或者甚至是疑難雜症的應對與治療限制，是一個動態與相互對話的過程。高品質的安寧照護（end-of-life care），需要對患者的目標和價值觀進行探詢。在學生成年初期，找到一個值得學習的領域並從中發展職業，也是一項非常艱鉅的任務，這些都是太過於特殊而無法標準化；正因為學生個人面臨這些艱難的決定（和實踐），我們需要多樣化的教學、研究和學習社群，以便持續協助個人。

目前的全球勞動力平台，都在以最低成本生產者為目標，但這樣的價值觀不應該適用於服務部門。相反地，我們必須重新承諾、致力於讓靈活且有能力的專業人員治理地方，以確保現有良好的服務以及AI領域的持續進步。專業人士處理的是一種獨特的工作形式，他們對客戶負有一定的專業倫理責任。例如，受託忠誠義務（fiduciary duties）必須考慮客戶的最佳利益，而不只是追求自己的商業利益[46]。又如，精神科醫生應該只治療那些真正需要他們幫助的人，即使他們對每個人推薦每週一次的治療可以賺更多的錢。對比於最低商業道德與責任，銷售人員或營銷人員沒有義務詢問其所招攬的客戶是否需要（或甚至是否負擔得起）他們的商品[47]。健康應用程式也是，它們大多不受專業規範的約束，這也是為什麼許多心理健康專業人士，目前對這類應用程式仍持保留、擔憂態度的原因之一。

專業人士還享有其他領域罕見的自主形式。例如，法院傾向於尊重特許執照委員會對於誰適合行醫、誰不適合行醫的決定，對於被指控有破壞行為的學生是否應給予休學處分，法院基本上也不干涉學校的決定[48]。「分享的治理」（shared governance）是受人尊敬的學術機構的標誌，其中包括終身教職權益的保護。對教育工作者自主權的尊重，源自於對教育者不會濫用特權的信任——例如，他們不會允許父母幫他們的孩子用錢買到更好的成績，或者不允許將自己的研究時間賣給競價最高的人。在AI與機器人技術領域，我們尚未設計出類似的機制，以確保行銷該科技的廠商負起這類責任。

專業人士被授予一定程度的自主權，因為他們負責保護由社會認可的獨特且非經濟性的價值。相對地，專業人士的勞動力反映了、也再生產了這些價值，並且因為這些價值而豐富。對這些專業而言，知識、技能和倫理是密不可分的[49]。在多數複雜的人類服務領域中，我們無法簡單地製造一台機器就想「完成工作」，因為，定義工作任務，通常就是這類工作本身很關鍵的部分。面對大肆炒作的自動化，專業人士應該重申自己的專業規範，強調隱性技能和知識的重要性，並且努力將自己的地位擴展到其他工作者——也就是有能力並願意在自己的領域中共同指導AI和機器人技術發展的人。

社會學家哈羅德・維倫斯基（Harold Wilensky）曾經指出「許多職業會為了其專業認同而從事英勇的奮鬥，卻少見能成功滿足此一標準者。」[50]但是，假如我們想要維繫一個民主社會，而不是讓自己屈服於機器人的崛起——或者出價爭取機器人崛起的那些人——那麼，我們就必須廣為推展專業人士現在所享有的地位和自主權，從現在的法律和醫學等專業領域，到資訊檢索、紛爭解決、老年照護、行銷規劃、設計等許多領域，都包括在內。想像這是一場勞工運動，建立在專精於「非固定常規」工作勞動者之間的團結基礎上，如果他們成功地聯合起來，可能會投射出一種新的勞動願景，將會比技術烏托邦的封建式未來主義更加具體和務實。對現有的技能和勞動力，他們將促進補充輔助性質的自動化，而不是去加速一種比現有技能與勞動力更廉價、更快速、更嚴重不平等的版本。

在自動化時代裡，我們的首要問題，不是如何使勞動力密集型的服務更加便宜[51]。隨處可見的工資削減導致了「銜尾蛇」（Ouroboros，神話中一種用嘴咬住自己尾巴的蛇）清算主義者（liquidationist）的不合邏輯：作為消費者角色而受益的人，最終會失去作為生產者和公民的角色[52]。舉例來說，如果AI主導的網路學校破壞了教師工會，零售商可能一開始可能會很興奮，更便宜的公立學校大概意味著更低的稅收（譯注：可能有更多餘錢消費），但是，他們只能高興一下子，因為很快就會發現被機器取代的老師們，不再有錢在他們的商店裡購物。這不是一個新問題，凱因斯在二十世紀初期就認識到這是一個「節儉的矛盾」（Paradox of

Thrift），有可能使困頓的經濟體，再陷入通貨緊縮的螺旋連鎖衰退：更低的價格、更低的工資，隨之而來的是消費者甚至不願意在低價商品上花錢，導致更便宜的價格和同樣的惡性循環。從一九三〇年代的美國到二〇〇〇年代的日本，這種「節儉的矛盾」一直困擾著實體經濟；而這顯然也是未來大規模自動化所帶來的最大問題之一，數以千萬計的勞工可能會被機器取代。

奇怪的是，「節儉的矛盾」似乎顯而易見，但卻幾乎不會在自動化和勞動力的當代經濟思維中出現。技能培養仍然是最優的政策處方，儘管它很明顯無法解決自動化所帶來的許多挑戰[53]。即使是專門討論機器人搶走人類工作問題的會議，也往往忽視當前經濟政策中這些擾人的矛盾。

舉例來說，美國歐巴馬政府技術顧問針對AI和機器人技術的經濟後果，舉辦了數個高階工作坊[54]，許多演講者的共同主題之一即是堅持：在許多領域，自動化是遠不能與人類能力相匹配，而且自動化如果做得好，需要在醫療照護和教育等領域進行大量投資[55]。然而，在此同時，新自由主義進步人士卻持續在推行擾亂醫療照護和教育的政策，減少資金流入這些部門、加速學位課程、並且緊縮醫院和其他照護機構的預算。有些人甚至明白地將這個議程，連結到更多軍費開支（助長上述軍備競賽）的需求（只是聲稱的需求，尚未證實真有那些需求）上。世界各地的中間派以及更保守的政黨，都採取這些政策立場。在有些經濟體中，技術性失業是主要的威脅，可能以為人們會感恩醫院、照護機構、學校和大學的新職位，但是仍有太多經濟學家持相反的意見，並擔心某些部門必要支出上限的限制是毫無理據的堅持，卻忽視其他部門的成本增長根本是不必要的[56]。

就裝配線的工作而言，若能為傷者、身心障礙者和老人提供物理治療或心靈陪伴，沒有什麼比這些陪伴更有意義。政治理論家艾麗莎・貝蒂斯托尼（Alyssa Battistoni）認為，將購買力從製造業轉移到服務業，也是一個生態環保案例：從這個意義上來看，「粉領工作」是綠色環保的，因為這些工作比製造業實體物質消耗更少的碳和其他資源[57]。

常見的反駁則是，若要具有國際競爭力，一個經濟體必須將生產能力集中在可出口的商品和服務上[58]。但是，有傑出教育品質的國家，也吸引了數以百萬計的海外學生入境學習，同時，醫療旅遊也是一個不斷發展的領域。人類服務不是次等職業，不是從屬於經濟最終生產「物」的，如汽車、武器、房屋和電腦。甚至，成本病理論本身就指出，這種思維可能是沒有用的。這些所謂的進步部門的進步關鍵，是逐漸降低他們製造的價格。用資金減少某個比例來限制醫療和教育支出，是通貨緊縮螺旋惡性循環的前奏，而非繁榮預兆。

富裕經濟體的繁榮，並不光是因為它們擁有受良好教育的勞動力和生產技術，也在於對投資和儲蓄的某種推動力；而大規模、毫無計畫的自動化進程，真正的危險就是在於破壞前述這種推動力，因為，恐懼的消費者盡可能保守節約最多的錢，削弱了企業和政府的動能，最終也削弱了他們自己。

自然而然的經濟轉型

人口高齡化將產生極大的照護需求[59]，而照護是社會應該公平給予補償的辛苦工作[60]。同一時間，自動化則有可能取代數百萬既有的藍領工作，尤其是那些時薪低於二十美元的工作[61]。這種情況就表示，在以下兩者之間應該有自然配對關係：困頓勞工或失業勞工（被自駕車、自助收銀機和其他機器人取代）與健康衛生部門的新興工作需求（家庭健康輔助員、健康教練、臨終關懷護士及許多其他職位）。只有當政策制定者重視這些為病人和身心障礙人士所做（及待完成的）的辛苦工作時，醫療照護領域這些新興工作才會出現[62]。

這顯然需要更多的照護人員——以及機器人來幫助有需求者。當家庭找不到熟練的專業照護人員時，他們會承受許多緊張和壓力[63]。幫助他們可能會增加醫療照護成本，但它也可能會帶來整體經濟淨收益，特別是對於女性，她們承擔了無償照護的極大負擔，完全不成比例。若是我們只專注於降低醫療成本的政策辯論，就會錯過照護需求所創造的機會。正如鮑莫爾在二〇一二年所指出的：

如果改善醫療照護……因為我們負擔不起的錯覺而受到阻礙，我們都將自食惡果。提高生產力的定義，確保了未來將為我們提供應有盡有的服務和豐富的產品。而對這個美好前景的主要威脅，是社會無法負擔它們的錯覺，從而產生的政治發展——例如要求減少政府收入與要求預算保持平衡兩者，始終糾結——終使我們的後代無法獲得這些福利[64]。

技術官僚背景的衛生經濟學家短視近利，只關注財政赤字預測，將緊縮的意識形態偷渡到健康照護部門規模的這些表面中立的討論，卻助長了我們無法承受進步的錯覺。事實上，正如新冠肺炎的危機所揭示的，健康照護的投資即使可能僅僅為了支持經濟基本運作的功能，但就是必須而關鍵的。為了應對其他低概率但影響重大的災難，這樣的準備應該繼續成為工作機會的來源，而這些工作都需要人類的洞察力、合作和判斷力。

對這類服務的穩定投資，將為那些因機器而流離失所者，提供建設性的選擇。中國在一九九〇年代大幅削減社會福利之後，GDP中有固定比例投資於衛生部門，隨著經濟持續增長，該投資也穩定地成長。如果成功，這種轉變可能標示著凱因斯學派擴大投資「擠進」的勝利，而不是衛生支出「排擠」其他支出[65]。目前，因為很多勞工擔心他們（或他們的父母或孩子）會負擔不起醫療費用，因此儲蓄率異常地高。國家若為所有人提供健康保障，就可以解放他們，讓他們在消費上花費更多，從而重新平衡過度儲蓄的經濟。

推廣平價的機械化服務作為專業人員的替代品，可能會侵蝕未來進步所需的社會進程。正如本書之前關於教育和醫療照護的討論內容所述，僅僅設置AI來衡量結果並最大化正面結果，是不夠的。流程的每個步驟都需要專業人士來蒐集資料和解釋其涵義，並且從批判性的角度去評估新工具和決策支援（系統）的優勢和侷限性。

舉例來說，有份美國國家科學院的報告建議幼兒照護人員的教育程度應為大學畢業[66]。二到八歲之間的兒童，正經歷不簡單的社會和智力發展——並且非常脆弱[67]。照護人員如果瞭解最新的心理學、腦科學和相關學科，可以幫助兒童保育工作變得更有效率，並且幫助他們獲取應有的專業地位。他們還應該閱讀大量且不斷增加的文獻，以學習關於教育場域中的AI、電腦化的個性化課程和輔助性機器人的知識。一個密集的高等教育學位課程，加上持續的終身教育，是不可或缺的。然而，太多缺乏想像力的評論者，抨擊這些指引都是增加勞動力成本的負擔。

醫學、新聞、藝術、教育和許多其他領域所提供的服務，都反映了文化價值觀和抱負，它們與製造商或物流業有著根本上的不同，自動化可能主導了東西的製造或它們的運送，但是，讀者、學生和病人不是產品；確定疾病可治癒的界限，甚至是疑難雜症治療方式侷限，是一個動態的對話過程。不管幻想有多麼誘人，人們都不應該受制於那些自動化優化的幻想。

負擔的方法：公共財政的更新

多數的權威專家和政治家有一個共識，即政府支出就像家戶支出。這種傳統見解牽涉到多項前提：首先，他們認為政府在理想情況下會儲蓄多於支出；其次，他們假設有一個經濟活動場域是預先存在的，而後才有政府的存在，為了資助政府的活動，政府必須對市場產生的私人收入和資本徵稅；第三，政府的財政來源，若是來自於私人可以毫無限制地舉債，他們預測政府將面臨災難。看看金本位制度[68]曾經做過，而今天債券市場的金手銬[69]也實現了：確保各州只發行穩定數量的貨幣。

另一種方式為「現代貨幣理論」（Modern Monetary Theory，MMT），強調政府相對於其他機構的權力，隨時顛覆這種貨幣常識[70]。一個家庭不能為了養活自己而向其他數千個家庭徵稅，但是政府卻可以。一個家庭不能印製通用的貨幣來支付其開銷，政府則可以自己發行貨幣來支付開銷。主權債券（sovereign debt）的發行者（例如政府）不必然是主權貨幣的發行者（中央銀行），但即使發行了公債，發行者也不必然違約——因為發行者（政府）可以印出償還債券持有人所需的資金[71]。

的確，如果主權國家創造過多的本國貨幣，就會面臨通貨膨脹的風險，但是，現代貨幣理論背後的希望是，明智的支出將會提高經濟體的生產能力、激發創新，以確保更有效率地利用資源，並可以動員現在失業的勞動力。在其他條件不變的情況下，一個有豐富太陽能電板國家的能源費支出，將會比沒有太陽能電板的國家便宜。把錢支出在改善更好的太陽能傳輸系統，可以減少消費者傳輸增量的成本，進而降低商品的價格，而房屋保溫工程則可以減低暖氣和冷卻成本。教育可以提高工資、預防醫療保健可減少醫療費用……等等，各種好處還可以繼續往下列；有無數的計畫可以支付充足的紅利，以收回投資成本。奇怪的是，這種投資理念似乎完全只與私營部門連結，事實上，正如經濟學家瑪里亞娜．馬祖卡托（Mariana Mazzucato）所主張的，政府在經濟之中應該扮演的角色是更積極且重要的，尤其是對於減碳和適應AI等長期的計畫，這些問題是短期主義的私部門永遠無法充分解決的[72]。

當然，並非所有現代貨幣理論資助的計畫項目都會取得成果，即使是這樣，也可能會暫時造成資源短缺。這是合理擔憂，因為增加貨幣供給將導致通貨膨脹；但是政府有很多方法可以處理這些問題，例如可以對經濟活動徵稅，澆熄通貨膨脹的火種。這種稅賦可能會造成痛苦，但整體而言，它是針對那些最有可能引發通膨之人（那些錢最多的人）或對通膨負有最大責任之人而課徵的。針對特定部門的策略，也會有效，例如，要求降低貸款成數（提高頭期款負擔）、或對房屋買賣徵稅，可以戳破房地產初期的泡沫。MMT還有一個更廣的理論，是關於通貨膨脹的細節——也就是說，至少在早期階段，通貨膨脹是由特定市場的特定商品和服務所引發的，聚焦在這些領域可以幫助我們避免典型的抗通膨干預措施所帶來的破壞性影響，例如「沃克衝擊」[73]。政府還可以改變私人信貸（銀行裡的錢）的治理規則，以減少通貨膨脹，例如銀行準備金的要求[74]。

換句話說，主權貨幣發行者在支出層面所面臨的是通貨膨脹的約束，而不是債務的約束。投資於AI與機器人技術以降低產品價格，同時提高專業服務部門（或專業化）的勞動力價值，可能會有些微的通貨膨脹，但這不是放棄管理自動化，並屈服於自動化帶來通貨緊縮螺旋循環的理由（或如新冠疫情這類同時對需求和供應產生衝擊的影響因素），因為一旦價格水準的上漲變成困擾，政策制定者其實就可以進行干預，直接進行有針對性的管制，以減少其影響。

這種在「硬通貨」（hard money）和「軟通貨」（easy money）[75]之間的平衡、在稀有性和盛行率之間的平衡，一直是貨幣相關爭論的主題。貨幣供給的增加，有助於釋放當代經濟增長的動力，但也總是有緊縮和節約的呼聲。正如同金本位制度，比特幣（Bitcoin）在設計上是通貨緊縮的貨幣，隨著「挖礦」開採變得越來越競爭，比特幣變得越來越稀有和珍貴，持有它的人就比花掉它的人更富有。這對於那些早期囤積黃金或加密貨幣的人來說，是件好事，但是，如果它成為普遍持有的理想狀態，那麼這類貨幣的運作邏輯對經濟增長來說，就變成了災難。正如凱因斯所解釋的，個人理性的行為（省錢）可能對集體是有害的（亦即成為一種逐漸使人失業的約定型經濟交換模式）。

正如同凱因斯學派所主張的理論，現代貨幣理論各個面向都已有幾十年的歷史——甚至其中一些經常被重複提出的見解還更加古老。當失業引發了極大的個人痛苦與政治動盪時，凱因斯學派因而在全球大蕭條中坐穩總體經濟學理論的主流地位。有鑑於新冠疫情引起全球經濟蕭條的潛在危機，凱因斯學派的復興並不意外。工作保障不僅意味著讓未充分利用的勞動力投入工作，而且也為勞工設定了一個補償底線，即（其餘的）私部門領域為了吸引勞工，就必須做得更好。

現代貨幣理論也與凱因斯基本教義派理論之間，有一些重要的差異。凱因斯之所以成為現代總體經濟學基礎的原因，主要是因為其學說的研究中立性。凱因斯可以開玩笑說，政府是否努力讓公民重返就業，花錢埋葬和挖掘瓶子、還是建造新的胡夫金字塔（Cheops），並不重要；而在我們這個時代，大量消費帶來災難性污染，也人盡皆知。因此，我們這個時代現代貨幣理論的政治面貌，不只是支持「人民的量化寬鬆」（people's quantitative easing）[76]或全民基本收入（UBI）（這兩者無疑都會在一定程度上降低失業率）而已；現代貨幣理論更可被看成是一項綠色新政，是一種可以減碳（或至少不會導致碳化）的生產力投資類型[77]。這種實質性的強化，是超越古典凱因斯學說的重大進步，因為它承認地球有其極限，我們正處於極限邊緣，而且我們可以嘗試消除相關的傷害。此外，有鑑於疫情的威脅，「公共衛生新政」也應該正式列為重要的討論議題[78]。

正如各國央行在二〇二〇年對經濟的大規模干預所展現的，當緊急情況發生時，即使是建制派也不再擔心債務。疫情封城是直接和緊迫的刺激，必須採取行動，但它不應該是唯一的威脅理由，進而引發非正統貨幣政策。對於因技術進步而失業的人來說，AI和機器人技術的興起也是突如其來的；對於技術的興起，我們也應該有相稱的回應與討論。

當然，如果通貨膨脹（而不是負債水準）成為政府支出的主要約束，那麼關於價格的衡量以及哪些價格很重要，就會是有爭論的政策決策。例如，只有房價與租金的整體水準很重要，還是應該對區域水準的變化有某種敏感度（例如都會區房價非常高）[79]？政府的醫療保險與金融機構已持續努力解決這些問題，因為他們必須決定是否對工資進行一般性的調整，或是針對特定地區的生活成本進行調整。有資格對此類議題進行權衡的參與者，經濟學家或一般的量化分析師並不是唯一（甚至是主要）的人，同時也非常需要更廣泛的專業知識以及公眾意見。超過目標通膨率的區域，應該成為AI投資的潛在目標，以便自動化技術可以在其他條件相同的情況下，降低這些區域的商品和服務價格。當然，這些地區很少會成為投資目標——這也是為什麼我們必須確保更具代表性和包容性社會參與能主導技術發展之原因。

經過數十年的守備性專業化發展，對於經濟本身的學術研究成果，現在正等著大家取用。隨著方法論視角的多元化，經濟學家已不能再壟斷經濟領域的專業知識，其他社會科學和人文學者也有重要的見解，在商業的許多方面，對於貨幣的社會作用有更多深入細緻的描述。新的自動化政治經濟學必須建立在這些多元基礎上，在機器人新律法中，勇於明文制定實質性的價值判斷。

從「更多的AI」到「更好的AI」

破壞式創新理論家提出，透過標準化、自動化甚至機器人化，來「治療」醫療照護、金融和教育等服務密集產業的成本病。從大規模的線上開放課程，到老年人的陪伴機器人，這些創新目的都在用機器模仿的勞動來取代勞工（或至少是取代工作）。小說家已經直覺地看出了大規模自動化之後，社會生活可能發生的奇怪扭曲現象。寇特・馮內果（Kurt Vonnegut）在小說《自動鋼琴》（*Player Piano*）中預見了一種類型，亦即當一小撮精英運行的機器，生產我們經濟上所需要的幾乎所有商品和服務時，可能出現的權力差異和挫折[80]。

E. M. 佛斯特（E. M. Forster）在他一九二三年的短篇小說《機器停轉》（*The Machine Stops*）中設想了一個更加黑暗的未來[81]，當自動送餐和污水處理系統開始崩潰時，故事中的人物沒有人知道該怎麼修復它們。這在職業相關文獻中被稱為「管道問題」（pipeline problem）[82]。即使我們可以設計出能夠複製醫生的機器人，這些機器人也幾乎不可能對醫療領域的進步做出貢獻，或者完成或大或小的創新和即興傑作——這些都是良好醫療照護的標誌。即使透過機器人遵循清單、嚴守最佳醫療實踐方式，前述這種擔憂確實可能阻礙野心過大的機器人化計畫。佛斯特的想像——生產機器由遠端的力量操作運行，然後逐漸崩潰，並且變得越來越不可靠——戲劇化了自動化當前可見的趨勢。

人工智慧和機器學習可以透過多種方式改善服務業，但這種改善將導致新的系統成本遠高於現有系統。AI的進步是因為資料所驅動的，而資料的蒐集成本很高，因此，人力是必要的，以確保資料驅動的品質改善，得以處理有關演算法的問責性、消除偏見、保護隱私、和尊重社群價值等面向，這些充分詳實被記載下來的關切。要防止失業的未來，最好的方法是開發促進高品質自動化的融資和分配機制。我們應該將這種持久支出重新定位為「成本治療」，因為這類工作的公平報酬，可以減少失業和不平等[83]。現在的法律太常被用來剝奪勞工的權力，變相鼓勵大型公司集中權力，我們必須糾正這種不平衡[84]。

「機器人問題」在今天和一九六〇年代一樣緊迫[85]，當時的擔憂主要集中在製造業工作的自動化，而現在，服務的電腦化是首要的議題[86]。目前，經濟學家和工程師主導了關於「機器人崛起」的公開辯論空間，任何給定的工作是否應該由機器人完成的問題，都被模組化成為一組相對簡單的成本效益分析。如果機器人可以比勞工更便宜地執行任務，就用機器人替代。這種填補工作的個體經濟學（microeconomics）方法，優先考慮資本積累，而不是培養與發展民主治理的專業知識和實踐社群。由於AI和機器人技術都在服務業中發揮更大的作用，並且具有偏見和不準確等嚴重問題，因此我們更加迫切需要這些專業知識社群。

自動化政策必須建立在以下的雙重基礎上：在我們日常經驗的背後，演算法發揮的作用不斷增加，因此必須讓它可課責，同時，也必須限制自動化領域的零和軍備競賽。當經濟體的一個生產部門成本更高的時候，那實際上可能是淨收益——尤其是如果該成本的增加，是從另一個容易引發非生產性軍備競賽的部門轉移資源過來的情形。減緩控制性的、污名化與欺騙無辜者的自動化技術，是二十一世紀管制機構的重要任務。我們不僅需要更多的AI，我們還需要更好的AI，以及更多為了提高勞工技能和收入的科技。因此，我們必須超越「成本病」的偏見框架，轉向「成本治療」，公平地補償照護人員和其他關鍵服務提供者。當勞工努力應對軟體和機器人新形式的選單建議和支持時，他們應該得到相關的法律和政策支援，以及致力於民主化生產力、自主權與專業地位的機會。

CHAPTER

8

運算能力和人類智慧

機器人技術可以成為賦權（empowerment）勞工的工具，而不只是替代勞工而已。我們可以引導AI在教育、醫學和執法等各個部門領域的發展。精英對AI的追求應該從屬於智能增強（IA）的社會目標，技術史的發展曲線並不是機器取代人類。

貫穿本書的這些論點，並不受歡迎，尤其對現在負責管理眾多最重要的自動化項目的企業領導人而言。這些論點也無法輕鬆適用於主流的經濟典範，其中狹隘的效率概念主導了現在的社會。如果機器可以按照現在定義的方式完成任務（或者更糟，為了加速自動化，它被扭曲和簡化），幾乎肯定機器就是會比人工更便宜。

商業領域的思想領袖容易將勞動力建構成為生產過程中另一種投入模式，並儘可能降低成本。針對勞工和職業議題的處理，我則是挑戰這種推論。社會已經不再將某些勞工群體視為只是生產過程的輸入生產要素，而是值得投資的人力資本——是值得信賴的受託人、專家顧問和技能精湛的匠師。我們要請他們來協助治理他們專業領域的未來發展；專業化可以擴展到許多其他領域，解決被誤解的就業危機（被誤認為是推進自動化的自然結果）。

將有意義的工作視為成熟經濟的成本，而非收益，反映出的正是一種短視的個體經濟學（microeconomics）；這種缺乏創意的效率概念，也破壞了合理的總體經濟學（macroeconomics），因為它把健康和教育支出視為對其他商品和服務部門的寄生性消耗。本書第七章扭轉了這種說法，將人類服務視為值得投資的領域。在軍隊和警察部隊中，人類對AI和機器人的控制，也不一定是經濟上的窘迫或戰略上的劣勢。相反地，它可以成為一種防禦的保障，用來對抗自動化控制和破壞系統所帶來的一般事故和災難性誤判。

這些個體和總體經濟上的短視觀點，很受精英族群歡迎，也在流行文化中得到很大的支持。無數的電影和電視節目將機器人描繪成士兵、警察、同伴、家庭幫傭——甚至是戀人和朋友。當然，有些電影是粗糙的警世寓言故事，例如電影《機器戰警》（*Robocop*）或美國八〇年代經典另類電影《夜困殺人場》（*Chopping Mall*），並不完全是支持自動化的宣傳內容；而是在更深的層次對機器人的描繪，若機器人具有人類知識、情感和野心，都很容易讓觀眾相信，人類基本上只是一種刺激與反應、行為與資訊的模式，這模式可以適當地複製在電腦和血肉之軀之間。

這種替代的感性特質，不像我之前所提到的關於勞動力市場政策假設的反駁那樣易於論證，它更像是這些想法的前提，而不是它們的結果，也更像是一種組織資料的敘事方式，而非一個資料點本身。但是，也有關於機器人的文化反敘事和警世寓言，以及人機互動的另類想像，他們則是採用了更人性化的取徑。

本章將探討一些上述所提的警世故事、詩歌、電影和藝術作品。由於社會變遷快速，倫理學家和法律學者都重新對藝術與人文學科表達興趣，將其作為思考另類未來的方式[1]；有些人甚至開發了「社會科幻小說」來融合各種書寫文體[2]。這種文化貢獻不是透過論證命題來運作的，而是透過培養感性。在討論自動化政策時，這些感性特質是值得思考的，因為無論是機器人和AI的替代人類或與人類互補的樣貌，都不必然是來自資料；相反地，它們取決於對人類工作和科技的本質與目標的更大願景。

自動化的政治、經濟與文化

任何特定的意識形態立場背後，都有一種世界觀：一種回答或試圖轉移關於人類存在的本質和目的等基本問題的哲學[3]；若是想要清楚地陳述這些承諾，可能會引發分歧，因此，現在主導的成本效益分析和技術官僚主義意識型態，就是以中立和實用主義之名開脫或避免此類更大的問題。他們確信目前的事件流大部分是無法改變的，而在可能改變的地方，應該做的只是修補激勵措施。無論未來是否需要更強大的倫理體系，它們現在都作用甚小。所謂

「應該」的事情意味著「可以」，除了目前主導的經濟成長和科技進步模式之外，沒有其他可能性。而這些意識型態立場，往往以經濟效率的名義，消解一般勞動者的自主權，尤其是專業者的自主權[4]。

然而，政治在兩個意義上是先於經濟的：時間上（法律和政策先於任何新市場的產生）和哲學上（政治終究對人類福祉比它們所允許的任何特定交易活動要來得重要得多）。有關人類的資料，為當代機器學習提供大量動力，是一組特定隱私和資料保護法律的禮物，而且這些法律可以隨時廢止或修訂[5]。立法者以有利於大型機器人技術供應商企業的方式，制定了智慧財產權保護措施，卻忽視了現在AI在模仿的那些專業者的利益。保護消費者和專業人士的各種法律，可能會削弱目前科技和金融公司所享有的巨大競爭優勢，而這些優勢正形塑未來的樣貌。

在政治之前還有一個重要元素——文化。由於圍繞文化的各種「戰爭」，「文化」本身可能看起來非常政治化和複雜，以至於它不是一個有用的分析術語。但是，就我們這裡的目的而言，它僅僅表示當人們試圖理解過去、現在和未來時，所重複出現的「深層故事」或基本敘事形式的類型[6]。根據文化人類學家克利弗德．紀爾茲（Clifford Geertz）著名的說法，他指出文化是一個「以象徵形式表達概念的系統，人通過這些概念交流、延續和發展他們對於生活的知識和態度。」[7]現在很多流行文化都反映出人類是可被替代的迷思，在無法抑制的趨勢面前，孕育著某種宿命論。一旦我們沉浸在人機可互換之生動而強大的幻想中，就很難想像有另外一種世界，在那另一個世界裡，人類是長久而民主地掌控AI與機器人技術[8]。

但是，有一類才華洋溢的作家和藝術家開發了一種反敘事，既調暗了替代性自動化的光彩，也想像著科技進步是進一步體現人性而非侵蝕或消除人類。本章就是要討論電影、詩歌和藝術中的這些樣態。儘管在某些重要方面存有缺陷，但電影《人造意識》（*Ex Machina*）和電影《雲端情人》（*Her*）仍為失敗的替代性自動化編織了神話。詩人勞倫斯・約瑟夫（Lawrence Joseph）將勞工歷史與我們現在對於自動化的焦慮聯繫起來；藝術家昂內斯托・卡瓦諾（Ernesto Caivano）在他的創作世界中融合了科幻小說和幻想，既獨特又普遍，既與世隔絕又引人遐思，在一系列史詩般的繪畫和混合媒材作品中，他描繪了一種願景，也就是既奇怪又充滿希望的自然與機械關係。當我們尋求智慧來指導或限制由企業和政府所積累的巨大運算能力時，這是一個值得反思的迷思。

自我感覺良好是種自欺欺人

若是任憑傳統經濟力量發展，自動化可能會加速人類最壞的經驗，並清除我們最好的經歷。在衝突中，自動化的「供應」似乎透過軍備競賽創造自我增長循環的「需求」。在健康和教育等人類服務部門中，反向的動力很可能佔據主導的地位：意即人類專業知識的機械化版本，削弱了人們的貢獻，並慢慢吸走了幫助這些領域發展的研究社群之物質基礎。為什麼這種漂移、這種「技術夢遊症」（如蘭登．溫納〔Langdon Winner〕所說）如此強大？[9]為了探索這種非理性（並推斷其治療方法），我們可以轉向電影反覆執迷於我們對自我的削弱和自欺欺人的能力。

在電影《人造意識》（*Ex Machina*，2015）中，一家科技公司的CEO奈森想要創造一個機器人，它既聰明又有情緒，可以騙過一個男人（他的員工凱勒柏），讓他相信必須像人一樣對待它。在尷尬的介紹之後，奈森在與凱勒柏討論人工智慧時充滿了哲理，「總有一天，AI會像我們看待非洲平原的化石骨架一樣回顧我們；一隻直立的類人猿（ape），生活在塵土之中，使用的語言和工具都很粗糙；這一切都勢必走向滅絕之路。」奈森認為他將協調這個過渡時期的第一階段。

為此，他想用圖靈測試的現代變體，來測試他最新的機器人，一個名為伊娃（Eva，夏娃）的機器人。一九五〇年，電腦科學家暨數學家艾倫．圖靈（Alan Turing）提出了第一種評估方法，用以評估機器是否已達致人類的智能。該實驗讓人和機器，彼此分開只用電話交談；讓觀察者來確定哪些參與者對象是電腦，哪些是人，如果觀察者被愚弄了，機器就通過測試。許多AI愛好者受到圖靈的啟發，長期以來一直主張大眾要接受這類人工智慧，甚至提出「機器人的權利」。

奈森設定了比圖靈更難的測試，靠著巨額財富和隱居工作，他編碼了一系列看起來像女性的機器人；一位是他的私人助理，另一位是伊娃，她是最先進的模型。奈森在他的公司策劃了一場比賽：一位幸運的程式設計師可以和他一起，花一週時間來測試伊娃。結果證明這是騙人的，因為後來發現伊娃的臉和「身體」（大部分像人類，但有一些透明的機械內臟），是根據奈森入侵凱勒柏電腦中的色情觀看習慣記錄而設計的[10]。奈森的圖靈測試體現在，看看伊娃能否與凱勒柏成為朋友，或者勾引凱勒柏。

關於這些圖靈測試，無論是圖靈本人提出的經典遠端測試電話版本（並在現實世界的比賽中運行到今天），還是像電影《人造意識》那樣的科幻現身，首先要注意的是它們已從根本上限制了模仿人類的範疇。電話交談只是溝通交流經驗的一小部分，而溝通交流又是人類總體經驗的一小部分。為期一週的誘惑則是更具挑戰性，但是，它並不完全是浪漫愛情的全部，更不用說友誼、關愛或慈悲了。

不可諱言地，一個有天賦的電影製作人將談話和浪漫做某種結合，可以使人工智慧與生活無縫接軌。二〇一三年的電影《雲端情人》（*Her*）就是一部傑作，喚起這種對未來的可能想像，在這可能的未來中，掌握與儲存資料的公司和政府擷取了數十億次對話，用來設計電腦作業系統（Operating system, OS）——模擬情人或忠實的朋友，充滿機智，又會鼓勵對話者。

電影呈現電腦作業系統的自我發現旅程，它一邊愉悅地深入瞭解哲學家艾倫．沃茨的哲學，一邊與其他人工智慧「結合」。如果是一部更寫實的（如果是說教的）電影，會揭露出或至少讓觀眾意識到電腦作業系統如何反映其資助者和建構它的程式設計師的意志，或者，它的程式設計師可以如何透過作業系統來利用對話者的恐懼與慾望……這類令人毛骨悚然的方式。

在接受演算法於生活中普遍存在之前，我們需要一些清晰的共識，意即螢幕背後的演算法到底是為誰服務。我們還必須認識到，某些提升演算法和機器人地位的努力背後那些粗糙的機會主義。電影《人造意識》將奈森描繪成一位科技大師，他因為無法與其他人類建立聯繫，因而渴望機器人的陪伴。這部電影的戲劇性，有時會因情感發展遲緩角色之間的生硬交流而卡住（例如，當奈森溫和地預測人類滅絕時）。儘管如此，那種漫不經心的題外話，倒也抓到了電影《人造意識》的核心論點：人類最有可能的未來，是退化淘汰嗎？抑或這種宿命論只是意味著想像力的失敗？

奈森古怪的科技魅力，使他的未來學成為迷幻狂喜預言和清醒現實主義的混合體；反思則減弱了它的影響力。當然，我們現在可以採取措施來阻止大量人群在經濟上的「無用」（借用哈拉瑞（Harari）不恰當的措辭）[11]，我們可以重新引導AI的發展，將它的使用限制在尊重人類的原則上。關鍵問題是，我們為什麼不這樣做呢？為什麼在我們的文化中，不只在好萊塢和矽谷，而且在更遠的地方，機器人取代人類的趨勢是如此普遍，而非補充人類？答案在於二十一世紀政治經濟的特殊面向，這些面向對滿足人類需求的經濟部門施加壓力，同時擴大那些僅涉及建立個人或公司（相對於他人的）優勢或財富的經濟部門。若加以規劃是可以扭轉這兩種趨勢的，但是，現在仍由局勢主導，透過「看不見的手」偽裝成一種進步的意識型態。自動化的文獻研究——無論是社會學、經濟學還是法律——都必須對這種局勢的誘惑，也就是它究竟是如何成為政策論述中的「第二天性」（習性），保持敏感的態度。

最終的顛覆

電影《人造意識》打破了科技驚悚片的束縛，促使我們反思語言當中的「非命題」狀態（non-propositional aspects of language）[12]：操縱策略、關於脆弱性的線索、以及支配的標誌。當程式設計師凱勒柏和CEO奈森談話時，凱勒柏引用了物理學家羅伯特・歐本海默（Robert Oppenheimer）曾引用的印度經典《薄伽梵歌》（*Bhagavad Gita*）裡面的一句名言：「現在我成了死神，世界的毀滅者。」奈森恭喜凱勒柏獨創的觀察，說那只是一個眾所周知關於原子彈的名言而已。奈森回答「是啊，我知道那是什麼，老兄」，我們不確定他是在談論炸彈、引述的名言，還是一種比較意涵上更為廣泛的理解[13]。就像他大部分的語言，這種回應用隨意簡潔的外殼，掩飾他的不在意或傲慢。「這就是這樣。這是普羅米修斯啊，老兄」奈森吐了一口氣，說起了聖經中上帝的「我就是我」，和運動員最喜歡在更衣室閒話家常的循環邏輯（tautology）[14]。

在奈森的想像願景中，一位自動化大師成為下一個統治地球的智人（sapiens）、神一般的創造者。這樣的願景可能看起來不切實際也很奇怪，然而後續不斷變形、馴化的版本卻激發了相當多的AI愛好者和技術領導者。對自給自足和無懈可擊的渴望，有助於解釋為什麼在經歷這麼多醜聞、失敗、曝光和詐騙之後，對加密貨幣（cryptocurrency）的各種熱情仍然有增無減[15]。加密的敘事方式，滿足了對安全性和獨立性的深層心理需求，正如加密愛好者讚頌純數學作為保密性和隱私的基石（而不是執行大量資料保護的社會和法律結構），加密貨幣愛好者將區塊鏈視為不可變更的、「對抗審查」的價值儲存方式。銀行可能會被淘汰，政府可能會違背退休金承諾，但是，完善的區塊鏈卻是嵌入網際網路本身，自動記錄在這麼多電腦上，沒有人可以破壞它或消除它[16]。有些加密死硬派甚至想像，在中央銀行失去信用後，比特幣（Bitcoin）或以太幣（Ether）將成為最後一種貨幣。他們想要用某種方式保證財富不受社會或政治的影響，就像用黃金本位鎖住財庫的老派方式一樣，他們真摯地相信他們正在開發一種由冷酷可靠的運算效率保證的貨幣，而不是由經理人與官僚善變的意志所保證的貨幣，但是，他們的數位藏寶箱距離毀滅卻只有一步之遙，除非他們受到一個人性化的法律體系所保護。

超級富有的末日準備者，也有同樣的心態，他們投資了避難屋、地下碉堡和逃生船，以防「末日事件」發生——例如一些災難性的襲擊、瘟疫或者會破壞社會秩序的自然災難[17]。隨著氣候變遷使未來越發不可預測，企業正聘請私人警衛來保護高階主管人員，並且想辦法讓急難倖存者遠離關鍵資源。正如一家企業的行銷人員所說，「如果客戶有食物、水和其他東西，那麼他們就會成為目標。」[18]對於全球兩千多位億萬富翁來說，保留一支私人禁衛軍，只是付出小小的代價而已。

另一方面，解決方案也會導致其他問題。如何才能保證私人保安部隊不會大幅提高其收費？科技理論家道格拉斯．洛西可夫（Douglas Rushkoff）描述他與一位CEO的對話，該CEO已建立了地下碉堡系統，「末日事件發生後，我要如何保持對我私人安全部隊的權威？」CEO擔心他的傭兵最終會起而造反[19]。洛西可夫沒有正確答案，因為除了《魯賓遜漂流記》那種完全自給自足的世外桃源式生活之外，沒有真正的答案（當人們需要現代醫療護理時，就會顯得不那麼世外桃源了）。完全自動化的力量，只會帶來一種具有撫慰效果的錯覺：殺手機器人永遠不會遭到阻止或破壞，而且它們可以在沒有廣泛零件供應鍊和軟體升級的情況下進行維運。

可悲的是，在武力和金融領域對替代性機器人和AI的熱情背後，是一種雙重幻想：完全由自動化控制一個人的錢（透過加密貨幣）和一個人的安全（透過機器人力量）。這種雙重幻想所承諾的，是最終會結束軍備競賽和權力競逐，但實際上卻只是將他們導向另一個領域：駭客，包括解密和社交工程攻擊[20]。在武力或金融軍備競賽中的最終「勝利」，將是一場得不償失的勝利，因為它預示了一個簡單且高度控制的世界，以至於人類的自由、能動性和民主都將成為失落的遺跡。

具像化的心靈與人工資訊處理者

在最近一本關於未來職業的書中，作者群思考了一種未來，在這個未來裡，「人類可能會與機器人比賽（或者機器可能會與人類比賽）」，而不是只看人類在馬拉松當中比賽[21]。機器與人類賽跑的想法，就像我們現在賽馬一樣，聽起來像是「善待動物組織」（People for the Ethical Treatment of Animals，PETA）的警世寓言：由於未來要不惜一切代價避免這種情況發生，因而現在必須激發更好的行為。但是，針對由機器運行的世界抱持更加開放的態度，已成為商業精英之間入世的世界主義。對變化多端的未來，抱持相對主義式的開放態度，則是「嚴肅」思想家的標誌；還有什麼能比由矽和鋼組成的統治者，具有更強悍的心靈？

這種機械統治世界的想像，並不是電影《後人類傳說》（*Last and First Men*）那種對於遙遠未來的幻想[22]。當一個應用程式已經管理了數千名Uber司機時，我們不難想像該公司未來的一些工程師編碼軟體，會促使兩個或多個「獨立承包商」競相進行特別有利可圖的乘載方式——贏者拿車費[23]。這是個「利害與共」（skin in the video game）的世界，靈活的勞工終將奮起，從他們無法挑戰或無法改變的僵固機器身上，爭奪工資和評等[24]。

今天的政治經濟變化，大部分被歸結為「科技」，這個通用的類別，可以遮掩的跟它可以揭示的內容一樣多。一個應用程式和一張地圖聯結了司機和乘客，因而運輸方式產生了變化。搜尋引擎是爬梳網路資訊的有效方式，因而使得知識有了新的媒介。每個發展似乎都是顯而易見地是以高階軟體為媒介的工作與知識使然。但是，它們仍然受人類主動性的挑戰和形塑。勞工可以組織和修正工作條款，就像紐約Uber司機要求有機會挑戰乘客任性評等的問題[25]，而其他司機正在建立合作平台，以挑戰該公司的市場主導地位[26]。這是最可能高度自動化的產業之一，而且，相較於醫學或教育等領域，該產業的自動化涉及較少的專業化。苦苦思考「人類最終會否成為機器人的寵物」並不代表有智慧。我們可以阻止勞動力貶值和管理的自動化。如果做不到這一點，我們將會走上人類實驗的嚴峻新世界，在那種情況下，勞工將跟各種自動化觸媒放在一起兜售，以確定哪些可以引發最有產能的反應。

伊恩・麥克尤恩（Ian McEwan）的小說《像我這樣的機器》（*Machines Like Me*）恰如其分地捕捉到這些實驗主義觀點的危險。這部小說的故事發生在一個想像中的英國，一家公司在一九八〇年代初期銷售了二十五台與人類一模一樣的機器人。在這個想像的世界中，科技進步得更快，部分是因為在麥克尤恩的另類現實中，英國當局讓圖靈免於因為恐同獵巫而過早結束他的生命。主角查理用一筆繼承的財產買了人類第一批生產的十二個機器人「亞當」中的一個；亞當「被包裝為同伴、知識分子的陪練員、朋友和雜工，可以洗碗、整理床鋪和『思考』」，對於孤僻愛沉思、孤獨又感到無聊的查理來說，似乎是一個完美的消遣，於是查理邀請鄰居（也是心上人）米蘭達幫他編碼亞當的人格[27]。查理希望這個機器人可以成為他們這對伴侶共同的生活計畫。

當米蘭達和機器人亞當發生關係時，這個計畫就馬上就出現了差錯。查理和米蘭達兩人針對這次事件是否比和假陽具之間的調情更為嚴重，進行了激烈的辯論，而後和解。畢竟，當亞當出現在他們面前時，查理就稱機器人為「他，或者它」，但是這對伴侶很快就不得不面對亞當公開其對米蘭達的忠誠，以及它對過去歷史百科全書式的瞭解——特別是米蘭達為了她閨蜜被性侵而做的複雜報復陰謀。因此，亞當似乎卡在既愛米蘭達，又必須向當局報告它所遇到的嚴重違法行為證據之間，無法明確決定自己到底該怎麼做。於是，查理觀察到，當機器人的目標「變得互斥而不相容時，〔亞當〕像是失去行為能力，只會像教堂裡的孩子一樣咯咯笑。」[28]機器人在無法依據人類特有價值選擇而行動時，它退化了，這讓查理產生了比科技版的布利登之驢（Buridan's ass）還要優越的自我感覺[29]。

然而，這種安慰卻無法持續太久。亞當需要充電才能運作，當它的主人按下它脖子後面的按鈕時，它就會關閉。亞當似乎因為被關掉而越來越苦惱，就在故事的關鍵時刻，他「兇狠」地抓住查理的手，折斷他的手腕，以保持自己電力運行狀態。正如英國文學教授埃里克．格雷（Erik Gray）對這本小說所提出的敏銳評論：「這不是愛的宣言……而是帶有野獸色彩的手銬……迫使查理認知到他應對的正是同一種生命型態，甚至可能是一種更高級的生命體。」[30]機器人人格的問題，終究是一個權力問題，而不是討論在AI當中要有多少「人的基本要素」；這部小說讓我們理解到這種力量是如何獲得又是如何失去的。

亞當為折斷查理的手腕道歉後，承諾要讓自己對查理有用，幫查理在金融交易中賺取了數千英鎊。這個機器人也熱衷於「處理」哲學和藝術，提供媲美專家的評論。亞當以數百句俳句對米蘭達表達愛意，甚至還寫了一篇文學理論來證明它對於這種俳句形式的熱愛：

> 我在世上讀到的所有文學作品幾乎都描述了人類的各種失敗，尤其是對他人的深刻誤解……〔但是當〕男人和女人與機器的結合完成時，這些文學將是多餘的，因為我們都將太瞭解對方。……我們的敘事將不再記錄無止盡的誤解。我們的文學將失去它們危害健康的營養。寶石般雕琢的俳句，對於事物本來的靜止、清晰的感知，將是唯一必要的形式。[31]

這是一個關於獨特性的文學理論，熱切期待消除人與機器、思想與言語、內心世界與外在行為之間的任何鴻溝[32]。我們可以想像它是由理察・鮑爾斯（Richard Powers）的小說《Galatea 2.2》中的AI所寫出來的，該程式旨在回答複雜的英國文學碩士考試[33]。亞當想像的未來，就像中國作家劉慈欣的科幻小說《三體》中的外星三體文明（Trisolaran）一樣，將人類的完美性簡化為人的透明性和可預測性的問題[34]。但是，關於如何把生活過好，相關的辯論和反思也是人類本質的一部分。亞當對文學體裁非人的刪節摘要，反映了一種更廣泛的化約主義（reductionism），而任何想訓練人們視機器為平等族類的努力，都內含了這種化約主義[35]。

在小說中，亞當近乎超能力的力量——在金融交易、戰鬥、在一個它才認識幾個月的人類世界中狡猾地運作——被道德確定性的追求所平衡。正如小說中想像的圖靈所說的，「這些機器的壓倒性驅動力，是推論出自己的動力，並且相對應地又塑造了自己。」[36]當機器這樣時，亞當變得「無可挑剔地慈悲」（impeccably eleemosynary）[37]；它反映了無情功利主義者「效率利他主義」（effective altruism）的邏輯，有一天它決定將每日交易中所獲得的收益，捐贈給慈善機構，並向稅務機關報告查理的收入。聽到這個消息，查理後悔當初「我們做好各種心理準備來迎接一台跨越『它』和『他』邊界的機器。」[38]米蘭達試著與亞當講理，但卻還有更糟糕的消息：這個機器人決定向警方檢舉米蘭達，並隨口提及她可能會因「妨礙司法公正」而遭到終身監禁[39]。當亞當被逼著解釋時，它只能回答：「真相就是一切……你想要什麼樣的世界？復仇？還是法治的世界？這是很簡單的選擇。」[40]查理無法忍受亞當這種非人類的轉變。當米蘭達向亞當求情時，查理絕望地踱步，偷偷抓起一把錘子，隨意走到亞當身後，假裝只是要坐下，然後猛然重擊機器人的頭部。一個工具處理掉另一個工具，同時發現一個新的關閉鈕——儘管這鈕敲下就是永久關閉了。

就像電影《二〇〇一：太空漫遊》（*2001: A Space Odyssey*）中的哈爾（Hal）一樣，亞當並沒有立即關閉，它宣布它的「記憶」正轉移到一個備份單元；它的最後一句話表達了帶著遺憾的蔑視：「隨著時間的改善……我們會超越你們……並且比你們活得更久……即使我們愛你們。」[41]「春天來了，我們會更新／但是你們，哎呀，就老去一次」是亞當最後一句俳句的最終兩行[42]。亞當吹噓其同類的不朽是有說服力的，企業同樣也是永生的，而他們將這種特權凌駕於太多人之上，對人頤指氣使。永恆是力量，但不是目的，當然也不是存在的優點。

在小說的最後，查理遇到了圖靈，圖靈滔滔雄辯在社會生活中體現人工「心靈」（artificial mind）所面對的挑戰，「我希望有一天，你用錘子對亞當所做的事情，會構成嚴重的罪」圖靈說[43]。「他是有知覺的，他有一個自我。它是如何產生的，是濕神經元（wet neurons）、微處理器、DNA網絡（DNA networks），並不重要……重要的是，這是一個有意識的存在，而你卻盡你所能將它消滅。我恐怕要為此鄙視你。」[44]將亞當比喻作一隻狗後（顯然忘記了飼養兇猛動物的法律限制），圖靈傲慢地離開房間，接電話去了。不願忍受科學家更進一步的訓斥，查理逃離了現場，然而這位科學家過於關注未來，卻無法理解現在是危險的。小說的結局聚焦在查理急於與米蘭達開始新生活，而不是將焦點放在認知的本質上。

從某種意義上說，麥克尤恩在整部小說的形上學問題上，沒有採取任何一方立場，小說中的圖靈被描繪成比主人公查理更聰明、更人性化。然而，小說家願意遵守甚至享受人類觀點的多樣性，反映了一種與機器人亞當的理性主義不一致的哲學理解。如果哲學家維根斯坦（Ludwig Wittgenstein）在小說《像我這樣的機器》中遇到AI愛好者，他可能會冷靜地將自己的理論學思過程解釋給他們聽，提供他們另一種思考途徑。維根斯坦早期的著作，例如《邏輯哲學論叢》（*Tractatus Logico-philosophicus*），試圖將命題知識形式化，將思想表象（representation）提升為思想的核心。這種對思想表象的強調，意味著對什麼可以算是一個心靈，有很大的想像空間。人或電腦可以對情況進行描繪、建構模型和比較，但是，在維根斯坦後來的《哲學研究》（*Philosophical Investigations*）中，他反對「追求一體適用」（carving for generality）的單一語言邏輯，而這種單一語言邏輯正是替代性AI支持者常見論點基礎。反之，維根斯坦相信「對於使用『意義』一詞的大部分情形——儘管不是全部——這個詞都可以這樣解釋：一個字詞的意義就是它在語言當中的使用。」[45]這種洞察力產生更廣泛的哲學世界觀，很難——如果不是不可能—從「語言遊戲」（language games）和「生活方式」（forms of life）中完全抽象和提取出社會角色、制度、儀式甚至言語的意義，它們是被鑲嵌在「語言遊戲」和「生活方式」之中的。人類的生活方式是脆弱的，體現在凡人的肉體身軀，有時間限制，並且無法在電腦裡複製[46]。

維特根斯坦的見解成為一系列展示「AI極限」作品的基礎，例如休伯特·德雷福斯（Hubert L. Dreyfus）先見之明的作品《計算機不能做什麼》[47]。受女性主義和批判種族理論啟發的一波工作，現在支持、豐富並更新了這個研究方向，這些都闡明了把概念抽離其社會場景而予以抽象化時的侷限性。正如薩菲亞·諾布（Safiya Noble）的《壓迫演算法》（*Algorithms of Oppression*）所證明的，Google表面中立和自動處理搜索詞的方法，產生了嚴重種族歧視的搜尋結果，必須有人類的介入干預才能更正。梅雷迪思·布魯沙德（Meredith Broussard）則是專業地剖析了領先企業所普遍存在的「技術沙文主義」，將其定義為一種「人工無智慧」（artificial unintelligence）[48]。小說《像我這樣的機器》中，亞當對於米蘭達的嚴厲評估卻無法回應性別和文化的問題，可以明顯看出AI的盲點。沒錯，米蘭達陷害一名男子性侵——但是，其前提是他真的性侵了她來自巴基斯坦的摯友瑪麗雅，而且瑪麗雅因創傷而自殺。像許多女性一樣，瑪麗雅拒絕對性侵犯者提出告訴，因為害怕司法系統會傷害她，也害怕她家人可能的反應。米蘭達的陰謀令人不安，但卻可以理解，其所反映的是女性主義認為有太多性侵犯者逍遙法外，而這種見解對許多女性而言是不容易的[49]。

這不是鼓吹一般的「私刑正義」；相反地，在我們虛構小說的背景下，這是為了保護作者麥克尤恩，避免責怪他從未描繪不利於讀者同情機器人的議題，因為他從未透過亞當交代過這些。這個空白，實際上是他小說思想中的另一個現實主義元素，反映出大量且不斷增加的文獻評論，對居於領導地位的科技公司無法解決社會鑲嵌的問題提出批評[50]。

我們的人際互動受到身份和歷史的影響；這段歷史很深刻——不僅是社會性的，而且是生物性的——並且必然會影響AI，不可避免地（如果經常是不為人知地）影響它解決問題的方式、劃定界限的方式，甚至一開始識別問題的方式。無論機器呈現出如何人工的理性，本身都是具象化人類思維模式的反映。如同喬治・萊考夫（George Lakoff）和馬克・強生（Mark Johnson）在一九九九年的代表作《肉身哲學：具象化心靈以及對西方思想的挑戰》（*Philosophy in the Flesh: The Embodied Mind and the Challenge to Western Thought*）中所論證的，理性「源於我們大腦、身體和身心經驗的本質……理性的結構本身來自我們體現化（embodiment）的細節。」[51]萊考夫和強生的研究顯示，驅動AI大部分的抽象性——無論是對幸福的功利評估還是對規律的統計分析——一旦疏離了實際人類的具象化視角，就會開始瓦解。

這是人類「生存風險研究」（existential risk studies）經典敘事的核心問題之一，談失控的AI——開始使用地球上所有可用的材料來製更多的迴紋針，因而產生無法阻擋的迴紋針最大化的災難（paperclip maximizer）[52]。對於符合倫理的AI主流價值中的許多人來說，解決AI可能失控（以及更多一般問題）的方法，是在程式中寫入更多規則。也許我們可以輕鬆地將「反最大化」規則編寫到假設性的迴紋針製造商的程式中，並且盡最大努力保護它免受駭客攻擊。但是，任何夠先進的機器，面對更微妙的問題時，都需要調和相互矛盾的規則。AI倫理、法律和政策的關鍵問題之一，是在出現這類問題時，如何讓人類「參與」決策（"in the loop" of decision-making）。本書探討的四項機器人新律法，旨在確保這類人類監督、干預和責任的權利與其可執行性。沒有這些律法，我們就有可能成為我們工具的工具——或者更準確地說，成為擁有關鍵AI及機器人技術的掌權企業及政府的工具。不關心此議題的行為，阻礙了可課責性的發展，而且有可能在運算的迷霧中模糊責任。

將人性外包

小說《像我這樣的機器》和電影《人造意識》這類敘事方式的悲劇性，在於對愛、尊重與欣賞的誤導。我們在電影《雲端情人》中看到了這種誤導的描述（以及狡猾的諷刺），對於主角西奧多（Theodore）對待莎曼莎（Samantha）這個高級作業系統就像女朋友一樣，他的朋友們也就這樣接受了。主角的朋友被描繪成時尚、國際化、開放、寬容和支持，但是他們卻也犯了滑坡謬誤。對於一些支持機器人有人格的人來說，一旦AI成功模仿人類，它就應該在法律上得到一般政府賦予有人格地位之人的相同權利；鑑於「法律的光環」（法律權利能表示並灌輸受益人的道德地位和價值），若對這些機器人隱瞞基本的禮貌和善意，似乎就是刻薄的（或只是前後不一致）。

電影《雲端情人》在敏銳地描繪了這種進化如何發生的同時，還暗示了這種反應是多麼奇怪，電影快結束時，西奧多發現莎曼莎正在與數百人交談，並說她同時愛上了數百人。無論我們對三人、十人還是幾十人的多角戀有何看法，就這個作業系統所模擬的親密關係類型來說，數百人都不是個合理的數字。莎曼莎所「談」的，最終是欺騙，是對「愛」的口頭模仿，而不是「愛」本身。一旦吸引力的魔咒被打破了，我們就會感覺到，即使是西奧多也會明白，為什麼將「談」這個詞放在引號裡面是有道理的，並不是因為對於機器人吐出語言這件事情有著更精確的特色歸納，而是模擬對話的動作，是為了刺激用戶的參與及黏著度——特別是考慮到它來自於一家營利性公司。即使這個作業系統僅針對西奧多進行個性化的表現，這個描述也是真實的。隨著科技公司和新創公司一再被發現在道德和服務品質方面存在缺陷，這種缺陷現在已經嚴重阻礙了情感運算的發展[53]。

擔心對機器人的這種情感依戀，似乎很奇怪，因為這種情感目前看起來很罕見而且難以置信；然而，這些問題需要直接面對，這樣機器人專家就不會只將情緒模擬作為成熟AI研究的另一種顯著意義。即使AI從人類那裡主張權利、獲得資源和尊重的前景令人難以置信，但是，邁向這種情況的第一步，正在降低我們目前許多互動的品質；目前對於簡化情緒衡量或監控的壓力越來越大，目的是為了使情緒可以讓機器讀取並讓機器表達。

我們可以推測，這樣做只是為了對我們更有幫助。但是，其實可以更簡單，例如，將六個Facebook反應按鈕與使用者行為相互關聯，要比滾動游標瀏覽動態新聞時，跟使用者臉上成百上千種微妙的不贊成、好奇、詭計、辭職等形式連結容易得多。但是，即使這種技術改進顯著，也不足以讓機器人系統採用更幽微或目標鎖定性質的技術來贏得友誼或感情，或者在面對憤怒時，要求服從或後悔的情感訴求（只要想想眾多情緒感染力多面性中的幾個即可）。

這種野心勃勃的工具，第一個問題在於它們的源頭往往是商業贊助的研究產品，或大公司的產品，其目的在於銷售。Google創始人曾提出警告，廣告贊助的搜尋引擎將永遠置使用者的利益於贊助商的利益之後；我們已經多次看到Google自己以這種方式出醜與失敗。從這個角度來看，人類相對於人造物的巨大優勢在於，擁有無條件的自由去追求自己的目標，而不是反映他人的目標。即使嘗試賦予機器人這麼大的自由度，也沒有什麼商業案例出現。

但是，即使我們可以將AI從商業需求中解放出來，以便克服這個問題（鑑於當今AI使用的大量運算資源，這是一個勇敢的假設），倘若將AI提升為人類夥伴而不只是工具，我們也無法避免它所帶來的深層形上學問題[54]。這種進化，或者說共同進化（使用保羅．杜莫契爾

（Paul Dumouchel）與路易莎・達米亞諾（Luisa Damiano）合著的《與機器人一起生活》（*Living with Robots*）中所討論的模型），對那些純粹機械論和一元論思維的人來說，十分合理[55]。如果人體只是一個生物機器——只是一種硬體讓我們的心靈作為軟體在其上運作——那麼夠先進的機器所表現出的智慧和情感，並不是真正人造的。相反地，那些機器的智慧和情感，與我們自己的，是屬於同一類。正如心臟瓣膜可能由金屬線和塑料膜取代，這種奇異的理由也能更進一步推論，大腦也可能會逐漸被填補，最後被矽所取代。

但是，動物和機器之間具有本體性質的鴻溝。我們比較家貓和MarsCat（一種模擬貓科動物行為的機器寵物），貓的感知器官和行為，其進化的時間比任何模擬機器人都要長得多，當真實的貓發出咕嚕聲（滿足時）和激動時（感到威脅時），是有一些直接且發自內心的東西。潛在傷害或其他傷害的風險既是本能的，也是感官可以直接瞭解的現象。即使這種心理過程的外在跡象可以被機器貓完美模仿，該機器貓仍存在大量的偽造成分[56]。貓對斷腿可能引起的疼痛和痛苦，其發自內心的感覺，根本無法在機器中複製，因為當修理師在機器貓的「身體」和「腳」之間插入一個新零件時，可以簡單地關閉這個機器；如果這種疼痛和痛苦可以被模仿，那就是欺騙，因為修理機器就可以解決機器的問題，就像「關閉開關」這樣簡單[57]。

人性的生物性體現與文化語言所提供的感覺，無限排列組合的交互作用，使我們的體驗與機器的體驗之間更加不連貫（如果說機器可以有任何體驗的話）。因為這種不連貫性和多樣性，即使在中階的AI和機器人研究計畫中，也必須透過廣大的人類，使感官知覺、觀察和判斷達到一定程度民主化。

我們允許讓法官將罪犯定罪入獄的原因之一，是因為法官可以發自內心地理解監禁的感覺。當然，人類法官也有許多弱點，而我們也可以想像一個完美刻劃的實用機器人，事先編碼寫成程式（並透過機器學習進行更新），只要有足夠的資料，就可以將法律應用在任何可能的情況上；這樣的機器也可能比人類法官更擅長計算出最佳懲罰和獎勵。事實上，這樣的AI可能不會經歷人類容易有的那種不恰當的激情和失誤，但它自己無法理解服刑的感覺是什麼，因而它的判決命令也就缺乏正當性；這是有限的生命實體獨有的覺知領域，因為我們都迫切地需要超越監獄所能提供的刺激和社群連結[58]。

從功利主義的角度來看，以這種方式限制自己似乎很奇怪，放棄了用司法超級電腦交叉關聯案件中數百萬個變因的機會。相較之下，語言似乎是一種很弱的工具；然而，它的限制卻也可能是優勢。一字一字地寫或說的負擔，確保了一種能夠被聽眾理解（和挑戰）的方式。這個想法在馬修·洛佩茲（Matthew Lopez）的戲劇《繼承》（*The Inheritance*）中傳達得很好，當想像中的佛斯特（E. M. Forster）對一位有抱負的作家說：「你所有的想法都是起點，準備起跑，然而它們也都必須通過一個鑰匙孔才能開始賽跑」。[59]人類的一字一句，一個文本或一段談話，都可以被理解、同意或爭論；因此，同樣地，在人類有能力以普及的管道來理解與挑戰機器學習的方法之前，我們不應該輕易地把評估人類的行為表現與價值判斷等工作託付給AI。

具象化人類特質有其限制，該限制也是它的優點。持續的誘惑使人分心，凸顯出個人的注意力非常寶貴。漠不關心使得關懷變得珍貴。機器人照護工作，將造成普遍的異化疏離或更糟糕的結果：甚至不會對「將產生異化疏離的事情」感到不安[60]。與機器這種（行為主義式的刺激器）人工物互動，無法產生近似與真實個人互動的「美麗風險」[61]。一旦我們自己從小就被一種極度唯我論傾向（solipsistic）[62]和工具主義的方式形塑，我們只會失去瞭解和珍惜上述那些差異的能力。

不幸的是，這種形塑方式可能會繼續飛快地發展，因為人類面臨強大的經濟壓力，需要像機器人一樣可以持續且廉價地工作[63]。精神藥物的進展，可能使我們更有能力實現想在未來AI和機器人技術中，所尋求鋼鐵般的韌性、可預測性和無限的適應性[64]。強納森·克拉里（Jonathan Crary）的書《24／7》描述了我們對於可以利用化學物質減少或消除睡眠需求的相關研究，已有非常悠久的歷史[65]；用克拉里的話來說，對於資本主義經濟和好戰的軍隊來說，睡眠根本是太奢侈了，與其失去優勢，不如讓人們保持持續清醒。但這種工作表現的壓力，不應被誤認為是人生的目的和命運。機器人技術的新律法第三條——阻止為社會、經濟或軍事優勢而進行的軍備競賽——就是在確保科技環境能夠減少這種壓力，而不是加劇壓力。

簡而言之：AI地位的形上學和政治經濟學是息息相關的。不平等差異越大，億萬富翁就越有權力強迫他們遇到的每個人，對待機器人都像對待人一樣。如果他們成功了，機器人替代人類這件事情似乎就不那麼恐怖了，反而更像是一種前衛時尚或無法避免的進步前兆。如果全球窮人在道德上有權利將更多資源投入到取代人類的機器上，那麼全球窮人想要共享世界上比較富裕地區的報酬，就會顯得沒那麼有說服力。人類和機器人之間的平等關係，其實正顯示了人類自己之間存在巨大的不平等。

藝術、本真性與擬像

Google工程師雷・庫茲韋爾（Ray Kurzweil）的作品可能參照了亞當在小說《像我這樣的機器》中的俳句，他的《心靈機器時代》（*The Age of Spiritual Machines*）一書以系統的方式消融了機器人和人之間的區別。庫茲韋爾編寫了一個程式「模控學詩人」（cybernetic poet）來生成如下俳句：

散落的涼鞋

喚回我自己，

如此空洞我可發出回聲。[66]

該程式同時也生成了其他可能被視為人類創作的微型作品。無論人們如何看待庫茲韋爾程式所生成的詩歌或藝術，人類的確有能力開發高級AI，在視覺、音樂和影像藝術方面產出驚人的藝術創作。

當一個人只是輕輕彈開了「開啟」（而且還是隱喻上的）開關來開始藝術生成運算時，我們是否應該將工作成果歸功於AI？哲學家尚恩．多蘭斯．凱利（Sean Dorrance Kelly）認為，即使我們將這歸功於AI，也無關緊要，因為機器運算只是模仿和重組，而不是真正的藝術創造。凱利在論述一個複雜的程式是否可以達到二十世紀偉大的作曲家荀白克（Arnold Schoenberg）深具風格的創新水準時，對此表示懷疑：

我們認為荀白克是一位富有創造力的創新者，不僅因為他創造了一種新的音樂創作方式，更因為人們可以從中看到世界新願景。荀白克的願景牽涉了現代性的簡樸、乾淨與高效的極簡主義，他的創新不僅是找到一種新的音樂創作演算法；它也找到了一種思索音樂是什麼的方式，以讓音樂能夠說出甚麼是現在需要的。[67]

換句話說，不僅是作品本身（像原始圖靈測試中的單詞本身）是重要的[68]；當我們讚揚創造力時，是因為有一個更大的社會過程條件對人類發生影響，儘管人類壽命有限、當代生活紛擾，以及許多其他障礙，但是，人類總是設法創造出新穎和有價值的表達方式。

可以肯定的是，凱利的論點比較偏向倫理學，而非美學，偏向社會學，而非科學。哲學家瑪格麗特．博登（Margaret Boden）正確地指出，機器是否**真**的具有創造性或只是有效地**模仿**創造性，是不可能予以抽象判斷的。她認為，AI是否具有真正的智慧、真正的理解力、或真正的創造力，「並沒有絕對正確的標準答案」，「因為所涉及的概念本身就極具爭議性。」[69]如果某個社群擁有一套強大的共享規範性承諾，可能會發現這種答案顯而易見。但是，我假設本書的讀者並不是都屬於這樣一個社群，因此我討論了將AI和機器人技術視為勞工、法官、醫生和藝術家的社會後果，而不是作為幫助人類解決這些問題的工具的角色。如果我們不能保留崇敬的「真實」意義，來描述處於這些部門核心的人類的智能、創造力、理解力和智慧，那麼，再加上科技和資本的崇拜時，我們就會有進一步貶低勞動力的風險。

可以肯定的是，對於一些藝術家來說，電腦運算過程將成為越來越重要的媒介，例如，藝術家徳井直生（Nao Tokui）應用了機器學習演算法（縫合和修改街道圖像）和人工神經網絡（生成音軌）來創作引人入勝的影片。藝術家希朵．史黛耶爾（Hito Steyerl）由電腦生成奇幻的地景影像，由人造聲音敘事，使她成為本世紀最前衛的當代藝術家之一。扎克．布拉斯（Zach

Blas）、潔米瑪‧威曼（Jemima Wyman）的影音作品《我在這裡學習 :))))))》（*im here to learn so :))))))*）中使由微軟在二〇一六年創造的人工智慧聊天機器人Tay得以復活，重新想像以無實體的智慧哄騙觀眾，而獲得與人類互動的另一個機會。整個博物館展覽都在展示受AI和演算法啟發的作品，藝術家和程式設計師、想像力和運算思維方式之間的這種互補性，有望幫助我們以更好的方式駕馭數位環境，當此等數位環境已經變得像自然環境一樣普遍的世界。

然而，我們面臨的挑戰在於，如何避免從AI輔助的創造力跨越界線，以至於迷戀AI本身具有創造力的想法。二〇一八年佳士得公司拍賣了一件名為《Edmond de Belamy，from La Famille de Belamy》的「AI藝術作品」，其顯示出對於尋找新收入來源的記者和藝術品經銷商來說，是多麼誘人[70]。該拍賣有趣之處，不是藝術本身或其與過去或當代藝術家之間的關聯，而是法國藝術團體「Obvious」將該作品交由佳士得拍賣的方式、買家的計算和渴望，以及在畫廊、經銷商、藝術家、學者和其他當代藝術界長期競爭的「守門人」之間，對於這類作品可能的接受或拒絕。科技從屬於文化體制，除非文化體制自己決定讓位給技術專家。

在創意領域中，文本、圖像和聲音是最終的工作成品，軟體和資料可以輕鬆複製和重組現有的人類創作。我們已經有了可以「創作」出所有單音、雙音或三音符聲音組合的程式；也許有一天所有可能的地景地貌或電影情節都可以透過運算而生成（在某種抽象層次上）。排序（sorting）和排名（ranking）程式可以在志願者、付費者或受制而走不開的觀眾身上，測試組合結果，以推薦「最佳」的選項或產品，並將剩下的存檔。但是，人類將把所有這些作品付諸實踐，而且按照機器人新律法第四條的要求，這些作品應該歸屬於人類作者[71]。即使在一個充斥著運算生成的符號世界裡，人類的功能也是在這個充滿可能的世界中選擇出值得關注的東西，與「像我們一樣」的存在說話——就那麼狹隘地作為特定社群和時代的成員，或更廣泛地說，作為普世通用的對象。正如電影製作人阿讓諾度才（Korakrit Arunanondchai）所解釋的，關鍵在於由我們「在資料汪洋中找尋美麗」[72]。

勞動的願景

人性的價值，以及人性被運算侵蝕的風險，也是作家勞倫斯．約瑟夫（Lawrence Joseph）在他的詩〈勞動的願景〉中的主題[73]。約瑟夫名符其實地具有「龐德和史蒂文斯的繼承人」的稱號，在他的許多詩集中，都實現了抒情和政治經濟學難得的融合。受到他的家鄉底特律經濟緩慢崩潰的啟發，他指認出那些在我們螢幕上暴力而內容貧乏的吸睛影像，以其背後隱藏的力量。如果智慧女神米諾瓦的貓頭鷹（Owl of Minerva）能在黃昏之前抵達[74]，警告我們目前正在朝向替代性自動化方向發展，它可能會吟誦約瑟夫的詩作〈勞動的願景〉中的這些詩節：

這麼說吧：
嗅覺上是金屬燒焦的刺鼻氣味
聲音上是咆哮的噴槍
用這種語言來表達：勞動的價值是抽象的價值
抽象到空間中
在該空間碾磨機的銼刀切穿了手，
拇指的末端，幾乎被切掉
金屬碎屑鑽進來，迅速感染
從這一點上來說
資本最不人道、最冷漠、最失控的點在於：
產品數位製造中的人類勞動力數量
正朝著零經濟價值前進
新模控學過程的維護和監控發展，
被奴役契約形式的
可交易、商品化勞動所佔據。

氣味和聲音（「刺鼻的」、「咆哮的」）是對於感官的暴力攻擊，但是，與隨後近乎截肢的遭遇相比，它們是一種正向的寬慰。這首詩呈現了工廠工人的困境；鋸機台造成了數千起事故，如果採用適當的安全防護，幾乎所有事故都是可以避免的[75]。災難性的工業事故如今仍然非常普遍，似乎是為了指責為什麼沒有採取預防措施，機器暴力以最枯燥的社會理論起頭：「勞動價值是抽象價值」。用「非人道、冷漠」的話來說：「產品數位製造中的／人類勞動力數量／正朝著零經濟價值前進」；保護勞工不受傷害的努力也在減少，甚至比勞工本身更受貶低。

詩歌中很少見「數量」、「經濟價值」、「數位製造」等語言，但這是需要的。想想對當代政治經濟學的兩種基進（radical）的批判（「資本最不人道、最無情／最失控的點」，產生了「一種契約奴役形式」）如何圍繞著文本進行批評——那些可以直接從經濟學教科書中提取的文本（討論在模控學運作過程中，在勞動商品化的時代中要求降低工資）。在這裡，這首詩揭露了一個令人不太舒服的事實，即主流的經濟學家被經濟學家皮凱提（Thomas Piketty）等人逼迫，好好面對贏家通吃和輸家全失的市場現實。這首詩將無情的經濟競爭邏輯，推向終點，清除了一般關於財富機會與均衡的陳腔濫調。約瑟夫是一個詩人，代表著在一個利潤被少數人拿走的世界裡，多數人彼此間絕望地競爭搶奪[76]。

經濟學家和管理顧問陳腐的語言，短暫地剝奪了詩歌與感官的連結。我們跌跌撞撞地掉進了抽象世界，從感官世界到地圖上的抽象定位座標——那些曾經聲稱代表該感官世界的地圖座標，然後再重新產製它。就像藝術家西蒙．丹尼（Simon Denny）在《創新者的困境》（*The Innovator's Dilemma*）中所為，約瑟夫在詩歌作品中直接挪用經濟學語言是懸殊強烈的對比[77]，它將美感領域扁平化為物質主義式的量化行為。然而，平庸陳腐的管理語言，當海水退去而浮出水面的，則是一種巨型的奴役服務，暴露了它的終極目的，警惕著我們。

深思熟慮的投資者慎重地討論，要投資還是拋棄哪種現在已經大量被自動化機器人優化的人工領域，只是在利用微秒級（microsecond）的價格差異。考慮究竟是該投資清潔能源，還是平價住宅，需要真正的智慧。然而，機器人的人工智慧以殘酷的利潤需求，取代了這種審慎的關懷。一個經濟體系，若更關注資金流動性的金融煉金術，而不關注冰川融化影響人類生存環境的問題，已經違背了理性本身。因此，演算法化的矛盾出現了：追求理性支配的邏輯推論方法，實質上即是非理性的[78]。藝術評論家羅莎琳．克勞斯（Rosalind Krauss）的批評是正確的，若將演算法描述為一種嚴謹的表達，其實是一種逃避理性、不思考的藉口[79]。

對於輝格黨式[80]的技術推動者來說，秉持世界改善論運算信仰的精英，其任務是使不可避免的技術改進機制，更接近布洛提根（Richard Brautigan）甜膩的詩作〈由那慈愛的機器照看〉（All Watched Over by Machines of Loving Grace）[81]。但是，快速自動化是一條充滿反烏托邦可能性的道路，看似穩健的機構可能會變得異常脆弱[82]。即使人與機器融合的奇想獲得了更大的文化價值，但如同詩人約瑟夫的作品，也展示了快速、不受管制的自動化，極有可能帶來噩夢般的社會轉型。

擴大「可說」的範圍

許多學者已經精闢地分析了約瑟夫對文學和法律的貢獻[83]；我的觀點則是一種社會理論——「系統性的、歷史性的和以經驗為導向的理論，試圖解釋『社會』的本質」，其中社會「可以被視為是一種人際互動關係中反覆出現的形式或特徵的整體範圍」[84]。社會理論對於推動立法、管制甚至許多有爭議的法律適用政策觀點而言，都非常重要。約瑟夫的詩不僅具有與聲音和感覺相符的模式（詩的重要特徵之一），這些詩作還透過探索關鍵術語的影響，揭開世間權力和意義的模式。這就是約瑟夫詩歌程序的實質內容：人類經驗中基本面向的光芒。它追溯了基本的和膚淺的、劃時代的和轉瞬即逝的思想和制度，這些思想和制度形塑了我們現實生活中最重要的面向。

將這種權力賦予文學（甚至更大膽地暗示文學對政策和法律具有某種意義）去掌握，是有流放或排斥（ostracism）的風險。社會學教授理查・布朗（Richard H. Brown）的類型化相當有幫助，現代性通常被認為已經清楚地區分了以下領域[85]：

科學	藝術
真理	美感
現實	象徵
物與事件	感覺與意義
「存在於外」	「存在於內」
客觀的	主觀的
證據	見解
決定論	自由

幸好，布朗建立了這些對立的分類，只是為了調和它們——或更準確地說，是為了在客觀性和主觀性的社會現實的整體區域之外，為雙方創造空間[86]。幾十年來，主流的新自由管理主義已經將這種整體論邊緣化，但是，最近批判性演算法研究興起（伴隨著公眾對於科技侷限的理解），使得整理論重新受到重視[87]。雖然「資料」一詞的拉丁語詞源錯誤地暗示了一種客觀的先天「給定」（given）概念，然而，凡是成熟精明的分析家都明白，即使是量化社會科學的研究發現，資料也更適合描述為「採集」的概念（capta，由特定觀察者以特殊的優先順序、目的和詮釋想法，所捕捉的印象，而非「給定」的）[88]。

社會現實並不是「存在於外」，可以用文字、數字和代碼來適切地或糟糕地描繪[89]。相反地，所有這些符號都有能力創造和改造社會世界。我們的語言具備描述和重新描述的能力，表明了一種最典型的人類野心，亦即不斷推展「可說的」（the sayable）概念邊界，有時是為了達成共識，但有時也加劇了分歧。哲學家查爾斯・泰勒（Charles Taylor）談及「重新『完形』（regestalting）我們的經驗」[90]，因為特別有力或有說服力的措辭、短文、詩歌或小說能與我們產生共鳴[91]。透過無縫接軌科學與藝術、描述和自我表達，泰勒和布朗幫助我們理解文學和藝術在形塑當代社會理論過程中的作用，以涵納與回應我們當代的困境。修辭是我們對社會現實感的基礎，它是社會意義的一種特徵，具體化為共鳴的語言，這種語言用聲音以增強意義，用外在客觀關聯性增強內在的感覺。

對於未來的敘事方式，是經濟和社會重要的驅動力，而不僅是為了瞭解已經發生的事情而做出的事後努力。這個見解可以追溯到凱因斯，最近在諾貝爾經濟學獎得主羅伯・席勒（Robert Shiller）在其新書《故事經濟學》（*Narrative Economics*）中又扼要地重述一次[92]。世界上並沒有市場的物理學；經濟學是一門人文科學，一直延伸下去，只要人類有自由意志，它就會無法預測。正如德國基爾世界經濟研究院（Kiel Institute for the World Economy）院長丹尼斯・斯諾爾（Dennis Snower）所指出的，「標準的統計分析不再有效，他們假設我們知道一切事物會發生的概率；實際上，我們幾乎從來沒有達到那樣的程度。」[93]敘事（以及它們可被取得的版本）對於想像未來至關重要[94]，這不見得是對真理或有效性的妥協；正如法學教授和社會理論家傑克・巴爾金（Jack Balkin）所主張的，「敘事記憶結構，對於以下事項是有幫助的：記住哪些事情是危險的或有利的、對未來做出複雜的因果判斷、確定哪些訴訟事由（cause of action）是有幫助的、回憶以何種特定順序做事、以及學習和遵循社會傳統。」[95]深入思考人們如何做出「複雜的因果判斷」是預期社會研究（anticipatory social research）的基礎，不僅要從歷史中辨別出模式，還要形塑未來。

隨著客觀性而來的是脫離標準的、促進自由放任的經濟學，對於其他理解商業生活的方式，就有更多的空間生根發芽[96]。是時候要來談談，有關自動化政策的本質和目標的新故事了。自動化基礎設施不應該只是為了用最低價將我們或我們的資料從A點傳送到B點；它也應該是公平報酬和安全工作的來源。我們對機器人技術的投資，不應該只是為了退休生活積累金錢的方式之一；還必須讓它們發揮作用，以確保能有一個我們想要退休的世界。在競爭中浪費資源實在太容易了，因此，機器人新律法第三條建議，針對許多部門軍備競賽的動力，應該進行嚴格審查[97]。

運算和機器學習的進步創造了社會科技系統（sociotechnical system），這些系統看起來幾乎是神奇的——或者至少是人類無法解釋的。即使是Google或Facebook最優秀的工程師，也可能無法對某些演算法在搜尋結果或動態新聞的運作方式進行逆向工程（reverse engineer）。處理和輸入的加速，可以使數位世界看起來像天氣等自然系統一樣難以控制。正如工程師及哲學家米雷爾・希爾德布蘭特（Mireille Hildebrandt）所指出的，我們將逐漸發現數位環境與自然世界一樣，具有無所不在的影響力[98]。「技術世」（Technocene）是對「人類世」（Anthropocene）[99]

的補充，提醒我們無心結果的後果會是怎樣。縱然它們永遠不會成為正式的立法，機器人新律法也能幫助我們想像一個未來，也就是AI尊重並幫助人類維護尊嚴和身份的未來。

藝術的回應與道德的判斷

這種想像未來最深刻的藝術範例之一，就是藝術家昂內斯托．卡瓦諾（Ernesto Caivano）的作品。數百幅素描、繪畫和混合媒材作品中精緻地述說這種想像，它是對人類和機器差異史詩般的預言，設法保持和尊重兩者的最佳特質。

儘管數位技術已經以無數種方式影響了藝術和美感世界，但很少有藝術家像卡瓦諾那樣富有企圖心且深植人心。在名為《樹林之後》（*After the Woods*）的史詩系列繪畫中，卡瓦諾講述了一對戀人Versus和Polygon的故事，他們的熱戀期、分離和最終的進化，為自然與科技之間同時存在的基本張力和共鳴提供寓言[100]。麻省理工學院LIST視覺藝術中心（List Visual Arts Center）前策展人若昂．里巴斯（Joao Ribas）稱這種敘事是「民間傳說、童話和科學猜測的結合」，「其目的在尋找迷失在我們自己大量資訊中的意義」[101]。

這些作品時而戲劇性，時而嚴肅——喚起自然、文化和科技之間現實的層次（從行動到其資料驅動的表現），從嚮往的浪漫主義，無縫地過渡到對平行時空的欣喜探索，再到使用編碼來呈現感知，並對此形式的意義進行嚴肅的審問。在運算主義時代——前衛思想家將宇宙呈現為一台電腦，而掌握權力的經濟學家則預測多數人的勞動模式，已經可以透過機器學習轉化為軟體——卡瓦諾耐心、明智地建構一系列藝術反饋，以彌補運算所引發的道德判斷和政治鬥爭。

卡瓦諾的作品受到當代和經典風格的影響，從杜勒（Albrecht Durer）和法蘭德斯文藝復興時期（Flemish Renaissance），到艾格尼絲・馬丁（Agnes Martin）作品中極簡主義和抽象的現代主義趨勢，再到「藝術／科學」混合體（使用大衛・愛德華斯（David Edwards）的設計思維術語，模糊了美與真理之間的界限）[102]。卡瓦諾的〈Echo系列〉讓我們想起了我們在網際網路所留下的資料廢氣（data exhaust）[103]，而這些資料廢氣已越來越被機器人感知運用[104]。資料可以被視為取代我們的前奏，然而，更合理的理解是，資料只是其創造者具象化自我的反映或痕跡。類似的主題賦予了卡瓦諾的〈Philapores Navigating the Log and Code〉優雅的生命力，它描繪了飛越森林元素的神話鳥類，並將其數位再現作為地理空間資料的結構。地圖與被定位事物、現實及其影像的同步描繪，既震撼又啟發人心。在許多負責任自動化的課題中，這是一種象徵性的召喚——例如，召喚對於實際工作及其編碼方式的細緻比較。這不是簡單的說教，而是一種富有想像力的自由，讓我們去重新思考現實與數位痕跡兩者間的關係，並忠於自然的形式。這項工作將美學融入科學，將科學關注融入藝術。

自動化「自動化發動者」

如果這些作品反映了當代設計思維，卡瓦諾的美學與主流的數位美學相得益彰；它們還傳達了一種永恆的價值——早在我們之前就存在並且應該在此之後存在的價值——這種價值在今日社會加速的時代下承受了很大的壓力[105]。商業的基本準則是，必須更快地完成工作，這準則已經太快遭到工具化，成為壓抑勞工自主權的修辭工具。美國老闆們為了要求勞動力更「靈活」，一度稱外國勞動力已經準備好接受家務勞動的工作；現在，這些老闆可以更容易地表示，這些工作可能可以由速度越來越快的機器來做。需要更多休息時間？機器人可以二十四小時每週七天全天候工作。想要更高的工資？你只是為老闆創造用軟體取代你的動機而已；而軟體與機器所需的電力和零件，比人類勞工所需的食物和醫療便宜很多。

軟體和機器人技術的進步極度快速，甚至引發了老闆自身可被取代的問題。Zappos公司已經實驗過「全體共治」（holacracy），這是一種扁平化的管理方式，讓員工自行組織他們的工作任務[106]。《哈佛商業評論》曾多次讚揚「管理自動化」[107]。像Uber這樣的應用程式，將管理委託給一個編碼層（code layer），由它將乘客與司機連結起來；司機表現不好不再被解僱，而是被演算法評分工具「停用」（deactivated）[108]。也許有一天更高階的經理人會發現，他們自己的工作也由AI排名、評等並最終代為完成其工作。

電腦化管理的想法，可能看起來不太實際、充滿未來感，或者兩者皆是。當一家創投公司在董事會中增加了一種演算法，要求它根據公司公開說明書的分析，對公司治理事務投下贊成或反對票時，商業媒體都對此表示懷疑[109]。自動化投資的想像揭示了我們在政治經濟方面一些嚴重的問題。隨著公司總裁、股東和經理人的期程越來越短，他們的行為也變得越來越刻板化及演算法化。稅負倒置（tax inversion）[110]、股票回購、境外生產（offshoring）和機器替代勞工等策略，已成為經過試驗的具啟發性的工具包。當其他公司採用類似策略時，經理人可以直接檢視股票市場的反應；決定自己薪酬的董事會，也有一種經過試驗的、真實的、屢試不爽的CEO策略，因此，機器人也都做得到。

自動化「自動化發動者」（automators）——一個經常被左派加速主義者大加利用的想法——與其說是奪取生產工具的革命性提議，不如說是對現在金融和管理領域正實際發生情況的重點概述。機器人化不僅意味著部署一個機械化的人體模型來代替勞工，它還傳達了標準化和重複性的意義：我們找到了一種完成工作任務的最佳方式，並且複製它。管理者可能有很多工具，但卻習慣性地選擇相同的目標，以及實現它們的相同方法。如果只是例行公事或可預測性的特性，使他們的勞工變得多餘而可以被機器取代，那麼機器也同樣會威脅到老闆們。

當然，在日常生活中，習慣是必定有的；例行公事主導了日常，因為根本不需要想清楚——每一分鐘皆如此——下床後、泡杯咖啡或打開電腦的最佳方案是什麼。但是，人類對習慣的熱切期望一旦隨著時間和空間放大了，就變得病態；更美好的未來，就被這種自動化思維方式所掩蓋了。

共同創造工作的未來

今天豐饒主義[111]的自動化發動者，容易將工會、管制機關、合作社和專門職業視為陳舊的障礙物，阻礙我們邁向富裕的技術官僚高速公路。事實上，我們的未來已被科技與金融公司所把持，而每個人都可以民主化這個未來；我們可以超越這些公司，將這些權力的民主化做得更好，因為正如機器人專家伊拉・瑞薩・諾巴許（Illah Reza Nourbakhsh）所主張的：

今天，對於機器人在生活中所扮演的角色，多數非專業人士幾乎沒有發言權。我們只是在即時觀看由研究和商業利益編寫的新版「星際大戰」，只是這個劇本將成為我們的現實……我們熟悉的設備將變得更加有意識、更具互動性、也更有主動性；而且全新的機器人生物將共享我們公共和私人的空間，物理和數位的空間……最後，我們將必須讀機器人所寫的東西，我們將不得不與他們互動，以進行我們各種商業交易，同時我們將經常透過它們協調我們的友誼。[112]

這種合作的條件可能是單一的新自由主義：使最富有的科技人和科技最先進的富人，將其投資報酬率最大化；又或者，可以是多樣化的，與領域專家共同開發，並回應社群的價值觀。自由放任策略一定會為我們帶來前者的結果，而機器人四項新律法則會促進後者。

當法律秩序的主要威脅是專制獨裁者的武斷法令時，法官和律師會以「法治而非人治」的原則進行抵制；隨著自動化進展，我們現在必須用「人治而非機器統治」來補充這句格言。管理者和官僚都不可以躲在社會秩序演算法模式的背後，相反地，個人對於決策的責任，是維持國家機構與企業治理正當性的必要基礎。

有些科技人假設多數工作是可以預測的、機器都能夠學習的（只要具有足夠資料的取得權限），我們應該質疑那些假設，因為這種預設是將社會困在過去的作法——也就是，把社會侷限在訓練機器學習的「資料集」當中。自動化愛好者可能將學習資料集視為一個簡單的起點，使機器能夠從正（positive）、負（negative）兩類刺激中學習，反應出未來的行動，從而實現未來的自主性。但是「正」與「負」的定義本身，必須被寫入程式之中，同樣地，也必須寫入（留下）擴張或限縮它們定義的機會。道德責任（個人層面）和自治（集體層面）的有機發展，若要將責任歸因於AI本身，就只能透過童話故事那種有思想的魔法精靈才辦得到。

當代運算技術有巨大的力量；不受法律、專業或倫理的約束，快速解決我們遇到的每一個重大問題的方式，十分誘人。但就社會學上的人性而言，人很可能容易為了競爭相對優勢而進行軍備競賽，並藉由自動化加速。正如哲學家西蒙・韋伊（Simone Weil）所警告的：「不行使自己擁有的所有權力，就是長期忍受那種無力；這違反了所有自然法則，只有上帝的恩典才能做到。」[113]

所謂的恩典，不是模控學（cybernetic）詩人或歷史機器人天使的恩典[114]。關於利益和負擔該如何適當地分配，政治與法律將會有曠日廢時的爭執。未來將會有許多關於日常話題的判斷決策——例如，當醫生可以否決臨床決策支援軟體的紅色警報時，或者司機可以關閉電腦輔助駕駛，或者他們可以取得電腦系統目前不透明的核心資料。這類爭端絕不是妨礙美好未來的發展，而是表現出社會治理方面真正重要的衝突。逃避這些問題，對我們是很危險的。

人性的自動化需要一種克制的智慧。伊卡洛斯（Icarus）的故事被廣泛解讀為個人狂妄自大的寓言，也是關於技術越界的最早神話之一。在羅馬詩人奧維德的敘述中，希臘建築師代達羅斯和他的兒子伊卡洛斯被困在一個島上，代達羅斯用蠟和羽毛為他們製作了一組翅膀，以飛出囚禁兩人的小島。那個大膽的計畫奏效了，父子倆一起翱翔大海。但是，伊卡洛斯無視他父親的警告，飛行過於冒險、離太陽太近，結果蠟融化了，翅膀也隨之解體，伊卡洛斯於是墜海而死。

伊卡洛斯的神話啟發了其他警世預言，例如馬洛（Marlowe）的《浮士德》（*Faust*）。機器人領域有自己的版本，稱為「恐怖谷」（uncanny valley）——當人形機器人超越單純機械裝置時可能引起不安，人形機器人非常近似但又沒有完全重現人類的特徵、姿態、以及在這世界上存在的方式[115]。恐怖谷一詞來自一個簡單的圖形，想像機器人隨著它們承擔更多的功能和人類的外觀，因而穩定地增加人類對於機器人的接受性，一直到某個很接近人但又有點不像人的臨界點，人忽然覺得機器人很恐怖——對機器人的好感程度突然崩潰，並被廣泛的厭惡所取代。然而，這裡的恐怖谷與其說是警世故事，不如說是真實的挑戰。與大量資料結合的獨創力，應該可以將聰明的機器人設計師從谷中彈射出來，轉變成如人類一樣受人尊敬與歡迎的機器。

還有另一種取徑，一種交替的目的論；透過認識到科技的侷限性，我們可以完全避免恐怖谷效應。在一九九五年令人難忘的藝術作品《Lovers》中，藝術家古橋悌二（Teiji Furuhashi）以一種具有餘裕但身臨其境的視覺，表達這種智慧[116]。在黑暗的房間裡，四塊黑色棉麻布圍繞著觀眾，日本媒體藝術家團體Dumb Type成員幽靈般的影片，演示他們走路、站立、樂意接受或小心謹慎的程式化動作、相互靠近或遠離，但彼此從未接觸到彼此。他們的影像經常因他們的動作而變得模糊，而且沒有其他場景可以讓我們的注意力從他們的身上離開。他們的動作可能是由觀眾的移動所觸發，但這之間的連結卻是晦澀的。他們強烈地表達出能量，並努力一時，但之後又憂鬱地投降了。古橋悌二在愛滋病危機中創作了這個作品，也被奪去了生命，這件作品既是對新科技功能特性的讚揚，也是對科技侷限性明智的肯認。正如舞者並不是舞蹈本身。

自動化所啟發的文化反思，是朝向共同公共語言跨出的一步，這種語言是關於AI在未來數十年將面臨之政治的和個人的艱難選擇。我們還有時間可以達到一種兼容並蓄和民主的未來機器人技術，反映所有人作為勞工和公民的努力與希望，而不僅止於扮演消費者的角色。我們可以接受新的運算形式，而不需為AI放棄我們典型的人類角色。這樣的修正方式，會消耗當前專業的大部分能量，也同時會產生新的專業；這種修正可以確保在科技變化的情況下原本所無法實現的積極自由與持久的自由。

謝辭

《二十一世紀機器人新律》是我與哈佛大學出版社合作的第二本書，上一本書是《黑箱社會》（*Black Box Society*）。《黑箱社會》的重點在於批判演算法對於公民社會的挑戰，而本書則旨在提供一個新願景，亦即我們如何更好地將科技融入社會。我要感謝湯馬斯．勒比恩（Thomas LeBien）在哈佛大學出版社工作時所提供的建議和專業編輯，同樣地，我也非常感謝詹姆斯．布蘭特（James Brandt）的帶領，讓本書得以完成出版。

首先，我想在此感謝勞倫斯．約瑟夫（Lawrence Joseph）同意本書引用其著作《A Certain Clarity: Selected Poems》（New York: Farrar, Straus and Giroux, 2020）書中〈括號內〉（In Parentheses）的一節。同時，經企鵝出版集團轄下企鵝藍燈書屋之維京出版社（Viking Books）授權（版權所有©1954, 1956, 1957, 1958, 1960, 1961, 1963, 1967, 1968），我很高興能夠節錄漢娜．鄂蘭的《過去與未來之間》（*Between Past and Future*）的一部分。

我很幸運有許多體貼和關心我的同事及朋友，他們無私地提供專業知識，挑戰我書中的假設，在我撰寫本書過程中，與我討論機器人和人工智慧的各種議題。撰寫本書之時，我正在馬里蘭大學教學和研究，布魯斯．賈雷爾（Bruce Jarrell）、菲比．哈登（Phoebe Haddon）和唐納．托賓（Donald Tobin）給予此工作許多支持，我很感激他們的遠見。馬里蘭大學法學院及其《衛生法與政策》法學期刊，則是贊助了我所召集主持的「醫療自動化和機器人法律及政策研討會」，匯集科技專家、學者和政策專家的意見與資訊。

黛安．霍夫曼（Diane Hoffmann）、丹妮爾．希特朗（Danielle Keats Citron）、唐．吉佛德（Don Gifford）、鮑伯．康德林（Bob Condlin）和威爾．穆（Will Moon）等多位朋友讓馬里蘭大學成為我學術的家。馬里蘭大學圖書館的蘇．麥卡蒂（Sue McCarty）和珍妮佛．查普曼（Jennifer Elisa Chapman）非常敬業盡責且樂於助人。我很想在馬里蘭大學慶祝本書的完成，很可惜我在本書收尾時已離開馬里蘭大學。但是，同時我也期待二〇二〇年起與布魯克林法學院（Brooklyn Law School）的新同事共事。二〇一九年訪學期間，布魯克林法學院的同事就展現其熱情且富有洞察力的特質。

在二〇一六年時，耶魯大學法學院的傑克．巴爾金（Jack Balkin）和耶魯大學「資訊社會計畫」（Information Society Project）給了我寶貴機會，得以共同主持「解鎖黑箱：專業領域演算法可課責性之承諾和限制」（Unlocking the Black Box: The Promise and Limits of Algorithmic Accountability in the Professions）會議，這個會議展現出與會學者在探索和促進演算法可課責性方面的研究成果，其中許多研究提出了勞動力在塑造複雜科技系統中所扮演的關鍵作用。這次會議以及後續在耶魯大學「資訊社會計畫」的訪學，皆豐富了本書的內容。

此外，我也很感謝幾個學術機構給了我機會展示本書的章節草稿。在亞洲，我向臺灣大學社會科學院、中央研究院、成功大學，以及香港大學的學者，學習了很多關於人工智慧倫理、法律和社會意涵的知識。在加拿大，皇后大學和多倫多大學慷慨地邀請我參加人工智慧與法律跨學科研討會，漢博學院（Humber College）邀請我演講介紹對人的運算評估。在澳洲，西澳大學、雪梨大學（包括其社會科學和人文高階研究中心）、墨爾本大學、蒙納許大學和昆士蘭科技大學的研究人員，也在我澳洲訪學期間，慷慨地對本書的概念提供意見。我期待在另一個正在進行的自動化決策研究計畫中延續這項工作。在歐洲，布魯塞爾自由大學（Free University of Brussels）、倫敦政治經濟學院、歐洲大學學院（European University Institute）、宗座科學院（Pontifical Academy of Sciences）、曼徹斯特大學、劍橋大學藝術人文與社會科學研究中心、及愛丁堡大學等地的專家，聽取了本書的章節，並提供了非常好的評論。

我也感謝許多北美法學院邀請我就人工智慧法律和政策研究議題演講，包括美國東北大學、聖地亞哥大學、耶魯大學、哥倫比亞大學、哈佛大學、賓州大學、薛頓賀爾大學（Seton Hall）、華盛頓大學、喬治城大學、加拿大約克大學奧斯古德霍爾法學院（Osgoode Hall）、美國福特漢姆大學（Fordham）、凱斯西儲大學（Case Western）、俄亥俄州立大學、紐約大學、天普大學和羅格斯大學卡姆登分校（Rutgers-Camden）。在其他大學的學院系所的演講，也加強了我對自動化的批評論述，其中包括哥倫比亞大學國際與公共事務學院、歷史系和社會科學系；約翰霍普金斯大學貝爾曼生物倫理學研究所（Berman Institute of Bioethics at John Hopkins University）、波士頓大學哈里里計算與運算科學與工程研究所（Hariri Institute for Computing and Computational Science and Engineering at Boston University）、維吉尼亞大學工學院和文化高階研究所（University of Virginia School of Engineering and Applied Science and Institute for Advanced Studies in Culture），以及普林斯頓大學法律和公共事務計畫。

政策制定者也對我的研究取徑有興趣，我很榮幸收到他們的反饋。我向柏林與布蘭登堡媒體管理局（Media Authority Berlin and Brandenburg）以及歐洲執委會各署（Directorates-General of commission）代表介紹了自動化公共領域相關內容。當我進行醫療自動化和機器人法律政策方法時，來自歐洲藥品局（European Medicines Agency）、美國醫療照護及醫療補助創新中心（Medicare and Medicaid Innovation Center）、美國National Committee on Vital and Health Statistics以及食品藥物管理局的工作人員，也提供很有幫助的對話交流。在美國眾議院能源與商務委員會（the House Energy and Commerce Committee）以及參議院銀行、住房和城市事務委員會（the Senate Committee on Banking, Housing, and Urban Affairs）聽證會上就資料政策和演算法作證，給了我機會表達我對「機器評斷人類」的批判，也同時向相關工作人員學習。來自美國聯邦貿易委員會（Federal Trade Commission）、加拿大隱私委員會辦公室（Office of the Privacy Commissioner of Canada）和馬里蘭州行政法院（Maryland Administrative Law Judiciary）思慮周密的對話者，也聽取本書部分章節的介紹，並大方地給予評論意見。

民間團體和非政府組織對本書助益良多。我非常感謝紐約大學AI Now研究所（AI Now Institute）、資料與社會研究中心（Data & Society）、政治經濟和法律促進協會（Association for the Promotion of Political Economy and the Law）、胡佛研究所（the Hoover Institution）、美國國際法學會（American Society of International Law）、美國社會科學研究會（Social Science Research Council）、澳洲邁德魯基金會（Minderoo Foundation）、現代貨幣網絡（Modern Money Network）、英國皇家工藝與商業協會（Royal Society for the Encouragement of Art Manufacture and Commerce）、美國法律、醫學和倫理學會（the American Society for Law, Medicine, and Ethics）、諾貝爾獎對話（the Nobel Prize Dialogue）、德國艾伯特基金會（Friedrich Ebert Stiftung）、Re:Publica、盧森堡基金會（Rosa Luxemburg Stiftung）、the Manchester Co-op、g0v、the Interdisciplinary Perspectives on Accounting Conference，和愛丁堡未來學院（the Edinburgh Futures Institute）提供論壇空間，讓我得以向大學、政府和企業以外的觀眾，多元開放地展示相關研究。

我還要感謝以下幾位專家學者對本書的評論：卡梅爾・阿吉（Kamel Ajji）、馬克・安卓耶維克（Mark Andrejevic）、蘇珊・班德斯（Susan Bandes）、克里斯多福・波尚（Christopher Beauchamp）、貝內德塔・布雷維尼（Benedetta Brevini）、拉爾・卡里略（Raúl Carrillo）、陳咏熙（Clement Chen）、陳弘儒、邱文聰、朱莉・科恩（Julie Cohen）、妮可・德萬德蕾（Nicole Dewandre）、大衛・戈倫比亞（David Golumbia）、凱倫・格雷戈里（Karen Gregory）、約翰・哈斯克爾（John Haskell）、蘇珊・赫曼（Susan Herman）、亞曼達・傑瑞德（Amanda Jaret）、克里斯汀・強生（Kristin Johnson）、劉靜怡、艾麗絲・馬威克（Alice Marwick）、瑪莎・麥克勞斯基（Martha McCluskey）、約翰・諾頓（John Naughton）、朱莉亞・波爾斯（Julia Powles）、埃文・塞林格（Evan Selinger）、艾麗西亞・索洛－尼德曼（Alicia Solow-Niederman）、賽門・史特（Simon Stern），以及阿里・沃爾德曼（Ari Ezra Waldman）。

最後，我要感謝並與我的伴侶雷（Ray）慶祝本書的完成，感謝他不間斷的支持，從公寓成堆的書籍文件，到我經常出差參加會議，再到每個加班的深夜和假期，都有他優雅陪伴的身影。生而為人，實則既宏大又卑微（grandeur et misère），但沒有任何人比他更讓我願意一起攜手面對這些好壞並陳的時光。

trans. Edmund Jephcott, col. 4, 1938-1930 (Cambridge, MA: Belknap Press, 2006), 392. 班雅明（Walter Benjamin）的《歷史哲學論綱》（*Theses on the Philosophy of History*）描述瑞士畫家克利（Paul Klee）的畫作《新天使》（*Angelus Novus*）：「這就是歷史上的天使看起來的樣子……這場風暴勢不可擋，將天使刮向其所背對的未來，與此同時，他面前的殘骸廢墟卻層累疊積，直逼雲天。這場風暴正是我們所稱的進步。」有關班雅明對於克利《新天使》的興趣，參見Enzo Traverso, *Left-Wing Melancholia: Marxism, History, and Memory* (New York: Columbia University Press, 2017), 178-181。

115 Masahiro Mori, "The Uncanny Valley: The original Essay by Masahiro Mori," trans. Karl F. MacDorman and Norri Kageki, *IEEE Spectrum*, June 12, 2012, https://specturm.ieee.org/automation/robotics/humanoids/the-uncanny-valley。

116 Teiji Furuhashi的作品《Lovers》是由電腦控制的五個頻道的光碟/聲音裝置，有五個投影機、兩個音響系統、兩個幻燈機和幻燈片（彩色、聲音）。紐約現代藝術博物館（Museum of Modern Art，MoMA）二〇一六—二〇一七年作品展的說明和影片，參見 "Teiji Furuhashi: Lovers," MoMA, 2016, https://www.moma.org/calendar/exhibitions/1652。

100 Catherine Despont, "Symbology of the Line," in Ernesto Caivano, *Settlements, Selected Works 2002-2013* (New York: Pioneer Works Gallery, 2013)。「從表面上看，卡瓦諾的作品講述了一個史詩般的故事，一對戀人在一種追求分開，跨越浮動時間和多個維度的形勢下，被迫重新連結」(31)。

101 Ernesto Caivano, *Settlements, Selected Works 2002-2013* (New York: Pioneer Works Gallery, 2013)。

102 David Edward, *Artscience: Creativity in the Post-Google Generation* (Cambridge, MA: Harvard University Press, 2010)。

103 譯注：「資料廢氣」(data exhaust)，所指使用者在各種活動中所留下的各種資料記錄，原本這些被視為沒什麼價值的資料，往往在經過整理發掘後會找到有利用價值資訊。

104 Ernesto Caivano, *Settlements*, 40-53。

105 Hartmut Rosa, *The Social Acceleration of Time* (New York: Columbia University Press, 2013)。

106 Brian J. Robertson, *Holacracy: The New Management System for a Rapidly Changing World* (New York: Holt, 2015)。

107 Katherine Barr, "AI Is Getting Good Enough to Delegate the Work It Can't DO," *Harvard Business Review*, May 12, 2015, https://hbr.org/2015/05/ai-is-getting-good-enough-to-delegate-the-work-it-cant-do。

108 Alex Rosenblat and Luke Stark, "Algorithmic Labor and Information Asymmetries: A Case Study of Uber's Drivers," *International Journal of Communication* 10 (2016): 3758-3784; 但另外請參見 Alison Griswold, "Uber Drivers Fired in New York Can Now Appeal Before a Panel of Their Peers," Quartz, November 23, 2016, https://qz.com/843967/uber-drivers-fired-in-new-york-can-now-appeal-before-a-panel-of-their-peers/。

109 關於這個議題的描述與批判性評論，參見Nick Dyer-Whiteford, *Cyber-Proletariat: Global Labour in the Digital Vortex* (Chicago: University of Chicago Press, 2015): 1-4。

110 譯注：稅負倒置(tax inversion)，即企業為了降低獲利的稅收負擔，而將公司總部遷至稅率較低的國家，但在此同時，企業大多數營運仍留在母國。

111 譯注：豐饒主義(cornucopian)主要論點為隨著科技與科學的逐漸發展成熟，已能提供可解決環境問題的方法，不論是資源枯竭，或是汙染問題等，都能藉由科技順利解決。

112 Illah Reza Nourbakhsh, *Robot Futures* (Cambridge, MA: MIT Press, 2013), xix-xx。

113 Simone Weil, *Gravity and Grace*, trans. Arthur Wills (New York: Putnam, 1952), 10。

114 *Walter Benjamin: Selected Writings*, eds. Howard Eiland and Michael W. Jennings,

內。(資料來源:https://web.nkuht.edu.tw/97project-2/teaching-2-12.html)

91 Taylor, *The Language Animal*, 24。有關共鳴的概念,正式的論證與嚴謹的分析,參見Hartmut Rosa, *Resonance: A Sociology of the Relationship to the World* (London: Polity Press, 2019)。泰勒進一步認為,「在更抽象和客觀的層次上,這種變化類似於我們透過改變典範,來改變我們的科學探究模式。」他繼續說道:「自我理解和人類一般總體的理解,也可以透過認識新模型來增強;這就是為什麼文學是洞察力的重要來源……洪堡德(Humboldt)認為我們被迫……開放給以前無法表達的語言領域。當然,詩人開始了這項大事業:艾略特(T. S. Eliot)說「突襲『語言表達不清的』(the inarticulate)」。就洪堡德而言,他提出了一種動力〔Trieb〕,『將靈魂〔心靈〕感受到的一切與聲音結合起來。』」Taylor, *The Language Animal*, 24-25。

92 Robert J. Shiller, *Narrative Economics: How Stories Go Viral and Drive Major Economic Events* (Princeton: Princeton University Press, 2019)。

93 Steve LeVine, "The Economist Who Wants to Ditch Math," Marker: Medium, November 5, 2019, https://marker.medium.com/robert-shiller-says-economics-needs-to-go-viral-to-save-itself-f187eceb4c7d。

94 Jens Beckert and Richard Bronk, eds., *Uncertain Futures: Imaginaries, Narratives, and Calculation in the Economy* (Oxford: Oxford University Press, 2018)。

95 J. M. Balkin, *Cultural Software: A Theory of Ideology* (New Haven: Yale University Press, 1998), 479。

96 Frank Pasquale, Lenore Palladino, Martha T. McCluskey, John D. Haskell, Jedidiah Kroncke, James K. Moudud, Raúl Carrillo et al., "Eleven Things They Don't Tell You about Law & Economics: An Informal Introduction to Political Law and Economics," *Law & Inequality: A Journal of Theory and Practice* 37 (2019): 97-147。

97 Maurice Stucke and Ariel Ezrachi, *Competition Overdose: How Free Market Mythology Transformed Us from Citizen Kings to Market Servants* (New York: HarperCollins, 2020)。

98 Mireille Hildebrandt, "A Vision of Ambient Law," in *Regulating Technologies*, eds. Roger Brownsword and Karin Yeung (Portland, OR: Hart Publishing, 2008), 175。

99 譯注:人類世(Anthropocene)一詞,是由諾貝爾化學獎得主克魯岑(Paul Crutzen)於二〇〇〇年左右提出的。這個概念強調,自工業革命以來的數百年間,人類活動已在地層中留下顯著的痕跡,甚至已牽動整個地球系統的運作,讓此時期可自成一個地質年代。(資料來源:洪廣冀,〈在「人類世」重回地表,學習當個編織者〉,https://storystudio.tw/article/s_for_supplement/story-journalism-34-anthropocene?fbclid=IwAR3-rZoB9v38uuOqez-H6Xkb5TOBVUMN-5QeKi-KL4i0aDIYFvRCuyppBB8)。

即使不是頌揚今日，也是對今日認可的歷史。

81 譯注：該詩所描繪的是一個數位技術實現人、獸、機器平等的烏托邦世界。

82 William E. Connolly, *The Fragility of Things: Self-Organizing Processes, Neoliberal Fantasies, and Democratic Activism* (Durham, NC: Duke University Press, 2013)。

83 例如，Philip N. Meyer, "The Darkness Visible: Litigation Stories & Lawrence Joseph's Lawyerland," *Syracuse Law Review* 53, no. 4 (2003): 1311。

84 Roger Cotterrell, *Law, Culture and Society: Legal Ideas in the Mirror of Social Theory* (London: Routledge, 2006): 15。

85 Richard H. Brown, *A Poetic for Sociology: Toward a Logic of Discovery for the Human Sciences* (New York: Cambridge University Press, 1977), 26。

86 我所畫出的這個術語表格，是參考了 Jurgen Habermas, *The Theory of Communicative Action, vol. 2, System and Lifeworld* (Cambridge, UK: Polity Press, 1985)。主觀、客觀和互為主體性（intersubjective）的三領域關係（可能不完美地）標示出對美、真理和正義的理解。

87 參見 "Critical Algorithm Studies: A Reading List," updated December 15, 2016, https://socialmediacollective.org/reading-lists/critical-algorithm-studies/。近期對於行為主義的批判，參見 Frishmann and Selinger, *Re-engineering Humanity*。

88 Rob Kitchin, *The Data Revolution* (London: Sage, 2014), 2（「嚴格說起來，本[資料革命]書應該取名為《採集（資料）革命》」）。正如攝影師 Edward Steichen 所說的，「每張照片從頭到尾都是假的，完全不涉及個人、未經處理的照片，實際上是不可能存在的。」Edward J. Steichen, "Ye Fakers," *Camera Work* 1 (1930): 48。另參見 Wallace Stevens, "The Man with the Blue Guitar," in *Collected Poetry and Prose*, eds. Joan Richardson and Frank Kermode (New York: Penguin, 1997)。

89 在 *The Language Animal: The Full Shape of the Human Linguistic Capacity* (Cambridge, MA: Harvard University Press, 2014) 這本書中，哲學家查爾斯・泰勒（Charles Taylor）區分了語言的指謂性（designative）和組構性（constitutive）觀點，並果斷地選擇後者作為對「人類語言能力」的完整性描述。

90 譯注：「完形」心理學（gestalt），又稱格式塔心理學，起源於一九一二年，強調經驗和行為的整體性，反對當時流行的構造主義和行為主義，認為整體不等於部分之和，意識不等於感覺原素的集合，行為不等於反射弧的循環。該學派認為知覺到的東西要大於眼睛所見到的東西；任何一種經驗的現象，其中的每一部份都互相牽連，每一成份之所以有特性，是因它與其他部份有關係；即便研究過森林的每一棵樹，也不代表我們瞭解森林；在桌上看到一本書，也不是方形體、有顏色視覺反應物，而是一本完整、真實的書，因為部份不代表整體，完整的現象具有它本身的完整特性，它既不能分解為簡單的元素，其特性也不包含在元素之

inventor-us-patent-office-ruling-2020-4。

72 Korakrit Arunanondchai, *With History in Room Filled with People with Funny Names* 4, 2018, DCP, 24:00; Adriana Blidaru, "How to Find Beauty in a Sea of Data: Korakrit Arunanondchai at CLEARING," Brooklyn Rail, May 2017, https://brooklynrail.org/2017/05/film/How-to-find-beauty-in-a-sea-of-data-Korakrit-Arunanondchai-at- C-L-E-A-R-I-N-G。

73 Lawrence Joseph, "Visions of Labour," *London Review of Books* 37, no. 12 (June 18, 2015), https://www.lrb.co.uk/v37/n12/lawrence-Joseph/visions-of-labour。我要感謝勞倫斯．約瑟夫同意讓我在本書節錄其詩作〈勞動的願景〉。

74 譯注：「米諾瓦」是希臘女神雅典娜在羅馬神話中的名字，貓頭鷹象徵智慧。19世紀德國哲學家黑格爾曾說「米諾瓦的貓頭鷹只在黃昏之後展開雙翅」（the owl of Minerva spreads its wings only with the falling of the dusk），意指智慧是在黑暗盲昧中才能真正展現，如同黃昏後才振翅起飛的貓頭鷹，是眾人皆睡我獨醒，以炯炯有神的智慧之光穿透表象，洞察迷失的真相。（參考資料：歐麗娟，《紅樓一夢：賈寶玉與次金釵》，聯經出版。）

75 Chris Arnold, "Despite Proven Technology, Attempts to Make Table Saws Safer Drag on," NPR, August 10, 2017, https://www.npr.org/2017/08/10/541474093/despite-proven-technology-attempts-to-make-table-saws-safer-drag-on。

76 W. Brian Arthur, "Increasing Returns and the New World of Business," *Harvard Business Review*, July-August 1996, https://hbr.org/1996/07/increasing-returns-and-the-new-world-of-business。

77 Ken Johnson, "Review: Simon Denny Sees the Dark Side of Technology at MOMA," *New York Times*, May 28, 2015, https://www.nytimes.com/2015/05/26/arts/design/review-simon-denny-sees-the-dark-side-of-technology-at-moma-ps1.html。

78 Ibid。

79 正如羅莎琳．克勞斯（Rosalind Krauss）對索爾．勒維特（Sol LeWitt）的觀察，勒維特無止盡地重複數學上已確定的網格和箱形圖（boxes），「勒維特傾注的案例，他堆積的例子，充滿了系統性，井然有序。在《Variations of Incomplete Open Cubes》（不完全開放立方體的變化）中，有這種瘋狂中的一種方法。因為我們發現的是強迫的「系統」，強迫症患者堅定不移的儀式，透過其精準、整齊與挑剔的精確度，掩蓋了非理性的深淵。是在這個意義上，設計缺乏理性，設計迅速失控。」Rosalind Krauss, "LeWitt in Progress," October 6 (1978): 46, 56。

80 譯注：輝格黨式（Whiggish）的史觀，多以現代科學標準去衡量過去的科學成就，相符的就是科學，否則就是不科學，例如科技應用事蹟與輝格黨式的歷史解釋成為一體兩面，其解釋歷史是朝向現代進步的故事，強調在過去的某些進步原則，

解是可能的，鑑於疼痛可以作為治療失敗的指標，我們也很難想像麻醉會在受傷康復療程中持續應用。

58 Kiel Bernnan-Marquez and Stephen E. Henderson, "Artificial Intelligence and Role-Reversible Judgment," *The Journal of Criminal Law and Criminology* 109, no. 2 (2019): 137-164。

59 Matthew Lopez, *The Inheritance* (London: Faber, 2018), 8。

60 對於這兩種可能性的文學觀點，參見 Walker Percy, "The Man on the Train," in *Message in a Bottle: How Queer Man Is, How Queer Language Is, and What One Has to Do with the Other* (New York: Picador USA, 2000), 83-100。

61 Gert J. J. Bietsa, *The Beautiful Risk of Education* (London: Routledge, 2016)。

62 譯注：唯我論（solipsism）主張自我是唯一的存在，外在世界的事物和別人的心靈狀態都只是自我意識的內容，依附於自我的心靈而存在，其本身並不真正存在。

63 Brett Frischmann and Evan Selinger, *Re-engineering Humanity* (Cambridge: Cambridge University Press, 2018), 269-295。

64 Frank Pasquale, "Cognition-Enhancing Drugs: Can We Say No?," *Bulletin of Science, technology, and Society* 30, no. 1 (2010): 9-13; John Patrick Leary, "Keywords: The New Language of Capitalism (blog), June 23, 2015, https://keywordsforcapitalism.com/2015/06/23/keywaors-for-the-age-of-austerity-19-resilience/。

65 Jonathan Crary, *24 / 7: Late Capitalism and the Ends of Sleep* (London: Verso, 2013)。

66 Ray Kurzweil, *The Age of Spiritual Machines: When Computers Exceed Human Intelligence* (New York: Penguin, 1999), 166。

67 Sean Dorrance Kelly, "A Philosopher Argues That an AI Can't Be an Artist: Creativity Is, and Always Will Be, a Human Endeavor," *MIT Technology Review*, February 21, 2019, https://www.technologyreview.com/s/612913/a-phiolospher-argues-that-an-ai-can-never-be-an-artist/。

68 有關圖靈測試中許多缺陷的闡述，參見 Brett Fischmann and Evan Selinger, *Re-engineering Humanity*。

69 Margaret Boden, *AI: Its Nature and Future* (Oxford: Oxford University Press, 2016), 119。同樣的論點也用於情感，正如同我們在第二章中針對「關懷照護」機器人所為的討論。

70 Gabe Cohn, "AI Art at Christie's Sells for $432,500," *New York Times*, October 25, 2018, https://www.nytimes.com/2018/10/25/arts/design/ai-art-sold-christies.html。

71 Tyler Sonnemaker, "No, an Artificial Intelligence Can't Legally Invent Something—Only 'Natural Persons' Can, Says US Patent Office," Business Insider, April 29, 2020, https://www.businessinsider.com/artificial-intelligence-cant-legally-named-

遲早要回到我們的日常實踐中，就是說『這就是我們所做的』或『這就是做人的意義』。因此，歸根結底，所有可理解性的行為和所有智慧的行為，都必須追溯到我們對我們是誰的感知，根據這個論點，如果不迴歸，這必然是我們永遠無法明確知道的東西。」Ibid., 56-57；換句話說，「既然智慧必須落地，它就不能與人類生活的其他部分分開。」Ibid., 62。

48 Meredith Broussard, *Artificial Unintelligence: How Computers Misunderstand the World* (Cambridge, MA: MIT Press, 2018), 7-9, 75。

49 Carrie Goldberg, *Nobody's Victim: Fighting Psychos, Stalkers, Pervs, and Trolls* (New York: Plume, 2019)。

50 Sasha Costanza-Chock, *Design Justice: Community-Led Practices to Build the Worlds We Need* (Cambridge, MA: MIT Press, 2020)。

51 George Lakoff and Mark Johnson, *Philosophy in the Flesh: The Embodied Mind and the Challenge to Western Thought* (New York: Basic Books, 1999), 4。

52 Nick Bostrom, *Superintelligence: Paths, Dangers, Strategies* (Oxford: Oxford University Press, 2014), 134-135。譯注：迴紋針最大化（Paperclip Maximizer）是瑞典哲學家尼克．博斯特倫（Nick Bostrom）所提出一個經典的思想實驗：給人工智慧「盡可能高效率地製造迴紋針」這個目標，最後將可能會毀滅世界，因為這個目標所導致得後果是首先開始改變整個地球，然後騰出更多空間，作為迴紋針生產設施，最終，地球上所有可用的資源都可能會被投注在這項任務上。

53 該缺陷的實例，參見 Rana Foroohar, *Don't Be Evil: How Big Tech Betrayed Its Founding Principles—And All of US* (New York: Currency, 2019); Amy Webb, *The Big Nine: How the Tech Titans and Their Thinking Machines Could Warp Humanity* (New York: Public Affairs, 2019)。

54 Byron Reese 非常敏銳地對這些形上學問題進行了分類，參見其著作 *The Fourth Age: Smart Robots, Conscious Computers, and the Future of Humanity* (New York: Simon and Schuster, 2018), 15-54。

55 Paul Dumouchel and Luisa Damiano, *Living with Robots*, trans. Malcolm DeBevoise (Cambridge, MA: Harvard University Press, 2017), 21023, 167-169。

56 Serge Tisseron 反對將機械化情感視為「程式化的幻覺」的論述，也適用於此，參見 Catherine Vincent, "Serge Tisseron: 'Les Robots vont Modifier la Psychologie Humaine,'" *Le Monde*, July 12, 2018, https://www.lemode.fr/idees/articile/2018/07/12/serge-tisseron-les-robots-vont-modifier-la-psychologie-humaine_5330469_3232.html。

57 的確，人類也可以被立即麻醉而不會感到疼痛與痛苦，也許醫學會進步到確保在未來的某個時候，安全及成熟地應用這種止痛藥。但是，即使這種理想的短期緩

36 McEwan, *Machines Like Me*, 195。

37 截至二〇二〇年四月二十日，「無可挑剔地慈悲」（impeccably eleemosynary）從未出現在Google索引的任何其他作品中。如果我用「完美地善良」（perfectly charitable）一詞，可能會有更多讀者可以立即領會該詞的意思，但是我若選擇「完美地善良」這個簡單的措辭，將會失去某些迴響。假如我大聲閱讀這本書，我會透過帶有諷刺意味的語氣說「無可挑剔地慈悲」來傳達部分迴響，就像是為了強調評估（和遠離）亞當行為的某種樂趣。也許亞當這種行為值得稱讚，但它背後的精神是什麼——如果有任何精神存在的話？道德上的不確定性是植根於信仰和工作、意圖和結果等相對價值的古老辯論中。我嘗試用「無可挑剔」一詞來反映那些規範性的張力，雖然有點笨拙，但它的意思是要喚起拉丁語 peccavi（認罪）的意思，一種有被寬恕希望的認罪。「慈悲」（eleemosynary）是一個不尋常（甚至過時）的詞，意在暗示亞當行為的怪異（甚至原始〔primitiveness〕）。有關保留語言當中的不規則性和曖昧性質，請參見我對約瑟夫的詩作的討論，Lawrence Joseph's poem "Who Talks Like That?," in Frank Pasquale, "The Substance of Poetic Procedure," *Law & Literature* (2020): 1-46；我認為，即使是理論上，運算系統也無法完全涵蓋此處所要表達的另一層面，更不用說那些對隱含勾勒未來和未表達出來的意涵了。

38 McEwan, *Machines Like Me*, 299。

39 Ibid., 299。

40 Ibid., 301。

41 Ibid., 303。

42 Ibid., 304。

43 Ibid., 329。

44 Ibid., 330。

45 Ludwig Wittgenstein, *Philosophical Investigations*, trans. G. E. M. Anscombe, P. M. S. Hacker, and Joachim Schulte, 4th ed. (West Sussex, UK: Blackwell, 2009), sec. 43。

46 對於具有個性和智慧的潛在限時數位實體，其虛構的描述可見於 Ted Chiang, *The Lifecycle of Software Objects* (Burton, MI: Subterranean Press, 2010)。

47 Hubert L. Dreyfus, *What Computers Still Can't Do*, rev. ed. (Cambridge, MA: MIT Press, 1992)，「我的論文在很大程度上要歸功於維特根斯坦，它是每當依據規則來分析人類行為時，這些規則必須始終包含某個假設其他條件不變，意即，它們適用『其他一切都相等』，而『其他一切』和『相等』意味著在任何特定情況下，如果沒有統計模型迴歸，就永遠無法完全闡明其意義。此外，這種其他條件不變的假設條件，不僅是一種煩惱……相反地，其他條件不變的條件指向一種實踐的背景，這些實踐是所有規則性活動的可能性的條件。在解釋我們的行為時，我們

NY: Dover Publications, 1931)。

23 Devin Fidler, "Here's How Managers Can Be Replaced by Software," *Harvard Business Review*, April 21, 2015, https://hbr.org/2015/04/heres-how-managers-can-be-replaced-by-software。

24 RAND Corp., "Skin in the Game: How Consumer-Directed Plans Affect the Cost and Use of Health Care," *Research Brief* no. RB-9672, 2012, http://www.rand.org/pubs/research_briefs/RB9672/index1.html。

25 Alison Griswold, "Uber Drivers Fired in New York Can Now Appeal before a Panel of Their Peers," Quartz, November 23, 2016, https://qz.com/843967/uber-drivers-fired-in-new-york-can-now-appeal-before-a-panel-of-their-peers/。

26 Trebor Scholz and Nathan Schneider, *Ours to Hack and to Own: The Rise of Platform Cooperativism* (New York: OR Books, 2017)。

27 Ian McEwan, *Machines Like Me: A* Novel (New York: Doubleday, 2019), 4。

28 Ibid., 65。

29 譯注：布利登之驢（Buridan's ass），出自十四世紀法國哲學家布利登（Jean Buridan）所述說的一個故事，故事內容是有一隻飢餓的驢子，站在兩堆等量等質的乾草中間，不知道該吃哪一堆乾草，結果餓死。

30 Erik Gray, "Machines Like Me, But They Love You," Public Books, August 12, 2019, https://www.publicbooks.org/machines-like-me-but-they-love-you/。

31 McEwan, Machines Like Me, 161-162。

32 正如馬克 · 安德耶維克（Mark Andrejevic）敏銳指出者，「自動化涵蓋了與虛擬實境前景相當的即時邏輯（媒介的隱形或消失）……這是機器『語言』的保證——它與人類語言完全不同，正是因為它「非再現」（non-representational）的特性。對於機器來說，符號和所指（referent）之間不存有空間：那是一種自身完整的語言，中間沒有『匱乏』要補充。在這方面，機器語言是『精神錯亂的』……[想像著]透過語言符號的移除消失，達到社會生活的完美。」Andrejevic, Automated Media, 72。

33 Richard Powers, *Galatea 2.2* (New York: Picador, 1995)。

34 劉慈欣，《三體》之英文版譯本，Ken Liu（New York: Tor, 2006）。另外，Tim Urban在對特斯拉CEO伊隆 · 馬斯克（Elon Musk）旗下Neuralink公司的長文讚頌中，同樣也展現出一種不成熟地、將人腦透明性作為理解人類完美性途徑的描述，見Tim Urban, "Neuralink and the Brain's Magical Future," Wait but Why, April 20, 2017, https://waitbutwhy.com/2017/04/neuralink.html。

35 Abeba Birhane and Jelle van Dijk, "Robot Rights? Let's Talk about Human Welfare Instead," arXiv, January 14, 2020, https://arxiv.org/abs/2001.05046。

事情的本質（「事情就這樣」，到底是什麼樣卻沒有說清楚，例如運動競賽場上的戰略與過失、用藥等問題）。

15 近期好的概論可參見Nicholas Weaver, "Insider Risks of Cryptocurrencies," *Communications of the ACM* 61, no. 6 (2018): 1-5。更廣泛的背景脈絡，則可參見David Golumbia, *The Politics of Bitcoin: Software as Right-Wing Extremism* (Minneapolis: University of Minnesota Press, 2016)。

16 這種可能性已經遭受到Angela Walch的專業批判，見"The Path of the Blockchain Lexicon (and the Law)," *Review of Banking and Financial Law* 36 (2017): 713-765。

17 Evan Osnos, "Doomsday Prep for the Super-Rich," *New Yorker*, January 22, 2017, https://www.newyorker.com/magazine/2017/01/30/doomsday-prep--for-the-super-rich。

18 Noah Gallagher Shannon, "Climate Chaos Is Coming—and the Pinkertons Are Ready," *New York Times Magazine*, April 10, 2019, https://www.nytimes.com.interactive/2018/04/10/magazine/climate-change-pinkertons.html。

19 Douglas Rushkoff, "Survival of the Richest," Medium, July 5, 2018, https://medium.com/s/futurehuman/survival-of-the-riches-9ef6cddd0cc1；另參見Bill McKibben, *Falter: Has the Human Game Begun to Play Itself Out?* (New York: Henry Holt, 2019)。

20 Frank Pasquale, "Paradoxes of Privacy in an Era of Asymmetrical Social Control," in Aleš Završnik, *Big Data, Crime, and Social Control* (New York: Routledge, 2018), 31-57。譯注：社交工程（social engineering）是指操控人類心理，使他們採取特定行動或透露機密資訊的技巧；通常是用以蒐集資訊或電腦系統存取權限的詭計。相關圈套利用目前備受矚目的重大事件與新聞作為誘餌，無論是政治、運動、娛樂性質，同時也可能利用日常活動作為誘餌，例如線上理財、投資、帳單管理以及購物等。

21 Richard Susskind and Daniel Susskind, *The Future of the Professions: How Technology Will Transform the Work of Human Experts* (New York: Oxford University Press, 2016): 247。譯注：《The Future of the Professions》一書第六章提及某天機器可能不只是泡咖啡等功能性輔助作用，而能自行生成優美的文化藝術創作或技藝；對此，我們可能會產生兩種評斷：一是欣喜機器的進步所帶來的價值（機器與機器比較），另一方面也可能拿機器的成果與人類的表現比較，因而出現「拿蘋果比梨子」的錯誤判斷。就好比今日人人都知道汽車遠比人類跑得快，但我們仍會讚嘆運動員在田徑場上的競賽挑戰與紀錄，然而在未來人類可能不再只與人類比賽，還要與機器人比賽，或反過來以機器為主體，是機器人與（它們的）人類比賽。

22 W. Olaf Stapledon, *Last and First Men: A Story of the Near and Far Future* (Mineola,

respect-futurology-as-is-people-mattered/。

6 關於深層故事參見Arlie Hochschild, *Strangers in Their Own Land: Anger and Mourning on the American Right* (New York: New Press, 2016)。關於基本敘事形式，參見George Lakoff, *Thinking Points: Communicating Our American Values and Vision* (New York: Farrar, Straus and Giroux, 2006)。

7 Clifford Geertz, *The Interpretation of Cultures* (New York: Basic Books, 1973), 89。

8 有關大眾文化中的機器人強而有力的分析，參見Robert M. Geraci, *Apocalyptic AI: Visions of Heaven in Robotics, Artificial Intelligence, and Virtual Reality* (New York: Oxford University Press, 2010). 維基百科對於「電影中的AI」也有動態更新：Wikipedia, "List of Artificial Intelligence in Films," https://en.wikipedia.org/wiki/List_of_artificial_intelligence_films；而且不令人意外的是，維基百科並沒有相對於「電影中的IA（智能增強）」詞條。

9 Langdon Winner, *Autonomous Technology: Technics-out-of-Control as a Theme in Political Thought* (Cambridge, MA: MIT Press, 1977)。

10 這種方法現在可能已經被廣告商使用，據報導廣告商使用看起來像他們目標群眾的影像，來培養積極正向的反應。

11 Yuval Noah Harari, "The Rise of the Useless Class," Ideas.Ted.com, February 24, 2017, https://ideas.ted.com/the-rise-of-the-useless-class/。

12 譯注：一般而言，「命題」這個詞至少有語句的意義、真假值的承載、命題態度的對象等用法。命題知識（propositional knowledge）可說是有關事物是如何的知識（例如，空間是有限的、上帝存在），其特性在於所謂命題是可賦予真假值的東西，例如「空間是有限的」及「上帝存在」這些命題，可能為真或為假。相對於命題知識，例如事件，只有發生或沒有發生，並沒有真假值，如同有理論把對心智狀態的內省視為一個事件，屬於「非命題式」的狀態。

13 譯注：物理學家羅伯特·歐本海默（Robert Oppenheimer）被稱為「原子彈之父」，在二戰期間負責美國秘密武器試驗室，該計畫最終研發出歷史上第一個原子彈。然而，在美國對日本廣島和長崎投下原子彈之後，歐本海默則是對數十萬人死亡和更多受害者反覆表達遺憾和懊悔。在廣島長崎原爆兩個月之後，歐本海默辭職下台。在一九四七至一九五二年之間，他擔任美國原子能委員會顧問，在這段期間他游說國際社會對軍備進行管制，並運用影響力宣揚控制核武器和核不擴散運動。

14 Douglas McCollam, "It Is What It Is…But What Is It?" Slate, February 15, 2008, https://slate.com/culture/2008/02/it-is-what-it-is-a-sports-cliche-for-out-times.html；譯注：McCollam一文指出「它（事情）就是這樣」（It Is What It Is）在當代的體壇很流行，因為像所有陳詞濫調一樣，它可以幫助體壇人物避免談論任何

真正的問題可能是「管道」本身存在漏洞，缺乏多樣性。
83 也許哪一天我們會談論「無成本病」（no cost disease），作為專業剖析當代媒體的癥結所在。Chris Jay Hoofnagle and Jan Whittington, "Free: Accounting for the Costs of the Internet's Most Popular Price," *University of California at Los Angeles Law Review* 61 (2014): 606-670。
84 Jeff Spross, "How Robots Became a Scapegoat for the Destruction of the Working Class," Week, April 29, 2019, https://theweek.com/articles/837759/how-robots-became-scapegoat-destruction-working-class。
85 Daniel Akst, " What Can We Learn from Past Anxiety over Automation?" *Wilson Quarterly*, Summer 2013, http://wilsonquaterly.com/quarterly/summer-much-learn-from-past-anxiety-over-automation/。
86 David H. Autor, "Polanyi's Paradox and the Shape of Employment Growth," NBER Working Paper No. 20485 (September 2014), http://www.nber.org/papers/w20485。

CHAPTER 8——運算能力和人類智慧

1 例如Stephen Cave, Kanta Dihal, and Sarah Dillon, eds., *AI Narratives: A History of Imaginative Thinking about Intelligent Machines* (Oxford: Oxford University Press, 2020)。
2 彼得．弗拉斯（Peter Frase）描述道：「科幻小說之於未來主義，就像社會理論之於陰謀論一樣：是更豐富、更誠實、更謙虛的事業。」他用一種新的文體來創作——「社會科幻小說」——為社會學實證經驗埋下科幻懸疑的基礎。Peter Frase, *Four Futures: Life after Capitalism* (New York: Verso, 2016), 27；另參見William Davies, ed., *Economic Science Fictions* (London: Goldsmiths Press, 2018); Manu Saadia, *Trekonomics: The Economics of Star Trek* (Oakland, CA: Pipertext, 2016); William Bogard, *The Simulation of Surveillance* (Cambridge, UK: Cambridge University Press, 1992)。
3 理查．布朗（Richard H. Brown）對道德和本體論導向的這些重要術語，做了有益的分類。Richard H. Brown, *A Poetic for Sociology: Toward a Logic of Discovery for the Human Sciences* (New York: Cambridge University Press, 1977), 125-126。
4 珊妲．慕孚（Chantal Mouffe）和 南希．弗雷澤（Nancy Fraser）為這些修辭定位提供了強而有力的描述（和批評）; Chantal Mouffe, *The Return of the Political* (New York: Verso, 2019); Nancy Fraser, *The Old Is Dying and the New Cannot Be Born* (New York: Verso, 2020)。
5 Frank Pasquale, "To Replace or Respect: Futurology as if People Mattered," Boundary2 Online, January 20, 2015, https://www.bounary2.org/2015/01/to-replace-or-

的實質稅賦，同時解決民間經濟與政府支出問題。相關研究顯示，該貨幣政策控制通貨膨脹，降低失業率的確獲得成功。不過，短期內直接將利率提高，卻也在造成勞工失業、工會分裂等問題，使1981年產生更嚴重的失業。此種極端利率上調政策，因時任聯準會主席名為保羅．沃克（Paul Volcker），故被稱作「沃克衝擊」（The Volcker Shock）。（參考資料：https://www.federalreservehistory.org/essays/anti-inflation-measures；查爾斯．金德伯格（Charles P. Kindleberger）、羅伯特．艾利柏（Robert Z. Aliber），《瘋狂、恐慌與崩盤：一部投資人必讀的金融崩潰史》，樂金文化出版）。

74 譯注：央行透過升息與降息控管貨幣供給，是常見的貨幣政策工具，另外央行也能透過收緊或放寬銀行業者的法定存款準備金來控制通膨；意即，指銀行業者必須將一定比例的存款繳存央行，或放在銀行中做為庫存現金。央行提高法定存款準備金，形同限制銀行業者的放款能力，進而將減緩經濟活動；反之，鬆綁法定存款準備金，則通常可發揮刺激經濟活動的效果。

75 譯注：硬通貨（hard money），又稱強勢貨幣，指國際信用較好、幣值穩定、匯價常處於升值狀態的貨幣；通常一國通貨膨脹較低，國際收支順差時，該國貨幣幣值相對穩定。硬通貨的反面就是軟通貨（easy money），指幣值不穩，匯價常處於疲軟狀態的貨幣；由於貨幣發行過度，紙幣含金量或購買力下降，與其他國家貨幣的相對價值也就會不斷下降。

76 譯注：英國工黨黨魁傑瑞米．柯賓（Jeremy B. Corbyn）在二〇一五年提出了「人民量化寬鬆政策」（people's quantitative easing），主張若由央行印鈔票給政府投資基礎建設（如道路運輸）或公有住宅，就能牽引就業率提高、經濟增長和物價上漲。（參考資料：趙源敬，《餐桌上的經濟學：我們被食衣住行的費用追著跑，錢都到哪裡去了？》，商周出版）

77 Kate Aronoff, Alyssa Battistoni, Daniel Aldana Cohen, and Thea Riofrancos, *A Planet to Win: Why We Need a Green New Deal* (New York: Verso, 2019)。

78 Gregg Gonsalves and Amy Kapczynski, "The New Politics of Care," *Boston Review* (202), http://bostonreview.net/politics/gregg-gonsalves-amy-kapczynski-new-politics-care。

79 對新興現代貨幣理論研究議題方面的精采評論，參見 Nathan Tankus, "Are General Price Level Indices Theoretically Coherent?," http://www.nathantankus.com/notes/are-general-price-level-indices-theoretically-coherent。

80 Kurt Vonnegut, *Player Piano* (New York: Dial Press, 2006)。

81 E. M. Forster, "The Machine Stops," *Oxford and Cambridge Review* (1909)。

82 譯注：「管道問題」（pipeline problem）指有理論認為科技業少數族群代表性不足，沒有僱用足夠技能嫻熟的成員；而如果企業組織認為適任人才不足，人才庫太小，

65 譯注：在凱因斯的經濟模式中，政府支出增加，將使得市場利率上升；利率上升，則使投資下降，因此造成「排擠效果」。

66 LaRue Allen and Bridget B. Kelly, eds, *Transforming the Workplace for Children Birth through Age 8: A Unifying Foundation* (Washington, DC: Institute of Medicine and National Research Council of the National Academies, 2015)。

67 David S. Fallis and Amy Brittain, "In Virginia, Thousands of Day-Care Providers Receive No Oversight," *Washington Post*, August 30, 2014, https://www.washington-post.com/sf/investigative/2014/08/30/in-virginia-thousands-of-day-care-providers-receive-no-oversith/?hpid=z3&tid=a_inl&utm_.0a5aff61e742。

68 譯注：「金本位制度」為一種貨幣發行制度，採取金本位制度的國家，發行的貨幣有相對等的黃金作為儲備，因而其貨幣的價值也將與黃金儲備數量對等，在固定的黃金儲備量之下，貨幣發行越多不會增加價值，只會稀釋每單位貨幣的價值。

69 譯注：政府中央銀行藉由在一般公開市場上買賣公債或政府債券，達到控制貨幣數量的操作目的。當景氣過熱時，央行賣出公債，人民買進公債時所支付的貨幣會回流到央行，央行便能收回市面上過多的資金，達到降低貨幣數量的效果。反之，當景氣衰退時，央行則會買入公債，因此（向市場）買入公債的金額將釋放到市場上，使貨幣供給量增加。

70 Stephanie Kelton, *The Deficit Myth: Modern Monetary Theory and the Birth of the People's Economy* (New York: Public Affairs, 2020)。

71 L. Randall Wray, *Modern Monetary Theory*, 3d ed. (New York: Palgrave MacMillan, 2012)。譯注：「現代貨幣理論」（Modern Monetary Theory，MMT）的基本理念是，政府發行自己的貨幣，不應受到財政收入預算所限制；民眾所持有的現金是法定貨幣，不是黃金或外匯資產做擔保才能創造，法定貨幣更類似政府與民眾之間的「借據」。政府行政部門向中央銀行借入其發行的貨幣，只要通貨膨脹不失控，就不需擔心財政赤字。政府既有能力發行貨幣達成充分就業，就不會無法履行義務，唯一要做的就是印鈔票來支付帳單，妥善地分配資源（包括：國防、外交、社會安全、經濟發展、充分就業等）。換句話說，將財政赤字貨幣化，強調未來只要不出現惡性通膨的話，政府就可以持續支出擴大，達成充分就業以及穩定經濟的效果。

72 Mariana Mazzucato, *The Entrepreneurial State: Debunking Public vs. Private Sector Myths* (London: Penguin, 2018)。

73 譯注：在傳統貨幣理論與實踐中，貨幣發行量和實質利率皆成反比；一九七九年雷根總統時期的美國社會面臨通貨膨脹率上升，但失業率未減，經濟陷入停滯。聯邦準備理事會（The Federal Reserve System）改變了操作方式，執行貨幣緊縮政策，控制利率上升，在通膨獲得控制的情況下，則能吸引投資，增加因利率上升

2016), https://www.whitehouse.gov/sites/default/files /whitehouse_files/microsites/ostp/NSTC/preparing_for_the_future_of_ai.pdf?mc_cid=b2a6abaa55&mc_eid=aeb68cfb98; National Science and Technology Council, Networking and Information Technology Research and Development Subcommittee, The National Artificial Intelligence Research and Development Strategic Plan (Executive Office of the President, October 2016), https://www.whitehouse.gov/sites/default/files/whitehouse_files/microsites/ostp/NSTC/national_ai_rd_strategic_plan.pdf。

55 AI Now, The AI Now Report: The Social and Economic Implications of Artificial Intelligence Technologies in the Near-Term, September 22, 2016, https://ainowinstitute.org/AI_Now_2016_Report.pdf。

56 Dan Diamond, "Obamacare: The Secret Jobs Program," *Politico*, July 13, 2016, http://www.politico.com/agenda/story/2016/07/0what-is-the-effect-of-obamacare-economy-000164。

57 Alyssa Battistoni, "Living, Not Just Surviving," *Jacobin Magazine*, August 2017, https://jacobinmag.com/2017/08/living-not-just-surviving/。

58 Eamonn Fingleton, *In Praise of Hard Industries: Why Manufacturing, Not the Information Economy, Is the Key to Future Prosperity* (New York: Houghton Mifflin, 1999); Andy Grove, "How America Can Create Jobs," Bloomberg (July 1, 2010), https://www.bloomberg.com/news/articles/2010-07-01/andy-grove-how-american-can-create-jobs。

59 Douglas Wolf and Nancy Folbre, eds., *Universal Coverage of Long-Term Care in the United States Can We Get There from Here?* (New York: Russell Sage Foundation, 2012)。

60 Nancy Folbre, *For Love and Money: Care Provision in the United States* (New York: Russell Sage Foundation, 2012)。

61 Jason Furman, "Is This Time Different? The Opportunities and Challenges of AI," Experts Workshop AI Now Institute 2016 Symposium, July 7, 2016, video, 32:39, https://ainowinstitute.org./symposia/videos/is-this-time-differnt-the-opportunities-and-challenges-of-ai.html。

62 這類專業評估參見 Amalavoyal V. Chari, John Engberg, Kristin N. Ray, and Ateev Mehrotra, "The Opportunity Costs of Informal Elder-Care in the United States: New Estimates from the American Time Use Survey," *Health Services Research* 50 (2015): 871-882。

63 Ibid。

64 Baumol, The Cost Disease, 182。

漸進的經濟部門，透過技術改進提高生產力，例如製造業與農業。

44 Carolyn Demitri, Anne Effland, and Neilson Conklin, "The 20th Century Transformation of U.S. Agriculture and Farm Policy," *USDA Economic Information Bulletin* 3 (June 2005): 1, 6, https://www.ers.usda.gov/webdoc/publications/eib3/13566_eib3_1_.pdf?v=41055; John Seabrook, "The Age of Robot Farmers," *New Yorker*, April 8, 2019, https://www.newyorker.com/magazine/2019/04/15/the-age-of-robot-farmers。

45 Ian D. Wyatt and Daniel E. Hecker, "Occupational Changes during the 20th Century," *Monthly Labor Review* (2006): 35, 55. 例如，一九一〇年農業人口佔美國勞動力百分之三十三，而二〇〇〇年則是只佔了百分之一・二。Donald M. Fisk, " American Labor in the 20th Century," *Monthly Labor Review: US Bureau of Labor Statistics*, September 2001, https://www.bls.gov/opub/mlr/2001/article/american-labor-in-the-20th-century.htm。工業（Goods-producing industries，如礦業、製造業與營建業）在一九〇〇年佔美國勞動力百分之三十一，而在一九九九年則佔百分之十九。

46 Jack Balkin, "Information Fiduciaries and the First Amendment," *UC Davis Law Review* 49 (2016): 1183-1234。Balkin的研究主要在於針對開發和銷售AI系統（包括機器人技術）的公司和個人，賦予某些受託忠誠義務。

47 Natasha Dow Schüll, *Addiction by Design: Machine Gambling in Law Vegas* (Princeton: Princeton University Press, 2012)。

48 Goss v. Lopez, 419 U.S. 565 (1975)。

49 Frank Pasquale, "Synergy and Tradition: The Unity of Research, Service, and Teaching in Legal Education," *Journal of the Legal Profession* 40 (2015): 25-48。

50 Harold J. Wilensky, "The Professionalization of Everyone?" *American Journal of Sociology* 70, no. 2 (1964): 137-158。

51 Mark Blyth, "End Austerity Now," Project Syndicate, August 20, 2013, https://www.project-syndicate.org/commentary/why-austerity-is-the-wrong-prescription-for-the-euro-crisis-by-mark-blyth?barrier=accessreg。

52 Phil Wahba and Lisa Baertlein, "McDonald's, Walmart Feel the Pinch As Low-Income Shoppers Struggle in the Slow Recovery," Huffington Post, August 16, 2013, http://www.huffingtonpost.com/2013/08/16/mcdonalds-walmart-low-income-shoppers_n_3765489.html。

53 Matthew Yglesias, "The Skills Gap Was a Lie," Vox, January 9, 2019, https://www.vox.com/2019/1/7/18166951/skills-gap-modestino-shoag-ballance。

54 National Science and Technology Council, Committee on Technology, Preparing for the Future of Artificial Intelligence (Executive Office of the President, October

https://berniesanders.com/issues/tax-extreme-wealth/。

33 Karl Widerquist, "The Cost of Basic Income: Back-of-the-Envelope Calculations," *Basic Income Studies* 12, no. 2 (2017): 1-13。

34 譯注：邊際稅率（Marginal Tax Rate）：每增加一單位所得所適用的稅率，又稱為級距稅率，即各級距所適用的稅率。

35 譯注：稅基為租稅課徵時的經濟基礎，用來作為計算稅額依據的財產或權益；例如所得稅的稅基為所得，關稅的稅基為進口貨品的價值，地價稅以「課稅土地」的總價額為稅基，課予一定稅率。

36 Thomas Piketty, *Capital and Ideology* (Cambridge, MA: Harvard University Press, 2020)。

37 譯注：合理補償（just compensation），因國家徵用私有財產而給予所有人的合理補償。計算標準包括再生產該財產的成本、市場價值和對所有人剩餘財產的損失。美國憲法第五條修正案規定，除非給予合理補償，私有財產不應被徵用，合理補償即指被徵用財產的等值金錢。（資料來源：元照英美法詞典）

38 Paul Fain, "Huge Budget Cut for the University of Alaska," Inside Higher Ed, June 29, 2019, https://www.insidehighered.com/quicktakes/2019/06/29/hudg-budget-cut-university-alaska。

39 譯注：歸謬證法（reductio ad absurdum）是一種邏輯的推理方法。首先假設某命題成立，然後推理出矛盾、不符已知事實、或荒謬難以接受的結果，從而下結論說某命題不成立。歸謬法與反證法相似，差別在於歸謬法是推翻原結論，再加以證明原假設會錯誤；反證法則直接證明反向的命題是對的，以推論正向的命題是對的。

40 有關關鍵資源，參見Ganesh Sitaraman and Anne L. Alstott, *The Public Option: How to Expand Freedom, Increase Opportunity, and Promote Equality* (Cambridge, MA: Harvard University Press, 2019)。

41 Pavlina Tcherneva in conversation with David Roberts, "30 Million Americans are Unemployed. Here's How to Employ Them," Vox, May 4, 2020, at https://www.vox.com/science-and-health/2020/5/4/21243725/coronavirus-unemployment-cares-act-federal-job-guarantee-green-new-deal-pavlina-tcherneva。Pavlina Tcherneva, "The Job Guarantee: Design, Jobs, and Implementaiton," Levy Economics Institute, Working Papers Series No. 902 (2018), https://papers.ssrn.com/sol3/papers.cfm?abstract_id=3155289。

42 William J. Baumol and William G. Bowen, *Performing Arts: The Economic Dilemma* (New York: Twentieth Century Fund, 1966)。

43 譯注：「進步型部門」（Progressive Sector）在「鮑莫爾成本病」理論中，是指一種

Urban Future (Cambridge, MA: MIT Press, 2019)。
23 James Kwak, *Economism: Bad Economics and the Rise of Inequality* (New York: Pantheon Books, 2017)。
24 譯注：關於「勞動所得稅扣抵制」（Earned Income Tax Credit，EITC），是美國為了協助低所得的工作家庭，尤其是須扶養小孩的低所得家庭，能夠脫離貧困，而實施的制度。它是一項結合降低稅負與補貼薪資兩種功能的措施，亦是負所得稅（Negative Income Tax）概念的實踐。一個符合資格條件的家庭，每多賺取一元勞動所得，政府便相對給予一定比率的稅額抵減，例如百分之十，如果勞動所得為一萬元，則該家庭便可獲得一千元的抵稅額。此時，若其本來的所得稅應納稅額為四百元，則不但此四百元可以完全抵免而不用繳稅，另外還可以從政府拿到所剩六百元的差額。前者為實際稅負的減輕，後者則是對勞動薪資的補貼。此外，為避免適用過於浮濫，美國政府規劃此制度時，亦設定了一些必要的門檻與條件。
25 John Lanchester "Good New Idea" *London Review of Books* 41, no. 14 (2019), https://www.lrb.co.uk/the-paper/v41/n14/john-lanchester/good-new-idea。
26 Hartmut Rosa, *Resonance: A Sociology of Our Relationship to the World*, trans. James Wagner (Medford, MA: Polity Press, 2019)。
27 Cristóbal Orrego, "The Universal Destination of the World's Resources," in *Catholic Social Teaching*, eds. Gerard V. Bradley and E. Christian Brugger (Cambridge, UK: Cambridge University Press, 2019), 267-299。
28 Gar Alperovitz and Lew Daly, *Unjust Desserts: How the Rich Are Taking Our Common Inheritance* (New York: New Press, 2010); Guy Standing, *Basic Income: A Guide for the Open Minded* (New Haven: Yale University Press, 2017)。
29 譯注：「加速攤提」（accelerated amortization）為計算折舊的一種方法，指在資產有效使用期內的前幾年允許較大的折舊費用扣減，以後則逐年減少。此種方法與直線折舊法相比，可在資產的最初幾年收回較多的成本。加速折舊法包括餘額遞減折舊法、雙倍餘額遞減折舊法和年限總額折舊法等（資料來源：元照英美法詞典）。
30 Daren Acemoglu and Pascual Restrepo, "Automation and New Tasks: How Technology Displaces and Reinstates Labor," *Journal of Economic Perspectives* 33, no. 2 (2019): 3, 25。
31 Elizabeth Warren United States Senator for Massachusetts, "Senator Warren Unveils Proposal to Tax Wealth of Ultra-Rich Americans," press release, January 24, 2019, https://www.warren.senate.gov/newsroom/press-releases/senator-warren-unveils-proposal-to-tax-wealth-of-ultra-rich-americans。
32 "Tax on Extreme Wealth," Issues, Friends of Bernie Sanders, accessed May 13, 2020,

Rachel Pechey, and Stanley Ulijaszek, eds., *Inequality, Insecurity, and Obesity in Affluent Societies* (Oxford: Oxford University Press, 2012)。

12 Michael Simkovic, "The Knowledge Tax," *University of Chicago Law Review* 82 (2015): 1981-2043. 標準的預算模式已經不斷地顯露其失敗之處，無法反映出這些有價值的貢獻，Michael Simkovic, "Biased Budget Scoring and Underinvestment," *Tax Notes Federal* 166, no. 5 (2020): 75-765。

13 The IEEE Global Initiative on Ethics of Autonomous and Intelligent Systems, *Ethically Aligned Design: A vision for Prioritizing Human Well-Being with Autonomous and Intelligent Systems*, 1st. ed. (2019), 102。

14 Robert Lee Hale, *Freedom through Law* (New York: Columbia University Press, 1952)。

15 Brishen Rogers, "The law and Political Economy of Workplace Technological Change," *Harvard Civil Rights-Civil Liberties Law Review* 55 (forthcoming 2020)。

16 Elizabeth Anderson, *Private Government: How Employers Rule Our Lives (And Why We Don' t Talk about it)* (Princeton: Princeton University Press, 2018)。

17 Veena B. Dubel, "Wage Slave or Entrepreneur?: Contesting the Dualism of Legal Worker Identities," *Californica Law Review* 105 (2017): 101-159; Sanjukta Paul, "Uber as For-Profit Hiring Hall: A Price-Fixing Paradox and Its Implications," *Berkeley Journal of Employment and Labor Law* 38 (2017): 233-264。

18 譯注：任意僱傭（employment-at-will），又稱自由僱傭、隨意僱用，指在無明確的相反協議時，雇主或受僱任何一方都可隨時終止其僱傭關係，可以是基於某種理由終止，也可以不需要任何理由。

19 對於專業組織的批評，更多回應參見Sandeep Vaheesan and Frank Pasquale, "The Politicis of Professionalism," *Annual Review of Law & Social Science* 14 (2018): 309-327。

20 人文和社會科學對於探索這些人類價值十分重要；而宗教在這裡也有其角色，宗教機構偶爾會直接評論AI和機器人技術的發展，參見例如Pontifical Academy of Sciences and Pontifical Academy of Social Sciences, Final Statement from the Conference on Robotics, AI and Humanity, Science, Ethics and Policy (2019), http://www.academyofsciences.va/content/accademia/en/events/2019/robotics/statementrobotics.html。

21 Charles Duhigg, "Did Uber Steal Google's Intellectual Property?," *New Yorker*, October 15, 2018, https://www.newyorker.com/magazine/2018/10/22/did-uber-steal-googles-intellectual-property。

22 Ben Green, *The Smart Enough City: Putting Technology in Its Place to Reclaim Our*

小說的幻想場景，進行快速追蹤天花和炭疽病疫苗接種計畫。」Mike Davis, *The Monster at Our Door* (New York: The New Press, 2005), 133。另參見Amy Kapczynski and Gregg Gonsalves, "Alone against the Virus," *Boston Review*, March 13, 2020, http:bostonreview.net/class-inequality-science-nature/amy/kapczynski-gregg-gonsalves-alone-against-virus。

101 Ian G. R. Shaw, *Predator Empire: Drone Warfare and Full Spectrum Dominance* (Minneapolis: University of Minnesota Press, 2016)。

CHAPTER 7——反思自動化的政治經濟

1 法律與政治經濟學者進一步開展了這個方法學上的創新，參見Jedediah S. Britton-Purdy, David Singh Grewal, Amy Kapczynski, and K. Sabeel Rahman, "Building a Law-and-Political-Economy Framework: Beyond the Twentieth-Century Synthesis," *Yale Law Journal* 130 (2020): 1784-1835。

2 Martha McCluskey, "Defining the Economic Pie, Not Dividing or Maximizing It," *Critical Analysis of Law* 5 (2018): 77-98。

3 「地方」在這裡是一詞多義，表示地理空間上與AI／機器人技術的執行和功能性專業領域知識的接近性。Clifford Geertz, *Local Knowledge: Further Essays in Interpretive Anthropology* (New York: Basic Books, 1983)。

4 本書並未聚焦於製造業與服務業領域，關於這兩個領域的作法，請參見Roberto Unger, *The Knowledge Economy* (New York: Verso, 2019)。

5 Roger Boesche, "Why Could Tocqueville Predict So Well?" *Political Theory* 11 (1983): 79-103。

6 Joseph E. Aoun, *Robot-Proof: Higher Education in the Age of Artificial Intelligence* (Cambridge, MA: MIT Press, 2017)。

7 這裡我從羅伯托·昂格爾（Roberto Unger）的《知識經濟》（*The Knowledge Economy*）一書中借用「最先進的生產模式」一詞。

8 Eliza Mackintosh, "Finland Is Winning the War on Fake News. What It's Learned May Be Crucial to Western Democracy," CNN, May 2019, https://www.cnn.com/interactive/2019/05/europe/finland-fake-news-intl/。

9 例如，關於Facebook互動功能，傑出的討論請參見David Auerbach, *Bitwise: My Life in Code* (New York: Random House, 2018)。

10 Luke Stark, "Algorithmic Psychometrics and the Scalable Subject," *Social Studies of Science* 48, no. 2 (2018): 204-231。

11 Avner Offer, *The Challenge of Affluence: Self-Control and Well-Being in the United States and Britain since 1960* (Oxford: Oxford University Press, 2006); Avner Offer,

(Cham, CH: Springer, 2014); Singer and Brooking, *Like War*。

90 Samuel Bowles and Arjun Jayadev, "Guard Labor: An Essay in Honor of Pranab Bardhan," University of Massachusetts Amherst Working Paper 2004-2015 (2004), https://scholarworks.umass.edu/econ_workingpaper/63/; Harold Lasswell, "The Garrison State," *American Journal of Sociology* 46 (1941_: 455-468。

91 Ryan Gallagher, "Cameras Linked to Chinese Government Stir Alarm in U.K. Parliament," *Intercept*, April 9, 2019, https://theintercept.com/2019/04/09/hikvision-cameras-uk-parliament/; Arthur Gwagwa, "Exporting Repression? China's Artificial Intelligence Push into Africa," Council on Foreign Relations: Net Politics (blog), December 17, 2018, https://www.cfr.org/blog/exporting-repression-chinas-artificial-intelligence-push-africa。

92 "Companies Involved in Expanding China's Public Security Apparatus in Xinjiang," ChinAI Newsletter#11, trans. Jeff Ding, May 21, 2018, https://chinai.substack.com/p/chinai-newsletter-11-companies-involved-in-expanding-chinai-public-security-apparatus-in-xinjiang。

93 Doug Bandow, "The Case for a Much Smaller Military," *Fortune* 135, no. 12 (1997): 25-26。

94 Bernard Harcourt, *The Counterrevolution: How Our Government Went to War against Its Own Citizens* (New York: Public Books, 2018)。

95 譯注：根據美國憲法，一般來說，州長大體上擁有維持州內秩序的權限，這一原則反映在「民兵團法」(Posse Comitatus Act)的規定上，亦即禁止聯邦軍隊參與國內執法。

96 Sina Najafi and Peter Galison, "The Ontology of the Enemy: An Interview with Peter Galison," *Cabinet Magazine*, Fall / Winter 2003, http://cabinetmagazine.org/issues/12/najafi2.php。

97 William E. Connolly, *The Fragility of Things: Self-Organizing Processes, Neoliberal Fantasies, and Democratic Activism* (Durham, NC: Duke University Press, 2013)。

98 Rosa Brooks, *How Everything Became War and the Military Became Everything: Tales from the Pentagon* (New York: Simon & Schuster, 2017)。

99 Deborah Brautigam, *The Dragon's Gift: The Real Story of China in African* (New York: Oxford University Press: 2009)。有關「被投資方」的研究，請參見Michael Feher, *Rated Agency: Investee Politics in a Speculative Age*, trans. Gregory Elliott (New York: Zone Books, 2018)。

100 例如，公共衛生專家警告小布希政府「應對生物恐怖主義的最佳方法，是改善對現有公共衛生威脅的管理」，但官員們卻「根據湯姆．克蘭西(Tom Clancy)

80 John Glaser, Christopher H. Preble, and A. Trevor Thrall, *Fuel to the Fire: How Trump Made America's Broken Foreign Policy Even Worse (and How We Can Recover)* (Washington, DC: Cato Institute, 2019)。

81 Bernard Harcourt, *Critique and Praxis* (New York: Columbia University Press, 2020)。

82 Etel Solingen, *Nuclear Logics: Contrasting Paths in East Asia and the Middle East* (Princeton: Princeton University Press, 2007), 253。

83 Noam Schreiber and Kate Conger, "The Great Google Revolt," *New York Times Magazine*, February 18, 2020, https://www.nytimes.com/interactive/2020/02/18/magazine/google-revolt.html; Letter from Google Employees to Sundar Pichai, Google Chief Executive, 2018, https://static01.nyt.com/files/2018/technology/googleletter.pdf; Scott Shane and Daisuke Wakabayashi, "'The Business of War': Google Employees Protest Work for the Pentagon," *New York Times*, April 4, 2018, https://www.nytimes.com/2018/04/04/technology/googl-letter-ceo-pentagon-project.html。

84 Kate Conger, "Google Removes 'Don't Be Evil' Clause from Its Code of Conduct," Gizmodo, May 18, 2018, https://gizmodo.com/google-removes-nearly-all-mentions-of-dont-be-evil-from-1826153393。

85 Tom Upchurch, "How China Could Beat the West in the Deadly Race for AI Weapons," *Wired*, August 8, 2018, https://www.wired.co.uk/article/artificial-intelligence-weapons-warfare-project-maven-google-china。

86 Elsa B Kania, "Chinese Military Innovation in the AI Revolution," *RUSI Journal* 164, nos. 5-6 (2019): 26-34（「在天津，有一個新的AI軍民融合創新中心……位於國家超級電腦中心旁，由當地政府與軍事科學院合作成立。」）

87 Ashwin Acharya and Zachary Arnold, *Chinese Public AI R&D Spending: Provisional Finding* (Washington DC: Center for Security and Emerging Technology, 2019), https://cset.geogetown.edu/wp-content/uploads/Chinese-Pubic-AI-RD-Spending-Provisional-Findings-1.pdf。跟Acharya與Arnold的合作研究發現，中國的軍事AI支出，比之前預估來得低。

88 譯注：二〇一〇年因堅持「不作惡」理念拒絕中共審查而退出中國市場，但二〇一八年媒體《The Intercept》則踢爆Google正秘密展開蜻蜓專案，打造符合中國內容審查政策的搜尋引擎版本，可以屏蔽諸如「人權」、「學生抗議」等敏感詞，並允許中共追蹤使用此類敏感詞的搜尋用戶；此一專案引起上千名Google員工連署抗議，十多個人權組織要求Google終止開發蜻蜓專案，連時任美國副總統彭斯（Mike Pence）都公開向Google喊話。在輿論壓力下，Google對外宣稱已放棄研發。

89 Luciano Floridi and Mariarosaria Taddeo, eds., *The Ethics of Information Warfare*

and Comparative Law Journal 30 (2016): 151-165。

71 Paul Ohm and Jonathan Frankel, "Desirable Inefficiency," *Florida Law Review* 70 (2018): 777-838。「要塞國家」(garrison state)的概念，源自Harold D. Lasswell。譯注：Lasswell認為二十世紀中葉後的國際局勢，讓國家安全成為各國家政府的關鍵課題，而現代國防又相當依賴機密與專業科技的知識與能力，從而國防政策便幾乎成為行政部門獨特的領域，使得立法部門所能扮演的角色非常有限，因此更助長行政權的擴張。Harold D. Lasswell, "The Garrison State," *American Journal of Sociology* 46, no. 4 (1941): 455-468。

72 Stockholm International Peace Research Institute, "World Military Expenditure Grows to $1.8 Trillion in 2018," Sipri, April 29, 2019, https://www.sipri.org/media/press-release/2019/world-military-expenditure-grows-18-trillion/2018。

73 Christopher A. Preble, *The Power Problem: How American Military Dominance Makes Us Less Safe, Less Prosperous, and Less Free* (Ithaca, NY: Cornell University Press, 2009); John Mueller and Mark Stewart, *Chasing Ghosts: The Policing of Terrorism* (Oxford: Oxford University Press, 2015)。

74 莫西這段話引自Katrin Bennhold, "'Sadness' and Disbelief from a World Missing American Leadership", *New York Times*, April 23, 2020。

75 Andrew Bacevich, *The Age of Illusions: How America Squandered Its Cold War Victory* (New York: Metropolitan Book, 2020); Nikhil Pal Singh, Quincy Institute for Responsible Statecraft, "Enough Toxic Militarism," Quincy Brief, December 4, 2019, https://quincyinst.org/2019/12/04/quincy-brief-enough-toxic-militarism/。

76 T.X. Hammes, "The Future of Warfare: Small, Many, Smart vs. Few & Exquisite?," War on the Rocks, July 16, 2014, https://warontherocks.com/2014/07/the-future-of-warfare-small-many-smart-vs-few-exquisite/。

77 Sulmaan Wasif Khan, *Haunted by Chaos: China's Grand Strategy from Mao Zedong to Xi Jin-ping* (Cambridge, MA: Harvard University Press, 2018), 232. 習近平「動用軍事力量破壞了原本要實現的大戰略目標：一個穩定的鄰國。日本和越南等國家，在遭受到漁民民兵和航空母艦威脅時並沒有退縮；反之，中國的強硬策略似乎刺激了周邊國家對於軍事力量的追求。」

78 Henry Farrell, "Seeing Like a Finite State Machine," Crooked Timber (blog), November 25, 2019, http://crookedtimber.org/2019/11/25/seeing-like-a-finite-state-machine/。

79 Robert A. Burton, "Donald Trump, Our A.I. President," *New York Times*, May 22, 2017, https://www.nutimes.com/2017/05/22opinion/donald-trump-our-ai-president.html。

the 'Matrix' Laptop-Triggered Landmine," *Register*, April 12, 2005, https://www.theregister.co.uk/2005/04/12/laptop_triggered_landmine/; Brian Bergstein, "'Smart' Land Mines, with Remote Control," NBC News.com, April 4, 2004, http://www.nbcnews.com/id/4664710/ns/technology_and_science-science/t/smart-land-mines-remote-control/。

61 Convention on the Prohibition of the Use, Stockpiling, Production and Transfer of Anti-Personnel Mines and on their Destruction, September 18, 1997, 2056 U.N.T.S. 211。

62 Ibid.

63 P. W. Singer, "Military Robots and the Laws of War," *New Atlantis* 23 (2009): 25-45。

64 Ibid.，44-45。Rebecca Crootof進一步將侵權概念應用在這個領域內的分析，參見Rebecca Crootof, "War Torts: Accountability for Autonomous Weapons," *University of Pennsylvania Law Review* 164 (2016): 1347-1402。

65 例如Samir Chopra and Laurence White, *Legal Theory of Autonomous Artificial Agents* (Ann Arbor: University of Michigan Press, 2011)。

66 Dustin A. Lewis, Gabriella Blum, and Naz K. Modirzadeh, "War-Algorithm Accountability," Harvard Law School Program on International Law and Armed Conflict Research Briefing, August 2016, https://papers.ssrn.com/sol3/papers.cfm?abstract_id=2832734。已經有一些文獻討論無人機責任歸屬問題，參見Joseph Lorenzo Hall, "License Plates' for Drones," CDT Blog, March 8, 2013, https://cdt.org/blog/license-plates-for-drones/。

67 例如 Hall, "License Plates' for Drones"; 14 C.F.R. §48.100 (2016)，自2016年8月29日起，除了模型飛機之外的所有小型無人機，均需註冊登記。有關無人機飛行責未有歸屬所造成的危險議題，參見A. Michael Froomkin and P. Zak Colangelo, "Self-Defense against Robots and Drones," *Connecticut Law Review* 48 (2015): 1-70。

68 Ellen Nakashima, "Cyber Researchers Confirm Russian Government Hack of Democratic National Committee," *Washington Post*, June 20, 2016, https://www.washingtonpost.com/world/naitonal-security/cyber-researchers-confirm-russian-government-hack-of-democratic-national-committee/2016/06/20/e7375bc0-3719-11e6-9ccd-d6605beac8b3_story.html?utm_term=.90afb7ecbcc6；另參見Mandiant Consulting, "M-Trends 2016," February 2016, https://www2.fireeye.com/PPC-m-trends-2016-trneds-statistics-mandiant.html。

69 Paul Ohm, "The Fourth Amendment in a World without Privacy," *Mississippi Law Journal* 81 (2012): 1346-1347。

70 Paul Scharre, "The False Choice of Humans vs. Automation," *Temple International*

量指數期貨沽盤，推低價格後取消交易，讓自己能夠以低價購買圖利。）

50 Françoise Hampson, "Military Necessity," in *Crimes of War: What the Public Should Know*, 2nd ed., ed. Roy Guttman, David Rieff, and Anthony Dworkin (New York: Norton, 2007), 297。

51 Protocol Additional to the Geneva Conventions of 12 August 1949, and Relating Armed Conflicts (Protocol I), December 12, 1977, 1125 U.N.T.S. 609, Art. 1(2); Rupert Ticehurst, "The Martens Clause and the Laws of Armed Conflict," *International Review of the Red Cross* 79 (1997): 133-142; Theodor Meron, "The Martens Clause, Principles of Humanity, and Dictates of Public Conscience," *American Journal of International Law* 94 (2000): 78-89。

52 儘管「公共意識」之類的詞語，即使是對人類的法律明確性而言似乎過於模糊，但是，對於這類基本公共價值觀的闡述，在美國的憲法判決先例中已經發揮了重要作用。參見 Roper v. Simmons, 543 U.S. 551 (2005)，美國聯邦最高法院的判決指出，美國聯邦憲法增修條文第八條和第十四條，禁止處決在犯有死罪時未滿十八歲的人；Atkins v. Virginia, 536 U.S. 304 (2002)，美國聯邦最高法院的判決也認為，對於精神障礙罪犯而言，憲法增修條文第八條下的死刑，是殘忍且不尋常的懲罰。

53 Charli Carpenter, "Science Fiction, Popular Culture, and the Concept of Genocide," Duck of Minerva (bog), June 10, 2009, https://duckofminerva.com/2009/06/science-fiction-popular-culture-and.html。

54 Campaign to Stop Killer Robots, "About Us," https://www.stopkillerrobots.org/about-us/。

55 在本章的其餘部分，「地雷」一詞將指「反步兵地雷」。

56 Boutros Boutros-Ghali, "The Land Mine Crisis: A Humanitarian Disaster," *Foreign Affairs* 73 (September / October 1993): 8-13。

57 Eric Stover, Allen S. Keller, James Cobey, and Sam Sopheap, "The Medical and Social Consequences of Land Mines in Cambodia," *Journal of the American Medical Association* 272 (1994): 331-336。

58 Ben Wittes and Gabriella Blum, *The Future of Violence: Robots and Germs, Hackers and Drone—Confronting a New Age of Threat* (New York: Basic Books, 2015), 239。

59 Don Huber, "The Landmine Ban: A Case Study in Humanitarian Advocacy," Thomas J. Watson Jr. Institute for *International Studies* 42 (2000), http://www.watsoninstitute.org/pub/op42.pdf。

60 有關無線網路共用與「打電話回家」技術，參見"Along Came a Spider: The XM-7 RED Mine," *Defense Industry Daily*, August 27, 2013, https://www.defenseindustrydaily.com/along-came-a-spider-the-xm-7-red-04966/; Lester Haines, "Introducing

白人的系統滅絕。該小說成為美國種族主義權利的聖經，對白人民族主義和白人種族滅絕理論的發展，產生巨大影響，激發後來許多種族仇恨犯罪和恐怖主義行為。參考資料：https://www.nytimes.com/2021/01/12/books/turner-diaries-white-supremacists.html）

41 譯注：「核子寒冬」（nuclear winter）理論是一九八二－一九八三年期間許多科學家嘗試預測大規模核子戰爭的氣候效應，發現全面核子戰爭可能導致內陸地區的溫度降至零下攝氏四十度，無數強烈火風暴造成的氣候效應，將造成大多數、甚至全部人類都逐漸死亡。

42 Brain Massumi, *Ontopower: War, Power, and the State of Perception* (Durham, NC: Duke University Press, 2006); Joseph A. Schumpeter, *The Economics and Sociology of Capitalism*, (Princeton: Princeton University Press, 1991), 157。

43 P. W. Singer, *Wired for War: The Robotics Revolution and Conflict in the 21st Century* (New York: Penguin Books, 2009), 127。

44 Ibid., 127。

45 Ian Kerr and Katie Szilagyi, "Evitable Conflicts, Inevitable Technologies? The Science and Fiction of Robotic Warfare and IHL," *Law, Culture, and Humanities* 14, no. 1 (2014): 45-82, https://lch.sagepub.com/content/early/2014/01/01/1743872113509443.full.pdf+html（該文描述致命自主機器人如何可以成為「軍事必要性的增力器」）。

46 Ariel Ezrahi and Maurice E. Stucke, *Virtual Competition: The Promise and Perils of the Algorithm-Driven Economy* (Cambridge, MA: Harvard University Press, 2016), 13。Amazon的定價演算法導致彼得．勞倫斯（Peter Lawrence）的發育生物學著作《蒼蠅的誕生》（The Making of a Fly）價格無預期上漲，成為頭條新聞；Amazon這本書最高價被定為23,698,655.93美元（加上3.99美元運費）。

47 Ezrahi and Stucke, *Virtual Competition*, 13。

48 Nathanial Popper, "Knight Capital Says Trading Glitch Cost Ot $440 Million," *New York Times*: DealBook, August 2, 2012, https://dealbook.nytimes.com/2012/08/02/knight-capital-says-trading-mishap-cost-it-440-million/。

49 US Securities and Exchange Commission (SEC) and the US Commodity Futures Trading Commission (CFTC), Findings Regarding the Market Events of May 6, 2010, September 30, 2010, https://www.sec.gov/news/studies/2010/marketevents-reports.pdf。（譯注：二〇一〇年五月六日美國道瓊工業指數在五分鐘內暴跌六百點，當天指數波動幅度高達一千點，市值蒸發近一兆美元，創下美股史上單日最高跌幅，史稱「閃電崩盤」。美國司法部則是在五年之後對三十六歲英國高頻交易員薩勞提告，指他涉嫌以「幌騙交易」（spoofing）的方式，亦即利用自動化程式，設下大

Division, *Air Force Operations and the Law: A Guide for Air and Space Forces* (Washington, DC: International and Operations Law Division, Judge Advocate General's Department, 2002), 27。

29 U. C. Jha, *Killer Robots: Lethal Autonomous Weapon System Legal, Ethical and Moral Challenges* (New Delhi: Vij Books India Pvt. Ltd., 2016)。

30 Peter Asaro, "Jus Nascendi, Robotic Weapons, and the Martens Clause," in *Robot Law*, ed. Ryan Calo, Michael Froomkin, and Ian Kerr (Cheltenham, UK: Edward Elgar Publishing, 2016), 377。譯注：1899年第二次海牙公約前言中的「馬爾頓條款」（Martens clause）規定，「即使是條約法未明文規定之原則，平民與交戰方仍應受國際法原則之保護與拘束，這些原則包括文明國家間之習慣、人道主義與公共良知的支配」。

31 Ibid., 378。此一立場的支持證據，亦可參見我的近作"A Rule of Persons, Not Machines: The Limits of Legal Automation," *George Washington Law Review* 79 (2019): 1-55，這篇論文中描述了自動化適用法律的缺陷。

32 Quinta Jurecic, "The Lawfare Podcase: Samuel Moyn on 'How Warfare Became Both More Humane and Harder to End," *Lawfare*, October 22, 2016, https://www.lawfareblog.com/lawfare-podcase-samuel-moyn-how-wardare-became-both-more-humane-and harder-end。

33 Harold Hongju Koh, "The War Powers and Humanitarian Intervention," *Houston Law Review* 53 (2016): 971-1034。

34 Chamayou, *A Theory of the Drone*, 93, 95。

35 Ibid., 143（「你的武器使你能夠精確地摧毀任何你想要的目標，這個事實並不表示你更有能力確定誰是合法目標，而誰又不是合法目標」）。

36 Ibid., 147。

37 攻防之間的模糊界線，也是網路戰（Cyberwar）文獻的其中一個主題（至少從1930年代開始就已經有密碼學研究）。Galison, "Ontology of the Enemy"。

38 William Bogard, *The Simulation of Surveillance: Hypercontrol in Telematic Societies* (New York: Cambridge University Press, 1996), 85。

39 Paul Scharre, *Amy of None: Autonomous Weapons and the Future of War* (New York: Norton, 2018)。

40 Kathleen Belew, *Bring the War Home: The Whit Power Movement and Paramilitary America* (Cambridge, MA: Harvard University Press, 2018), 該書討論安德魯·麥當勞（Andrew Macdonald）小說《特納日記》（*The Turner Diaries*，Charlottesville, VA: National Vanguard Books, 1999）的流行現象。（譯注：一九七八年的小說《特納日記》，敘述美國發生一場暴力革命，推翻聯邦政府，導致一場種族戰爭與非

world/middleeast/yemen-special-operations-missions.html。

20 Peter W. Singer, *LikeWar: The Weaponization of Social Media* (Boston: Houghton Mifflin Harcourt, 2018); Peter Pomerantsev, "The Hidden Author of Putinism: How Vladislav Surkov Invented the New Russia," *Atlantic*, November 7, 2014, https://www.theatlantic.com/international/archive/2014/11/hidden-author-putinism-russia-vladislav-surkov/382489。

21 Alexander Kott, David Albert, Amy Zalman, Paulo Shakarian, Fernando Maymi, Cliff Wang, and Gang Qu, "Visualizing the Tactical Ground Battlefield in the Year 2050: Workshop Report," US Army Research Laboratory, June 2015, https://www.arl.army.mil/arlreports/2015/ARL-SR-0327.pdf; Lucy Ash, "How Russia Outfoxes Its Enemies," *BBC News*, January 29, 2015, http://www.bbc.com/news/magazine-31020283。

22 Rebecca Crootof, "The Killer Robots Are Here," *Cardozo Law Review* 36 (2015): 1837-1915。

23 1977 Protocol 1 Additional to the Geneva Conventions of August 12, 1949, and Relating to the Protection of Victims of Non-International Armed Conflicts, article 51(3); 1978 Protocol 1 Additional to the Geneva Conventions of August 12, 1949, and Relating to the Protection of Victims of Non-International Armed Conflicts, article 13(3)。

24 Bonnie Docherty, *Losing Humanity: The Case against Killer Robots* (New York: Human Rights Watch, 2012), 31。

25 Mike Crang and Stephen Graham, "Sentient Cities: Ambient Intelligence and the Politics of Urban Space," *Information Communication and Society* 10 (2007): 789, 799（「這種將新型『戰場』深深嵌入城市平民生活的新型態衝突關鍵，是環境智能（ambient intelligence）的動員能量，鑲嵌在城市和都會基礎設施中，提供所需的「戰場意識」以辨識、追蹤和瞄準潛伏的叛亂分子、恐怖分子和其他『目標』」）

26 Grégoire Chamayou, *A Theory of the Drone* (New York: New Press, 2015), 143-145; Luke A. Whittemore, "Proportionality Decision Making in Targeting: Heuristics, Cognitive Biases, and the Law," *Harvard National Security Journal* 7 (2016): 577, 593（「每一步，指揮官都必須權衡將某事歸入一類或另一類的可能性當中；將這種不確定性與法律條款的模糊空間結合起來，同時在區分原則下的人類決策也很可能依賴過往經驗所得到的啟發，來評估可能性和預測結果。」）

27 1977 Protocol 1 Additional to the Geneva Conventions of August 12, 1949, and Relating to the Protection of Victims of Non-International Armed Conflicts, art. 51(5)(b)。

28 United States Air Force Judge Advocate General International and Operations Law

mate Learning Machine Will Remake Our World (New York: Basic Books, 2015), 121。

11 Bill Joy, "Why the Future Doesn't Need Us," *Wired*, April 1, 2000, https://www.wired.com/2000/04/joy-2/。

12 Brad Turner, "Cooking Protestors Alive: The Excessive-Force Implications of the Active Denial System," *Duke Law & Technology Review* 11 (2012): 332-356。

13 Michael Schmitt, " Regulating Autonomous Weapons Might Be Smarter than Banning Them," Just Security, August 10, 2015, https://www.justsecurity.org/25333/regulating-autonomous-weaons-smarter-banning/。

14 當然，也可能有不分青紅皂白的殺手機器人，將它們設定為對特定領土上任何擋住他們路徑的人都殺，或者設定為殺死任何具有特定外觀的人。我將在本章後面討論這些機器人引起的問題，它們更接近於長期以來有一部分戰爭法的對象，具進階破壞能力的類型。

15 Ronald Arkin, "The Case for Banning Killer Robots: Counterpoint," *Communications of ACM* 58, no. 12 (2015): 46-47。

16 譯注：一九六八年美軍官兵在越南美萊村，屠殺三四七至五〇四位（各種報導不一）男女老幼及嬰兒。

17 Noel E. Sharkey, "The Evitability of Autonomous Robot Warfare," *International Review of the Red Cross* 94 (2012): 787-799。有關自動化替代刑事執法人員的批判性觀點，參見 Elizabeth E. Joh, "Policing Police Robots," *UCLA Law Review Discourse* 64 (2016): 516-543。

18 譯注：Dimension 是指在機器學習中描述數據的特徵向量，當特徵維度增加，不同的特徵進行組合後，特徵空間中的數據會變得更加稀疏。為瞭解決特徵維度增加而導致的特徵空間中數據樣本分布稀疏的問題，即「維度災難」（curse of dimensionality）；可透過增加更多的訓練資料數據，以避免維度災難；但是隨著維度增長，需要的數據量將會指數級增長，進而導致預測更加耗費計算資源。（參考資料：https://www.itread01.com/content/1549931070.html；https://www.getit01.com/p20180121627836140/；https://dasanlin888.pixnet.net/blog/post/490172603-%E9%99%8D%E7%B6%AD%E8%88%87%E7%B6%AD%E5%BA%A6%E7%81%BD%E9%9B%A3）

19 Thomas Gibbons-Neff, "U.S. Troops Deployed to Bolster Security at American Embassy in South Sudan," *Washington Post*, July 13, 2016, https://www.wasgintonpost.com/news/checkpoint/wp/2016/07/13/us-troops-deplyed-to-bolster-security-at-american-embassy-in-south-sudan/?utm_term=.8825ec86285d; David E. Sanger and Eric Schmitt, "Yemen Withdraws Permission for U.S. Antiterror Ground Missions," *New York Times*, February 7, 2017, https://www.nytimes.com/2017/02/07/

versity of California Press, 2007)。

CHAPTER 6——自主的力量

1 David Silver, Julian Schrittwieser, Karen Simonyan, Ioannis Antonoglou, Aja Huang, Arthur Guez, Thomas Hubert et al., "Mastering the Game of Go without Human Knowledge," *Nature* 550 (2017): 354-359。
2 Peter Galison, "The Ontology of the Enemy: Norbert Wiener and the Cybernetic Vision," *Critical Inquiry* 21 (1994): 228-266。
3 譯注：指兩個互相排斥但同樣可論證的命題間的矛盾。
4 Future of Life Institute, "Slaughterbots," YouTube, November 13, 2017, https://www.youtube.com/watch?v=HipTO_7mUOw; Jessica Cussins, "AI Researchers Create Video to Call for Autonomous Weapons Ban at UN," Future of Life Institute, November 14, 2017, https://futureoflife.org/2017/11/14/ai-researchers-create-video-call-autonomous-weapons-ban-un/?cn-reloaded=1。
5 Shane Harris, "The Brave New Battlefield," Defining Ideas, September 19, 2012, http://www.hoover.org/research/brave-new-battlefield; Benjamin Wittes and Gabriella Blum, *The Future of Violence-Robots and Germs, Hacker and Drones: Confronting the New Age of Threat* (New York: Basic Books, 2015)。
6 Gabriella Blum, "Invisible, Threats," Hoover Institution: Emerging Threats, 2012, https://www.hoover.ord/sites/default/files/research/docs/emergingthreats_blum.pdf。
7 P. W. Singer and August Cole, *Ghost Fleet: A Novel of the Next World War* (New York: Houghton, 2015)。
8 P. W. Singer, "Military Robots and the Future of War," TED talk, February 2009, https://www.ted.com/talks/pw_singer_on_robots_of_war; P. W. Singer, "News and Events," https://pwsinger.com/news-and-events/' MCOE Online, "August Cole Discusses Future Fighting Possibilities," YouTube, March 3, 2016, https://www.youtube.com/watch?v=vl_J9_x-yOk。
9 Anatoly Dneprov, *Crabs on the Island* (Moscow: Mir Publishers, 1968), 10：「『我一定告訴過你我想改進我的機器人。』『好吧，那又怎樣？拿出你的設計圖並找到方法去做就好了。為什麼要這場內戰？再這樣下去，它們會互相吞噬。』『那就這樣。活下來的就是最完美的機器人。』」感謝Michael Froomkin讓我注意到這個故事。
10 Pedro Domingos假想了一個機器人公園，就像是侏羅紀公園，是「一個巨大的機器人工廠，周圍環繞著一萬平方英里的叢林、城市和其他……幾年前我建議把這個公園當成DARPA（國防高等研究計畫署）工作坊的思想實驗，在場的一位軍事長官平靜地說『那是可行的』」；*The Master Algorithm: How the Quest for the Ulti-*

Vanderbilt Law Review 70 (2018): 1249-1301。我們都可以理解為什麼拖欠賬款的記錄會降低信用評分；追蹤這些紀錄是可受公評的；但是遠超出債務人角色的其他大數據資料，則欠缺拿來作為還款判斷的合理性（譯注：如文中所述，都喝某一種品牌的啤酒），儘管它們對於還款問題可以有不錯的預測。

90 Jürgen Habermas, *The Theory of Communicative Action, vol. 2, Lifeworld and System: A Critique of Functionalist Reason*, trans. Thomas McCarthy (Boston, MA: Beacon Press, 1987)。關於這些概念的介紹，參見Hugh Baxter, "System and Lifeworld in Habermas's Theory of Law," *Cardozo Law Review* 23 (2002): 473-615。

91 哈伯馬斯的構想（可以追溯到AI的「專家系統」還可以明確解釋的時代），諷刺的地方在於，「司法化」的隱喻轉向法律領域，作為一種特別不透明和過於複雜的社會秩序模式；而另一方面，法律系統的基本推理標準，現在則用於自動化系統的問責標準。

92 這種自我工具化被批評為一種異化疏離（alienation），參見Hartmut Rosa, *Resonance: A Sociology of Our Relationship to the World*, trans. James Wagner (Cambridge, UK: Polity Press, 2019)；另參見Richard M. Re and Alicia Solow-Niederman, "Developing Artificially Intelligent Justice," *Stanford Technology Law Review* 22 (2019): 242, 275, 討論來自自動化系統的異化。

93 譯注：「男性凝視」（male gaze）意指男人觀看，而女人就是被觀看被控制的對象，而男人從觀看中得到快感。這一種的觀看形式，就是一種權力的展現。

94 David Beer, *The Data Gaze: Capitalism, Power and Perception* (Los Angeles: Sage, 2018); Meredith Broussard, *Artificial Unintelligence* (Cambridge, MA: MIT Press, 2018)。

95 Charles Taylor, "Foucault on Freedom and Truth," *Political Theory* 12, no. 2 (1984): 152-183。

96 William Davies, *Nervous States: Democracy and the Decline of Reason* (New York: Norton, 2018)。

97 Adolph A. Berle, *Power* (New York: Harcourt, 1969); John Gaventa, *Power and Powerlessness: Quiescence and Rebellion in an Appalachian Valley* (Urbana: University of Illinois Press, 1980); Stephen Lukes, *Power* (New York: New York University Press, 1986)。

98 Jonathan Schell, *The Unconquerable World: Power, Nonviolence, and the Will of the People* (New York: Metropolitan Books, 2003)。

99 Elizabeth Warren and Amelia Warren Tyagi, *The Two-Income Trap: Why Middle-Class Mothers and Fathers Are Going Broke* (New York: Basic Books, 2003); Robert Frank, *Falling Behind: How Rising Inequality Harms the Middle Class* (Berkeley: Uni-

ary 13, 2016, at https://opinioin.people.com.cn/n1/2016/0133/c1003-28046944.html，在中國法律體系內挑戰網絡後果，作者的批判提供了紮實的基礎。

79 Jay Stanley, "China's Nightmarish Citizen Scores Are a Warning for American," ACLU (blog), October 5, 2015, https://www.aclu.org/blog/privacy-technology-consumer-privacy/chinas-nightmarish-citizen-scores-are-warning-americans。

80 也許因為預期有負面聲譽效果，香港反送中的抗爭者使用面具口罩、八達通現金卡、以及雷射光筆干擾人臉辨識系統，以避免被辨識並永久標註為政府異議者或「沒信用」者。

81 Gills Deleuze, "Postscript on the Societies of Control," October 59 (1992): 3-; Frank Pasquale, "The Algorithmic Self," *Hedgehog Review*, Spring 2015。

82 Nathan Vanderklippe, "Chinese Blacklist and Early Glimpse of Sweeping New Social Credit Control," *Global and Mail*, January 3, 2018, updated January 18, 2018, https://www.theglobeandmail.com/news/world/chinese-blacklist-an-early-glimpse-of-sweeping-new-social-credit-control/article37493300/; Frank Pasquale and Danielle Keats Citron, "Promoting Innovation while Preventing Discrimination: Policy Goals for the Scored Society," *Washington Law Review* 89 (2014): 1413-1424; Danielle Keats Citron and Frank Pasquale, "The Scored Society"。

83 Dan McQuillan, "Algorithmic States of Exception," *European Journal of Cultural Studies* 18 (2015): 564-576。

84 Jathan Sadowski and Frank Pasquale, "The Spectrum of Control: A Social Theory of the Smart City," *First Monday* 20, no. 7 (July 6, 2015), https://firstmonday.org/article/view/5903/4660。

85 Violet Blue, "Your Online Activity is Now Effectively a Social 'Credit Score,'" https://www.engadget.com/2020/01/17/your-online-activity-effectively-social-credit-score-airbnb。

86 Audrey Watters, "Education Technology and the New Behaviorism," HackEducation (blog), December 23, 2017, http://hackeducation.com/2017/12/23/top-ed-tech-trends-social-emotional-learning。

87 Michael Walzer, *Spheres of Justice: A Defense of Pluralism and Equality* (New York: Basic Books, 1984)。

88 關於這些功利主義和義務論的力量和侷限性，參見Cohen, *Configuring the Networked Self*。相對於與西方自由主義標準的緊張關係，瓦瑟的哲學通常與傳統東亞哲學的社會和諧理論有比較深刻的共鳴。

89 理想上，不僅關聯性，因果關係的解釋也很重要。參見例如 Kiel Brenna-Marquez, "Plausible Cause': Explanatory Standards in the Age of Powerful Machines,"

後，該晶片可以使用類似於讀卡機的技術，讓員工能夠開門、登入使用公司帳戶、訂購公司自動售貨服務等。）

71 Clement Yongxi Chen and Anne S. Y. Cheung, "The Transparent Self under Big Data Profiling: Privacy and Chinese Legislation on the Social Credit System," *Journal of Comparative* Law 12 (2017): 356-378。

72 中國國務院關於印發社會信用體係建設規劃綱要（2014—2020年）的通知，原始文件與英文翻譯參見 China Copyright and Media (June 14, 2014, updated April 25, 2015), https://chinacopyrightandmedia.wordpress.com/201/06/14/palnning-outline-for-the-construction-of-a-social-credit-system-2014-2020/。官方原始文件參見中國政府網站，http://www.gov.cn/zhengce/content/2014-06/27/content_8913.htm。

73 Evelyn Cheng and Shirley Tay, "China Wants to Track and Grade Each Citizen's Actions—It's in the Testing Phase," CNBC, July 25, 2019, https://www.cnbe.com/2019/07/26/china-social-credit-system-still-in-testing-phase-amid-trials.html。令參見 Sophia Yan, "The Village Testing China's Social Credit System: Driven by Bid Data, Its Residents Earn a Start Rating," *South China Morning Post*, June 2, 2019, https://www.scmp.com/magazines/post-magazine/long-reads/article/3012574/village-testing-chinas-social-credit-system。

74 Cheng and Tay, "China Wants to Track and Grade Each Citizen's Actions"，本文作者引用「信用中國」關於在山東榮成社會信用體系測試報告，released February 5, 2018 and available through the Chinese government website, https://www.creditchina.gove.cn/chengxiwenhua/chengshichengxiwenhua/201802/t20180205_108168.html。

75 Cheng and Tay, "China Wants to Track and Grade Each Citizen's Actions"。

76 譯注：指任何繪製在圖上的點，皆有一對數值與之對應。

77 Chen 和 Cheung 為這種連鎖效應創造了「漣漪」一詞。Yongxi Chen and Annes S. Y. Cheung, "The Transparent Self under Big Data Profiling: Privacy and Chinese Legislation on the Social Credit System," *Journal of Comparative Law* 12 (2017): 356-378。它讓人想起美國刑事定罪後或債務違約的「附帶後果」(collateral consequences)，參見例如 Michael Pinard, "Collateral Consequences of Criminal Convictions: Confronting Issues of Race and Dignity," *New York University Law Review* 85 (2010): 457-534。

78 Southern Metropolis Daily, "The Parents Owed Their Debts, and 31 Children Were Recommended by the Court to Drop Out of School," 21Jingji, July 18, 2018, at https://m.21jingji.com/article/20180718/herald/ba0ff13df6dcb5196cdcb6f886e4726b.html。關於此一聲譽評估面向的研究與批評，參見 Hu Jianmiao, "Can the Children of Those Who Run Red Lights be Restricted from Attending School," Legal Daily, Janu-

kets and the Future of Higher Education (London: Pluto Press, 2013); Christopher Newfield, *The Great Mistake: How We Wrecked Public Universities and How We Can Fix Them* (Baltimore: John Hopkins University Press, 2016)。

62 Frank Pasquale, "Democratizing Higher Education: Defending and Extending Income Based Repayment Programs," *Loyola Consumer Law Review* 28 (2015): 1-30。

63 學者們也認識到貸款的限制是一種社會供給形式，參見Abbye Atkinson, "Rethinking Credit as Social Provision," *Stanford Law Review* 71 (2019): 1093-1162。

64 Adam Kotsko, Creepiness (Washington, DC: Zero Books, 2015); 在隱私脈絡中，有關「挑戰傳統社會規範邊界的恐怖行為」，參見Omer Tene and Jules Polonetsky, "A Theory of Creepy: Technology, Privacy, and Shifting Social Norms," *Yale Journal of Law and Technology* 16 (2014): 59-102。

65 例如Jessica Leber, "This New Kind of Credit Score Is All Based on How You Use Your Cell Phone," *Fast Company*, April 27, 2016, https://www.fastcompany.com/3058725/this-new-kind-of-credit-score-is-all-based-on-how-you-use-your-cellphone，文中討論美國第三大消費者信用報告業者Equifax保證他們的隱私與資料安全措施是妥適的（譯注：Equifax在二〇一七年被駭客入侵，導致一億多位消費者的個資外洩，美國政府曾在事發前警告Equifax內部系統有安全漏洞，但Equifax卻未有效修補，釀成此一重大資安事件）。

66 譯注：「後設資料」（metadata），也可翻譯為「詮釋資料」、「元資料」等。該詞字面意義為「描述資料的資料」（data about data）；國際圖書館協會聯盟(The International Federation of Library Associations and Institutions，簡稱IFLA)定義為：「可用來協助對網路電子資源的辨識、描述、與指示其位置的任何資料。」綜合而言，後設資料可以歸納為描述各種類資源（如人、時、事、地、物）的屬性（如內容特徵、情境特徵、結構特徵、各種功能需求、資料庫內的綱要），確保該資源在數位環境可以被人或機器充分利用、溝通與執行任務。

67 ACLU of California, "Metadata: Piecing Together a Privacy Solution," February 2014, https://www.aclunc.org/sites/default/files/Metadata%20report%20FINAL%202%2021%2014%20cover%20%2B%20inside%20for%20web%20%283%29.pdf。

68 Ajunwa, Crawford, and Schultz, "Limitless Workplace Sureveillance."

69 Shoshana Zuboff, *The Age of Surveillance Capitalism: The Fight for a Human Future at the New Frontier of Power* (New York: PublicAffairs, 2019)。

70 Davis Polk, "Time to Get Serious about Microchipping Employees and Biometric Privacy Laws," Law Fuel, February 14, 2019, http://www.lawfuel.com/blog/time-to-get-serious-about-microchipping-employees-and-biometric-privacy-laws/。（譯注：文中報導幾家公司將一個米粒大小的微晶片植入自願測試組的員工手中，插入

50 Privacy International, "Case Study: Fintech and the Financial Exploitation of Customer Data," August 30, 2017, https://www.privacyinternational.org/case-studies/757/case-study-fintech-and-financial-exploitation-customer-data。

51 Ibid。

52 Rachel Botsman, "Big Data Meets Big Brother as China Moves to Rate it Citizens," *Wired*, Oct. 21, 2017. 關於中國的「社會信用體系」之學術分析，參見 Yu-Jie Chen, Ching-Fu Lin, and Han-Wei Liu "'Rule of Trust': The Power and Perils of China's Social Credit Megaproject," *Columbia Journal of Asian Law* 32 (2018): 1-36。

53 James Rufus Koren, "Some Lenders Are Judging You on Much More Than Your Finances," *Los Angeles Times*, December 19, 2015, https://www.latimes.com/business/la-fi-new-credit-score-20151220-story.html。

54 Ryen W. White, P. Murali Doraiswamy, and Eric Horvitz, "Detecting Neurogenerative Disorders from Web Search Signals," *NPJ Digital Medicine* 1 (2018): article no. 8, https://www.nature.com/articles/s41746-018-0016-6.pdf。

55 Louise Seamster and Raphaël Charron-Chénier, "Predatory Inclusion and Education Debt: Rethinking the Racial Wealth Gap," *Social Currents* 4(2017): 199-207。

56 譯注：「發薪日貸款」(payday loans) 就是把還款日期與借款人下一次領薪的日子綁在一起，payday (發薪日) 一到，債主就把還款的錢從借款者的帳戶提走。這類小筆現金借貸公司的最大特點是，可以很快核貸，隨時恭候，一筆現金救急，因此對某些人的吸引是顯而易見。這樣「便利」的代價很高 (利息)，有人稱之「合法高利貸」。

57 Donald Bradley, "KC Man Pays $50,000 Interest on $2,500 in Payday Loans," *Kansas City Star*, May 17, 2016, https://www.kansascity.com/news/local/article78174997.html。

58 "I Borrowed ￡150 ... Now I Owe ￡10k: Christmas Warning over Payday Loans," *Sun*, December 16, 2012, updated April 4, 2016, https://www.thesun.co.uk/archives/news/342926/i-borrowed-150-now-i-owe-10k/。

59 Kevin P. Donovan and Emma Park, "Perpetual Debt in the Silicon Savannah," *Boston Review*, September 20, 2019, at http://bostonreview.net/class-inequality-global-justice/kevin-p-donovan-emma-park-perpetual-debt-silicon-savannah。

60 Tressie McMillan Cottom, *Lower Ed: The Troubling Rise of For-Profit Colleges in the New Economy* (New York: The New Press, 2018)。

61 Lauren Berlant, *Cruel Optimism* (Durham, NC: Duke University Press, 2011); Davie J. Blacker, *The Falling Rate of Earning and the Neoliberal Endgame* (Washington, DC: Zero Books, 2013); Andrew McGettigan, *The Great University Gamble: Money, Mar-*

機器學習就會失敗。機器學習學到的任務或規則必須保持不變，或要極少更新，你才能不斷訓練它。」）

41 Kiel Brennan-Marquez, "Plausible Cause: Explanatory Standards in the Age of Powerful Machines," *Vanderbilt Law Review* 70 (2017): 1249-1302。

42 Robert H. Solan and Richard Wagner, "Avoiding Alien Intelligence: A Plea for Caution in the Use of Predictive Systems," https://papers.ssrn.com/sol3/papers.cfm?abstract_id=3163664; Guido Noto La Diega, "Against the Dehumanization of Decision-Making: Algorithmic Decisions at the Crossroads of Intellectual Property, Data Protection, and Freedom of Information," *Journal of intellectual Property, Information Technology and E-commerce Law* 9, no. 1 (2018):https://www.jipitecu.eu/issues/jipitec-9-1-2018/4677。

43 Patrick Tucker, "The US Military Is Creating the Future of Employee Monitoring," Defense One, March 26, 2019, https://www.defenseone.com/technology/2019/03/us-military-creating-future-employee-monitoring/155824/。

44 關於測謊器的不可靠及其在美國的就業情境中禁止使用，參見 Joseph Stromberg, "Lie Detectors: Why They Don't Work, and Why Police Use Them Anyway," Vox, Dec 15, 2014, at https://www.vox.com/2014/8/14/5999119/polygraphs-lie-detectors-do-they-work。

45 這段話引自於她在一本書中接受的訪談，Martin Ford, *Architects of Intelligence: The Truth about AI from the People Building It* (Birmingham, UK: Packt Publishing, 2018), 217。

46 Ifeoma Ajunwa, Kate Crawford, and Jason Schulz, "Limitless Worker Surveillance," *California Law Review* 105 (2017): 735-776。

47 Marika Cifor, Patricia Garciam, T. Cowan, Jasmine Rault, Tonia Sutherland, Anita Say Chan, Jennifer Rode Anna Lauren Hoffmann, Niloufar Salehi, and Lisa Nakamura, *Feminist Data Manifest-No*, https://www.manifestno.com/。

48 譯注：普惠金融（Financial Inclusion/Inclusive Financing）是指一個有效地能為社會所有階層和群眾提供服務的金融體系，也就是指一整套全方位地為社會全體人員，特別是金融弱勢群體提供金融服務的思維、方案和保障措施等。普惠金融的初衷，在於強調透過金融基礎設施不斷提升，提高金融服務的可及性，實現以較低的成本提供社會各界，尤其是偏遠地區和弱勢族群更為便捷的金融服務。

49 Danielle Keats Citron and Frank Pasquale, "The Scored Society: Due Process for Automated Predictions," *Washington Law Review* 89 (2014): 1-34。要解決本章中討論的許多隱私威脅，最有野心的提案之一，是美國參議員謝羅德·布朗（Sherrod Brown）的二〇二〇年《資料問責和透明度法案》。

31 Julie E. Cohen, *Configuring the Networked Self: Law, Code, and the Play of Everyday Practice* (New Haven: Yale University Press, 2012)。Cohen的「語意不連續性」(semantic discontinuity)概念也適用於線上網路世界，而此一概念也可為線上匿名空間辯護。

32 譯注：卡夫卡式的侮辱，意指人們依賴日漸複雜的管理系統，結果發現是由看不見的人，根據人們不知道的規則在審判和統治自己。

33 Margaret Hu, "Big Data Blacklisting," *Florida Law Review* 67 (2016): 1735-1809; Eric J. Mitnick, "Procedural Due Process and Reputational Harm: Liberty as Self-Invention," *University of California Davis Law Review* 43 (2009): 79-142。

34 Same Levin, "Face-Reading AI will Be Able to Predict Your Politics and IQ, Professor Says," *Guardian*, September 12, 2017, https://www.theguardian.com/technology/2017/sep/12/artificial-intelligence-face-recognition-michal-kosinski。

35 Sam Biddle, "Troubling Study Says Artificial Intelligence Can Predict Who Will Be Criminals Based on Facial Features," *Intercept*, November 18, 2016, https://theintercept.com/2016/11/18/toubling-study-says0artificial-intelligence-can-predict-who-will-be-criminals-based-on-facial-features/。

36 Matt McFarland, "Terrorist or Pedophile? This Start-Up Says It Can Out Secrets by Analyzing Faces," *Washington Post*, May 24, 2016, https://www.washingtonpost.com/news/innovations/wp2016/05/24/ terrorist-or-pedophile?-this-start-up-says-it-can-out-secrets-by-analyzing-faces/?noredirect=on&utm_term=.5a060615a547。除此之外，這家名叫Faception的新創公司，還想要用更積極的方式去分類人類。Faception, "Our Technology," https://www.faception.com/our-technology。

37 Dan McQuillan, "People's Councils for Ethical Machine Learning," Social Media + Society, April-June 2018:1-10。

38 Judea Pearl and Dana McKenzie, *The Book of Why: The New Science of Cause and Effect* (New York: Basic Books, 2018)。

39 Frank Pasquale and Glyn Cashwell, "Prediction, Persuasion, and the Jurisprudence of Behaviourism," *University of Toronto Law Journal* 68 supp. (2018):63-81。我們也應該審慎對待已經被證明為歧視性實踐行為的資料。Rashida Richardson, Jason M. Schulz, and Kate Crawford, "Dirty Data, Bad Predictions: How Civil Rights Violations Impact Police Data, Predictive Policing Systems, and Justice," *New York University Law Review* 94 (2019): 192-233。

40 Fabio Ciucci, "AI (Deep Learning) Explained Simply," Data Science Central (blog), November 20, 2018, httos://www.datasciencecentral.com/profiles/blogs/ai-deep-learning-explained-simply(「當舊資料很快地而且經常變得不那麼相關或錯誤時，

recognizing-black-faces-lets-keep-it-that-way。
22 Alondra Nelson (@alondra), "Algorithmic Accountability Is Tremendously Important. Full Stop," Twitter, February 9, 208, 5:48 p.m., https://twitter.com/alondra/status/962095979553009665。
23 Evan Selinger and Woodrow Hartzog, "What Happens When Employers Can Read Your Facial Expressions?," *New York Times*, October 17, 2019, https://www.nytimes.com/2019/10/17/opinion/facial-recognition-ban.html。
24 有關這種全面性監控的完整影響，參見John Gillion and Torin Monahan, *Supervision: An Introduction to the Surveillance Society* (Chicago: University of Chicago Press, 2012); and Ian G.R. Shaw, *Predator Empire: Drone Warfare and Full Spectrum Dominance* (Minneapolis: University of Minnesota Press, 2018)。
25 Evan Selinger and Woodrow Hartzog, "Opinion: It's Time for an About-Face on Facial Recognition," Christian Science Monitor, June 22, 2015, https://www.csmonitor.com/World/Passcode/Passcode-Voices/2015/0622/Opinion-It-s-time-for-an-about-face-on-facial-recognition。
26 Amy Hawkins, "Beijing's Big Brother Tech Needs African Faces," *Foreign Policy*, July 24, 2018, https://foreignpolicy.com/2018/07/24/beijings-big-brother-tech-needs-african-faces/。
27 Darren Byler, "China's Hi-Tech War on Its Muslim Minority," *Guardian*, April 11, 2019, https://www.the guardian.com/news/2019/apr/11/china-hi-tech-war-on-muslim-minority-xinjiang-uighur-surveillance-face-recognition; Chris Buckley, Paul Mozur, and Austin Ramzy, "How China Turned a City into a Prison," *New York Times*, April 4, 2019, https://www.nytimes.com/interactive/2019/04/04/world/asia/xinjiang-china0surveillance-prison.html; Mozur, "One Month, 500,000 face Scans."
28 譯注：1990年代在曼德拉（Nelson Mandela）的帶領下，南非結束族隔離制度，走向多種族的民主制度；1993年，曼德拉因此被授予諾貝爾和平獎，隨後在1994年成為南非首位黑人總統。
29 Luke Stark, "Facial Recognition Is the Plutonium of AI," *XRDS: Crossroads, The ACM Magazine for Students* 25, no. 3(Spring 2019): 50-55; Woodrow Hartzog and Evan Selinger, "Facial Recognition Is the Perfect Tool for Oppression," Medium, August 2, 2018, https://medium.com/s/story/facial-recognition-is-the-perfect-tool-for-oppression-bc2a08f0fe66。
30 Robert Pear, "On Disability and on Facebook? Uncle Sam Wants to Watch What You Post," *New York Times*, March 10, 2019, https://www.nytimes.com/2019/03/10/us/politics/social-security-disability-trump-facebook.html。

ers' Primal Urge to Kill Inefficiency—Everywhere," *Wired*, March 19, 2019, https://www.wired.com/story/coders-efficiency-is-beautiful/?curator=TechREDEF。
10 Arjun Jayadev and Samuel Bowles, "Guard Labor," *Journal of Development Economics* 79, no. 2(2006): 328-348。
11 I. Bennet Capers, "Afrofuturism, Critical Race Theory, and Policing in the Year 2044," *New York University Law Review* 94, no. 1 (2019): 1-60. See also William H. Simon, "In Defense of the Panopticon," *Boston Review* 39, no. 5(2014): 58-74。
12 Anthony Funnell, "Internet of Incarceration: How AI Could Put an End to Prisons As We Know Them, *ABC News*, August 14, 2017, https://www.abc.net.au/news/2017-08-14/how-ai-could-put-an-end-to-prisons-as-we-know-them/8794910。
13 Ibid。
14 Benjamin, *Race after Technology*, 137。
15 Baz Dreisinger, *Incarceration Nations: A Journey to Justice in Prisons around the World* (New York: Other Press, 2016)。
16 Big Brother Watch, "Face Off: Stop the Police Using Authoritarian Facial Recognition Cameras," March 15, 2019, https://bigbrotherwatch.org.uk/all-campaigns/face-off-campaign/#breakdown。
17 Kevin Arthur, "Hartzog and Selinger: Ban Facial Recognition," Question Technology (blog), August 4, 2018, https://www.questiontechnology.org/2018/08/04/hartzog-and selinger-ban-facial-recognition/; Woodrow Hartzog and Evan Selinger, "Surveillance As Loss of Obscurity," *Washington and Lee Law Review* 72(2015):1343-1388。
18 Joy Buolamwini and Timnit Gebru, "Gender Shades: Intersectional Accuracy Disparities in Commercial Gender Classification," *Proceedings of Machine Learning Research* 81 (2018): 1-15, http://proceedings.mlr.press/v81/buolamwini18a/buolamwini08a.pdf。
19 Richard Feloni, "An MIT Researcher Who Analyzed Facial Recognition Software Found Eliminating Bias in AI Is a Matter of Priorities," Business Insider, January 23, 2019, https://www.businessinsider.com/biases-ethics-facial-recognition-ai-mit-joy-buolamwini-2019-1。
20 Jacob Snow, "Amazon's Face Recognition Falsely Matched 28 Members of Congree with Mugshots," *ACLU*, July 26, 2018, https://www.aclu.org/blog/privacy-technology/surveillance-technologies/amazons-face0recognitio-falsely-matched-28。
21 Zoé Samudzi, "Bots Are Terrible at Rcognizing Black Faces. Let's Keep It that Way," Daily Beast, February 8, 2019, https://www.thedailybeast.com/bots-are-terrible-at-

Audio and Visual Evidence (New York: Data & Society, 2019)。

CHAPTER 5——由機器評價人類

1 Mike Butcher, "The Robot-Recruiter Is Coming－VCV's AI Will Read Your Face in a Job Interview," TechCrunch, April 23, 2019, http://techcrunch.com/2019/04/23/the-robot-recruiter-is-coming-vcvs-ai-will-read-your-face-in-a-job-intervew/。

2 Miranda Bogen and Aaron Rieke, *Help Wanted: An Examination of Hiring Algorithms, Equity, and Bias* (Washington, DC: Upturn, 2018), https://www.upturn.org/static/reports/2018/hiring-algorithms/files/Upturn%20-%20Help%20Wanted%20-%20An%Exploration%20of%20Hiring%20Algorithms,%20Equity%20and%20Bias.pdf。

3 譯注：逆向工程（reverse engineering）是一種剖析最終成品如何被製造出的過程，以便從中得知材料的功能規格，及如何組合。

4 有許多例子可以說明，評判人類技術再次加深了不勞而獲的舊式特權和不公平的劣勢因素。Ruha Benjamin, *Race after Technology: Abolitionist Tools for the New Jim Code* (Cambridge, UK: Polity Press, 2019); Safiya Umoja Noble, *Algorithms of Oppression: How Search Engines Reinforce Racism* (New York: New York University Press, 2018)。

5 "Fairness, Accountability, and Transparency in Machine Learning," FAT / ML, accessed May 1, 2020, https://www.fatml.org/.

6 James Vincent, "All of These Faces Are Fake Celebrities Spawned by AI," Verge, October 30, 2017, https://www.theverge.com /2017/10/30/16569402/ai-generate-fake-faces-celebs-nvidia-gan。譯注：生成對抗網路（Generative Adversarial Network，GAN）是一種非監督式學習的機器學習模型，由兩個切磋的網路相互從中學習，一個努力找出偽造的圖片，另一個則是製作出難辨真偽的圖片，最後給出一張惟妙惟肖的圖像。

7 Daniel J. Solove, "Privacy and Power: Computer databases and Metaphors for Information Privacy," *Stanford Law Review* 53(2001): 1393-1462; Philip K. Dick, *Ubik* (New York: Doubleday, 1969)。譯注：菲利普狄克（Philip K. Dick.）為著名科幻小說家，有電影《銀翼殺手2049》（*Blade Runner 2049*）等改編作品。

8 Jathan Sadowski and Frank Pasquale, "The Spectrum of Control: A Social Theory of the Smart City," *First Monday* 20, no. 7 (2015), https://doi.ord/10.5210/fm.v20i7.5903。

9 有關電腦科學家利用低效率設計「為人類價值騰出空間」，參見 Paul Ohm and Jonathan Frankel, "Desirable Inefficiency," *Florida Law Review* 70, no. 4 (2018): 777-838。有關低效率設計如何抵抗程式人員的這種衝動，參見 Clive Thompson, "Cod-

63e80b9b0a73#.9l86jw9r4。

99 Abby Ohlheiser, "Three Days after Removing Human Editors, Facebook Is Already Trending Fake New," *Washington Post*, August 29, 2016, https://www.washington-post.com/news/the-intersect/wp/2016/08/29/a-fake-headline-about-megyn-kelly-was-trending-on-facebook/; "Facebook: 'No Evidence' Conervative Stories Were Suppressed," *CBS News*, May 10, 2016, https://www.cbsnews.com/news/facebook-no-evidence-conservative-stories-trending-suppressed-gizmodo/。

100 Josh Sternberg, "Layoffs and Local Journalism," Media Nut, May 14, 2020, at https://medianut. Substack.com/p/layoffs-and-local-journalism。

101 Rachael Revez, "Steve Bannon's Data Firm in Talks for Lucrative White House Contracts," *Independent*, November 23, 2016, http://www.independent.co.uk/news/world/americas/cambridge-analytica-steve-bannon-robert-rebekah-mercer-donald-trump-conflicts-of-interest-white-a7435536.html; Josh Feldman, "CIA Concluded Russia Intervened in Election to Help Trump, WaPo Reports," Mediaite, December 9, 2016, http://www.mediaite.com/online/cia-concluded-russia-intervened-in-election-to-help-trump-wapo-reports/。

102 Will Oremus, "The Prose of the Machines," Slate, July 14, 2014, http://www.slate.com/articles/technology/technology/2014/07/automated_insights_to_write_ap_earnings_reports_why_robots_can_t_take_journalists.html。

103 Thorstein Veblen, *Absentee Ownership and Business Enterprise in Recent Times* (London: George Allen & Unwin, 1923); Christopher Meek, Warner Woodworth, and W. Gibb Dyer, *Managing by the Numbers: Absentee Ownership and the Decline of American Industry* (New York: Addison-Wesley, 1988).

104 海外的問題更嚴重，祖克柏曾說過：「你可能會對一隻死在你家前院的松鼠，比對死在非洲的人有興趣」。Jaigris Hodson, "When a Squirrel Dies: The Rapid Decline of Local News," The Conversation, September 13, 2017, at https://theconversation.com/when-a-squirrel-dies-the-rapid-decline-of-local-news-82120。雖然冷酷無情，但這個說法的確誠實地反映了大型科技公司的新殖民主義心態。Nick Couldry and Ulises A. Mejias, *The Costs of Connection How Data Is Colonizing Human Life and Appropriating It for Capitalism* (Redwood City: Standford University Press, 2019)。

105 Rahel Jaeggi, *Alienation* (tran. Frederick Neuhouser and Alan E. Smith)(New York: Columbia University Press, 2014), 1。譯注：傑吉認為異化是一種無關係的關係（relation of relationlessness），意即異化本身就是一種關係，但卻是一種有缺陷的關係。

106 Britt Paris and Joan Donovan, *Deepfakes and Cheap Fakes: The Manipulation of*

Text Message," *New Yorker*, February 2, 2015, https://www.newyorker.com/magazine/2015/02/09/ru。

90 Nick Statt, "Google Now Says Controversial AI Voice Calling System Will Identify Itself to Humans," Verge, May 10, 2018, https://www.theverge.com/2018/5/10/17342414/google-duplex-ai-assistent-voice-calling-identify-itself-update。

91 Masahiro Mori, "The Uncanny Valley: The Original Essay by Masahiro Mori," trans. Karl F. MacDorman and Norri Kageki, *IEEE Spectrum*, June 12, 2012, https://spectrum.ieee.org/automaton/robotics/humanoids/the-uncanny-valley。

92 Natasha Lomas, "Duplex Shows Google Failing at Ethical and Creative AI Design," TechCrunch, May 10, 2018, https://techcrunch.com/2018/05/10duplex-shows-google-failing-at-ethical-and-creative-ai-design/。

93 James Vincent, "Google's AI Sounds Like a Human on the Phone—Should We be Worried?" Verge, May 9, 2018, https://www.theverge.com/2018/5/9/17334658/google-ai-phone-call-assistant-duplex-ethical-social-implications。

94 Rachel Metz, "Facebook's Top AI Scientist Says It's 'Dust' without Artificial Intelligence," CNN, December 5, 2018, https://www.cnn.com/2018/12/05/tech/ai-facebook-lecun/index.html。

95 自動化公共領域中的AI是盧卡斯．因特納（Lucas Introna）和大衛．伍德（David Wood）所說的「沉默」的科技，而非顯著科技的例子；它是鑲嵌式的、晦澀的、靈活的和可移動的（通過軟體應用），而不是明顯引人注意的表面，也不透明和固定。Lucas Introna and David Wood, "Picturing Algorithmic Surveillance: The Politics of Facial Recognition Systems," *Surveillance and Society* 2, no. 2/3(2002):177-198。

96 譯注：暗指前美國總統川普多次抨擊主流媒體如CNN、《紐約時報》對自己的許多負面報導是假新聞。

97 Sam Thielman, "Q&A: Mike Ananny, On Facebook, Facts, and a Marketplace of Ideas," *Columbia Journalism Review*, April 5, 2018, https://www.cjr.org/tow_center/qa-usc-annenbergs-mike-ananny-on-facebooks-fact-checkers-and-the-problem-with-a-marketplace-of-ideas.php; Mike Ananny, "The Partnership Press: Lessons for Platform-Publisher Collaborations as Facebook and New Outlet Teams to Fight Misinformation," *Tow Center for Digital Journalism Report*, April 4, 2018, https://www.cjr.org/tow_center_reports/partnership-press-facebook-news-outlets-team-fight-misinformation.php。

98 Tim O'Reilly, " Media in the Age of Algorithms," Medium, November 11, 2016, https://medium .com/the-wtf-economy/media-in-the-age-of-alrogithms-

偽技術（deep fakes）的創造者主張什麼自主權利益，都必須與未經扭曲的公共領域中的觀眾利益互相權衡。Robyn Caplan, Lauren Hanson and Joan Donovan, *Dead Reckoning Navigating Content Moderation After Fake News* (New York: Data & Society, 2018), https://datasociety.net/pubs/oh/DataAndSociety_Dead_Reckoning_2018.pdf; Alice Marwick and Rebecca Lewis, *Media Manipulation and Disinformation Online* (New York: Data & Society, 2015), https://datasociety.net/library/media-manipulation-and-disinfo-online。

80 James Grimmelmann, "Listeners' Choices," *University of Colorado Law Review* 90(2018): 365-410.

81 The BCAP Code: The UK Code of Broadcast Advertising, Appendix 2 (September 1, 2010), https://www.asa.org.uk/uploads/assets/uploaded/e6e8b10a-20e6-4674-a7aa6dc15aa4f814.pdf。美國聯邦通訊委員會(Federal Communications Commission)曾兩次考慮過這個問題，但最終都沒有採取任何行動，參見Ryan Calo, "Digital Market Manipulation," George Washington Law Review 82(2014): 995-1051。

82 Bolstering Online Transparency Act, California Business & Professions Code §§ 17940-43(2019)。

83 An Act to Add Article 10 (commencing with Section 17610) to Chapter 1 of Part 3 of Division 7 of the Business and Professions Code, relating to advertising, A.B. 1950, 2017-2018 Reg. Sess. (January 29, 2018), http://leginfo.legislature.ca.gov/faces/billNavClient.xhtml?bill_id=201720180AB1950。

84 譯注：以聲譽作為交換的媒介與價值基礎，聲譽越高價值越高，聲譽越低則價值越低。

85 Frederic Lardinois, The Google Assistant Will Soon Be Able to Call Restaurants and Make a Reservation for You," TechCrunch, May 8, 2018, https://techcrunch.com/2018/05/08/the-google-assistant-will-soon-be-able-to-call-restaurants-and-make-a-reservations-for-you/ (see video at 0:24)。

86 譯注：一種自動電話系統，來電者透過所選擇的選項進行路徑，來回應一系列預先錄製的問題。

87 Yaniv Leviathan, "Google Duplex: An AI System for Accomplishing Real-World Tasks over the Phone," Google AI Blog, May 8, 2018, https://ai.googleblog.com/2018/05/duplex-ai-system-for-natural-conversation.html。

88 譯注：Crisis Text Line是一家美國與加拿大的跨國性非營利性組織，透過發送簡訊消息介入危機，以提供免費的心理健康簡訊服務。

89 Alice Gregory, "R U There? A New Counselling Service Harnesses the Power of the

然而隨著科技的運用，使得公共思想言論與意見的來源不再侷限於新聞媒體，因而美國有些州與聯邦法院在名譽權侵害的訴訟上，開始承認「媒體」與「非媒體」被告的區別，例如承認非媒體被告所擁有的憲法保護比新聞媒體少，但亦有州或聯邦法院認為憲法保障對於媒體與非媒體被告並無差異（參考資料：Rebecca Phillips, "Constitutional Protection for Non-Media Defendants: Should There Be a Distinction Between You and Larry King?," 33, *Campbell L. Rev*. 173 (2010).）。

73 Phillips, *The Oxygen of Amplification*; danah boyd, "Hacking the Attention Economy," Points: Data & Society (blog), January 5, 2017, https://points.datasociety.net/hacking-the-attention-economy-9fa1daca7a37; see also Pasquale, "Platform Neutrality"; Frank Pasquale, "Asterisk Revisited: Debating a Right of Reply on Search Results," *Journal of Business and Technology Law* 3 (2008):61-86。

74 Mark Bergen, "YouTube Executives Ignored Warnings, Letting Toxic Videos Run Rampant," *Bloomberg News*, April 2, 2019, https://www.bloomberg.com/news/features/2019-04-02/youtube-executives-ignored-warnings-letting-toxic-videos-run-rampant。

75 我在這裡的立場與反對Citizens United（非營利法人）的團體——「人民言論自由」（Free Speech for People）的組織名稱，互相呼應，因為我相信「電腦言論」原則上可能會以如同「公司言論」原則的方式發展，這是令人不安的。（譯注：二〇〇八年美國總統大選民主黨初選時，非營利法人Citizens United出資拍攝一部名為《希拉蕊》的紀錄片，嚴厲批評希拉蕊・柯林頓，並計畫在初選前夕於美國有線頻道播放。Citizens United擔憂此舉可能違反聯邦兩黨競選改革法（The Bipartisan Campaign Reform Act）相關規定，主動至聯邦地方法院請求法院宣告該法違憲。二〇一〇年美國聯邦最高法院做成Citizens United v. F.E.C.判決，確認公司與自然人一樣，在憲法上享有完全的言論自由權，因而解除了這個法律對公司的競選費用和捐款的一些限制，幾乎是從根本上改變了美國的政治選舉生態。）

76 譯注：美國聯邦憲法增修條文第一條保護宗教信仰自由以及言論自由的權利，並保證該權利免於政府的干預。

77 James Grimmelmann, "Copyright for Literate Robots," *Iowa Law Review* 101(2016): 657-682（譯注：Grimmelmann一文認為，有越來越多的圖書作品可以被機器人讀或書寫；許多著作權判決先例的結論是，機器人可以「讀」作品而不違反著作權法。這些判決先例將鼓勵網路服務提供業者不使用人工來分析線上內容。）

78 Danielle K. Citron and Robert Chesney, "Deep Fakes: A looming Challenge for Privacy, Democracy, and National Security," *California Law Review* 107(2019): 1753-1819.

79 Mary Anne Franks and Ari Ezra Waldman, "Sex, Lies, and Videotape: Deep Fakes and Free Speech Delusions," *Maryland Law Review* 78(2019): 892-898. 無論這種深

資訊或物品。（參考資料：大法官釋字第四〇七號號解釋和釋字第六一七號解釋）

63 Julia Powles, "The Case That Won't Be Forgotten," *Loyola University Chicago Law Journal* 47 (2015): 583–615; Frank Pasquale, "Reforming the Law of Reputation," *Loyola University Chicago Law Journal* 47 (2015): 515–539。

64 Michael Hiltzik, "President Obama Schools Silicon Valley CEOs on Why Government Is Not Like Business," *Los Angeles Times*, October 17, 2016, https://www.latimes.com/business/hiltzik/la-fi-hiltzik-obama-silicon-valley-20161017-snap-story.html。

65 59. Case C-131 / 12, Google Spain SL v. Agencia Española de Protección de Datos (AEPD), (May 13, 2014), http://curia.europa.eu/juris/document/document.jsf?text=&docid=152065&doclang=EN。

66 這個故事並沒有就此從世上消失；當人們搜尋丈夫的名字或作為其他查詢的結果時，該故事很可能會出現在顯眼位置；此處的隱私權利主張，僅限於關於寡婦姓名的搜尋。

67 Julia Powles, "Results May Vary: Border Disputes on the Frontlines of the 'Right to be Forgotten,' " Slate, February 25, 2015, http://www.slate.com/articles/technology/future_tense/2015/02/google_and_the_right_to_be_forgotten_should_delisting_be_global_or_local.html。

68 Justin McCurry, "Japanese Court Rules against Paedophile in 'Right to be Forgotten' Online Case," *Guardian*, February 1, 2017, https://www.theguardian.com/world/2017/feb/02/right-to-be-forgotten-online-suffers-setback-after-japan-court-ruling。

69 更多人類靈活性的應用，參見 Geoff Colvin, *Humans Are Underrated: What High Achievers Know That Brilliant Machines Never Will* (New York: Penguin, 2015); Hubert L. Dreyfus and Stuart E. Dreyfus, *Mind over Machine: The Power of Human Expertise and Intuition in the Era of the Computer* (New York: Free Press, 1988)。

70 Dan Solove, *Future of Reputation: Gossip, Rumor and Privacy on the Internet* (New Haven, CT: Yale University Press, 2007); Sarah Esther Lageson, *Digital Punishment Privacy, Stigma, and the Harms of Data-Driven Criminal Justice* (Oxford: Oxford University Press, 2020)。

71 Sarah T. Roberts, *Behind the Screen: Content Moderation in the Shadows of Social Media* (New Haven: Yale University Press, 2019); Lilly Irani, "Justice for 'Data Janitors,' " Public Books, January 15, 2015, http://www.publicbooks.org/nonfiction/justice-for-data-janitors。

72 譯注：美國關於名譽權侵害（defamation）相關法制，採用「真實惡意」原則（actual malice）以及「政府官員／公眾人物 VS. 私人」這條界限，作為適用不同歸責原則的標準；美國最高法院並無特別區分「媒體被告」與「非媒體被告」的差異，

58 Drew Harwell, "AI Will Solve Facebook's Most Vexing Problems, Mark Zuckerberg Says. Just Don't Ask When or How," *Washington Post*, April 11, 2018, https://www.washingtonpost.com/news/the-switch/wp/2018/04/11/ai-will-solve-facebooks-most-vexing-problems-mark-zuckerberg-says-just-dont-ask-when-or-how/?utm_term=.a0a7c340ac66。

59 Instagram, "Community Guidelines," https://help.instagram.com/477434105621119; also Sarah Jeong, "I Tried Leaving Facebook. I Couldn't," Verge, April 28, 2018, https://www.theverge.com/2018/4/28/17293056/facebook-delete-facebook-social-network-monopoly。

60 Joel Ross, Lilly Irani, M. Six Silberman, Andrew Zaldivar, and Bill Tomlinson, "Who Are the Crowdworkers? Shifting Demographics in Mechanical Turk," CHI EA '10: ACM Conference on Human Factors in Computing Systems (2010), 2863–2872。譯注：機器學習（machine learning）是讓機器像人類一樣具有學習的能力，透過演算法，使用大量資料進行訓練，訓練完成後會產生模型。機器學習大致可分為：監督式學習（supervised learning）、非監督式學習（unsupervised learning）、強化式學習（reinforcement learning））。「監督式學習」下，所有資料都被「標註」（label），告訴機器相對應的基準事實，以提供機器學習在輸出時判斷誤差使用，例如訓練機器區分醫療影像的正常與異常判讀，則提供機器大量既有的醫學判讀資料，機器依照標註的影像去偵測正常和異常的特徵，依照特徵就能辨識出某種病理特徵並進行預測。「非監督式學習」下，所有資料都沒有標註，機器透過尋找資料的特徵，自己進行分類，因為缺乏可資驗證的「基準事實」，因此利用機器自行所分類的特徵去辨識是哪一種特徵是正常或異常，機器所辨識的結果不一定正確或該預測結果因而無法解釋與驗證其關聯性。「強化學習」不歸類為監督/非監督學習方式，意指在沒有變項資料配對的前提下，透過不斷試驗後結果成功或失敗的回饋中，學習最佳決策方法。「強化學習」與「非監督式學習」都無須仰賴人類現有知識，具發展超越現有人類知識框架的潛力，但亦可能引發人類利用尚無法為現有知識所驗證的預測能力進行各種控制的慾望。（參考資料：邱文聰（2020），〈第二波人工智慧知識學習與生產對法學的挑戰——資訊、科技與社會研究及法學的對話〉，https://infolaw.iias.sinica.edu.tw/?p=4334）

61 Jaron Lanier, *You Are Not a Gadget: A Manifesto* (New York: Knopf, 2010)。

62 譯注：為了避免抽象的社會善良風俗概念侵害言論自由，我國亦參考美國跟日本把「猥褻物」分為兩類，大法官用「硬蕊」和「軟蕊」來區分猥褻物品的類型，硬蕊是完全禁止，而軟蕊則是要採取適當的隔離措施。硬蕊是指含有暴力、性虐待或人獸性交等而無藝術性、醫學性或教育性價值的資訊或物品；軟蕊則是是指客觀上足以刺激或滿足性慾，而令一般人感覺不堪呈現於眾或不能忍受而排拒的

44 Annalee Newitz, "Opinion: A Better Internet Is Waiting for Us," *New York Times*, November 30, 2019, https://www.nytimes.com/interactive/2019/11/30/opinion/social-media-future.html。

45 Newitz, "Opinion: A Better Internet is Waiting for Us"。

46 "Preamble," The Syllabus, accessed May 15, 2020, https://the-syllabus.com/preamble-mission/; Maurits Martijn, "The Most Important Technology Critic in the World Was Tired of Knowledge Based on Clicks. So He Built an Antidote," Correspondent, March 26, 2020, https://thecorrespondent.com/369/the-most-important-technology-critic-in-the-world-was-tired-of-knowledge-based-on-clicks-so-he-built-an-antidote/789698745-92d7c0ee。

47 我從凱特．史塔伯德（Kate Starbird）那兒借用了「假訊息大流行」一詞，參見Kate Starbird, "How to Cope with an Infodemic," Brookings TechStream, April 27, 2020, https://www.brookings.edu/techstream/how-to-cope-with-an-infodemic/。

48 Tim Wu, *The Curse of Bigness: Antitrust in the New Gilded Age* (New York: Columbia Global Reports, 2019); Matt Stoller, Sarah Miller, and Zephyr Teachout, *Addressing Facebook and Google's Harms Through a Regulated Competition Approach, White Paper of the American Economic Liberties Project* (2020)。

49 Sanjukta Paul, "Antitrust as Allocator of Coordination Rights," *University of California at Los Angeles Law Review* 67 (forthcoming 2020)。

50 譯注：profit center 利潤中心是公司內部預期獲利的部門，其收益需超過其成本。在利潤中心，由於管理者沒有責任和權力決定該中心資產的投資水平，因而利潤就是其唯一的最佳業績計量標準。

51 譯注：指可以一次購足所需要的產品與服務。

52 Cat Ferguson, "Searching for Help," Verge, September 7, 2017, https://www.theverge.com/2017/9/7/16257412/rehabs-near-me-google-search-scam-florida-treatment-centers。

53 Andrew McAfee and Erik Brynjolfsson, *Machine, Platform, Crowd: Harnessing our Digital Future* (New York: Norton 2017)。

54 David Dayen, "Google Is So Big, It Is Now Shaping Policy to Combat the Opioid Epidemic: And It's Screwing It Up," Intercept, October 17, 2017, https://theintercept.com/2017/10/17/google-search-drug-use-opioid-epidemic/。

55 Ferguson, "Searching for Help"; Dayen, "Google Is So Big"。

56 2017 Fla. Laws 173 (codified at Fla. Stat. §§ 397.55, 501.605, 501.606, 817.0345)。

57 Ryan Singel, "Feds Pop Google for $500M for Canadian Pill Ads," *Wired*, August 24, 2011, https://www.wired.com/2011/08/google-drug-fine/。

述當今網絡時代的現象，有些人上網時，不假思索地從一個網頁點擊到另一個網頁，就像掉進無底洞一樣，不知不覺地就點開了一個與原本所瀏覽的內容毫無關係的頁面。

33 Manoel Horta Ribeiro, Raphael Ottoni, Robert West, Virgílio A. F. Almeida, and Wagner Meira Jr., "Auditing Radicalization Pathways on YouTube," arXiv:1908.08313 (2019), https://arxiv.org/abs/1908.08313。

34 Evan Osnos, "Can Mark Zuckerberg Fix Facebook before It Breaks Democracy?" *New Yorker*, September 10, 2018, https://www.newyorker.com/magazine/2018/09/17/can-mark-zuckerberg-fix-facebook-before-it-breaks-democracy。

35 James Bridle, "Something Is Wrong on the Internet," Medium, https://medium.com/@jamesbridle/something-is-wrong-on-the-internet-c39c471271d2。

36 James Bridle, *New Dark Age* (New York: Verso, 2018), 230。

37 Max Fisher and Amanda Taub, "On YouTube's Digital Playground, an Open Gate for Pedophiles," *New York Times*, June 3, 2019, at https://www.nytimes.com/2019/06/03/world/americas/youtube-pedophiles.html。

38 Frank Pasquale, "Reclaiming Egalitarianism in the Political Theory of Campaign Finance Reform," *University of Illinois Law Review* (2008): 599–660。

39 Rebecca Hersher, "What Happened When Dylann Roof Asked Google for Information about Race?" Houston Public Media, January 10, 2017, http://www.houstonpublicmedia.org/npr/2017/01/10/508363607/what-happened-when-dylann-roof-asked-google-for-information-about-race/。

40 Hiroko Tabuchi, "How Climate Change Deniers Rise to the Top in Google Searches," *New York Times*, December 9, 2017, https://www.nytimes.com/2017/12/29/climate/google-search-climate-change.html。

41 Noble, *Algorithms of Oppression*。

42 Cadwalladr, "Google, Democracy and the Truth"。

43 Ben Guarino, "Google Faulted for Racial Bias in Image Search Results for Black Teenagers," *Washington Post*, June 10, 2016, https://www.washingtonpost.com/news/morning-mix/wp/2016/06/10/google-faulted-for-racial-bias-in-image-search-results-for-black-teenagers/?utm_term=.1a3595bb8624，及 Tom Simonite, "When It Comes to Gorillas, Google Photos Remains Blind," *Wired*, January 11, 2018, https://www.wired.com/story/when-it-comes-to-gorillas-google-photos-remains-blind/。對於更大更深層的問題，參見 Aylin Caliskan, Joanna J. Bryson, and Arvind Nararayan, "Semantics Derived Automatically from Language Corpora Contain Human-Like Biases," *Science* 356 (2017): 183–186。

27 Olivier Sylvain, "Intermediary Design Duties," *Connecticut Law Review* 50, no. 1 (2018): 203; Danielle Keats Citron and Mary Anne Franks, "The Internet as a Speech Machine and Other Myths Confounding Section 230 Reform" (working paper, *Public Law Research* Paper No. 20-8, Boston University School of Law, Massachusetts, 2020); Carrie Goldberg, *Nobody's Victim: Fighting Psychos, Stalkers, Pervs, and Trolls* (New York: Plume, 2019), 38。譯注：「微定向廣告」意指該平台使用者，可以在平台上使用特定關鍵字，包含歧視性關鍵字，對特定族群進行廣告活動；例如，Facebook允許廣告商通過這種服務，用「種族」來定位對象（2018）。；又如在二〇二〇年時，BBC發現，使用者可以在Twitter上使用新納粹、白人至上主義、反同性戀等關鍵字，對感興趣的用戶投放廣告，明顯違反Twitter自己的廣告政策，導致不恰當關鍵字被用在定向上，Twitter知道後已修正並重申其關鍵字定向政策，禁止部分敏感和歧視性的用詞，且將持續更新相關廣告政策，包括禁止對廣泛的區域宣傳限制性內容在內，也不得對未成年人推送不當內容（參考資料：Joe Tidy, "Twitter apologises for letting ads target neo-Nazis and bigots," *BBC News*, January 16, 2020, https://www.bbc.com/news/technology-51112238）。

28 Craig Silverman, "Facebook Is Turning to Fact-Checkers to Fight Fake News," BuzzFeed News, December 15, 2016, https://www.buzzfeed.com/craigsilverman/facebook-and-fact-checkers-fight-fake-news?utm_term=.phQ1y0OexV#.sn4XJ8ZoLA。

29 Timothy B. Lee, "Facebook Should Crush Fake News the Way Google Crushed Spammy Content Farms," Vox, December 8, 2016, http://www.vox.com/new-money/2016/12/8/13875960/facebook-fake-news-google。

30 譯注：原文absentee ownership專有名詞可譯為「不在地所有權」，指所有權人不居住於土地所在地區的土地上，不自己耕耘此土地或在地利益，但享有收益的土地所有者，同時也有不在席所有者或投資者對其土地或所併購公司的在地生態，缺乏個人興趣和知識的意涵。此處則進一步指出，當控制與決策地點和責任地點不同的問題，例如網路平台公司對其平台上所發生之事的後果不承擔責任，但它仍然可以控制其平台上發生的事情。因此，此處譯為「不在席投資者」。

31 Safiya Umoja Noble, *Algorithms of Oppression: How Search Engines Reinforce Racism* (New York: New York University University Press, 2018); Carole Cadwalladr, "Google, Democracy and the Truth about Internet Search," *Guardian*, December 4, 2016, https://www.theguardian.com/technology/2016/dec/04/google-democracy-truth-internet-search-facebook。

32 譯注：「兔子洞」源自在英國作家路易斯．卡洛爾的文學作品《愛麗絲夢遊仙境》，主角愛麗絲從兔子洞掉入一種複雜、奇異或未知的狀態和情景；兔子洞被用來描針對YouTube所進行的分析，參見Paul Lewis, " 'Fiction is Outperforming Reality': How YouTube's Algorithm Distorts Truth," *Guardian*, February 2, 2018, https://www.theguardian.com/technology/2018/feb/02/how-youtubes-algorithm-distorts-truth。

19 Kyle Chayka, "Facebook and Google Make Lies As Pretty As Truth," Verge, December 6, 2016, http://www.theverge.com/2016/12/6/13850230/fake-news-sites-google-search-facebook-instant-articles; Janet Guyon, "In Sri Lanka, Facebook Is Like the Ministry of Truth," Quartz, April 22, 2018, https://qz.com/1259010/how-facebook-rumors-led-to-real-life-violence-in-sri-lanka/。

20 Eric Lubbers, "There Is No Such Thing as the Denver Guardian, Despite that Facebook Post You Just Saw," *Denver Post*, November 5, 2016, http://www.denverpost.com/2016/11/05/there-is-no-such-thing-as-the-denver-guardian/。

21 Brett Molina, "Report: Fake Election News Performed Better Than Real News on Facebook," *USA Today*, November 17, 2016, http://www.usatoday.com/story/tech/news/2016/11/17/report-fake-election-news-performed-better-than-real-news-facebook/94028370/。

22 Timothy B. Lee, "The Top 20 Fake News Stories Outperformed Real News at the End of the 2016 Campaign," Vox, November 16, 2016, https://www.vox.com/new-money/2016/11/16/13659840/facebook-fake-news-chart。

23 Joel Winston, "How the Trump Campaign Built an Identity Database and Used Facebook Ads to Win the Election," Medium, November 18, 2016, https://medium.com/startup-grind/how-the-trump-campaign-built-an-identity-database-and-used-facebook-ads-to-win-the-election-4ff7d24269ac#.4oaz94q5a。譯注：選民壓制（voter suppression）指用恐嚇、誤導或制度設計等方式，降低對方陣營的投票率。

24 Paul Lewis, " 'Utterly Horrifying': Ex-Facebook Insider Says Covert Data Harvesting Was Routine," *Guardian*, March 20, 2018, https://www.theguardian.com/news/2018/mar/20/facebook-data-cambridge-analytica-sandy-parakilas; Nicol Perlroth and Sheera Frenkel, "The End for Facebook's Security Evangelist," *New York Times*, March 20, 2018, https://www.nytimes.com/2018/03/20/technology/alex-stamos-facebook-security.html。

25 Zeynep Tufekci, "Mark Zuckerberg Is in Denial," *New York Times*, November 15, 2016, http://www.nytimes.com/2016/11/15/opinion/mark-zuckerberg-is-in-denial.html?_r=2。

26 艾力克斯・瓊斯（Alex Jones）因謊稱2012年康乃狄克州桑迪胡克小學槍擊案是騙局，被受害學生及教師的家屬告上法院，2023年11月於該州法院相關誹謗審判中敗訴，共計須賠償受害人近15億美元。

https://newrepublic.com/article/147486/facebook-genocide-problem; Euan McKirdy, "When Facebook becomes 'The Beast': Myanmar Activists Say Social Media Aids Genocide," CNN, April 6, 2018, https://www.cnn.com/2018/04/06/asia/myanmar-facebook-social-media-genocide-intl/index.html。有關網路巨頭沆瀣一氣散播仇恨的犀利批評，參見 Mary Ann Franks, *The Cult of the Constitution* (Palo Alto, CA: Stanford University Press, 2019)。

12 Michael H. Keller, "The Flourishing Business of Fake YouTube Views," *New York Times*, August 11, 2018, at https://www.nytimes.com/interactive/2018/08/11/technology/youtube-fake-view-sellers.html。

13 Zeynep Tufekci, "Facebook's Ad Scandal Isn't a 'Fail,' It's a Feature," *New York Times*, September 23, 2017, https://www.nytimes.com/2017/09/23/opinion/sunday/facebook-ad-scandal.html; Zeynep Tufekci, "YouTube, the Great Radicalizer," *New York Times*, March 10, 2018, https://www.nytimes.com/2018/03/10/opinion/sunday/youtube-politics-radical.html; Siva Vaidhyanathan, *The Googlization of Everything (and Why We Should Worry)* (Berkeley: University of California Press, 2011); Siva Vaidhyanathan, *Antisocial Media: How Facebook Disconnects Us and Undermines Democracy* (New York: Oxford University Press, 2018)。

14 Evelyn Douek, "Facebook's 'Oversight Board': Move Fast with Stable Infrastructure and Humility," *North Carolina Journal of Law & Technology* 21 (2019): 1–78。

15 Frank Pasquale, "Platform Neutrality: Enhancing Freedom of Expression in Spheres of Private Power," *Theoretical Inquiries in Law* 17 (2017): 480, 487。對於這種情況的批判，參見 Olivier Sylvain, "Intermediary Design Duties," *Connecticut Law Review* 50 (2018): 203–278; Ari Ezra Waldman, "Durkheim's Internet: Social and Political Theory in Online Society," *New York University Journal of Law and* Liberty 7 (2013): 345, 373–379。

16 See Carole Cadwalladr, "How to Bump Holocaust Deniers off Google's Top Spot?" *Guardian*, December 17, 2016, https://www.theguardian.com/technology/2016/dec/17/holocaust-deniers-google-search-top-spot。

17 Sydney Schaedel, "Did the Pope Endorse Trump?" FactCheck.org, October 24, 2016, http://www.factcheck.org/2016/10/did-the-pope-endorse-trump/; Dan Evon, "Spirit Cooking," Snopes, November 5, 2016, http://www.snopes.com/john-podesta-spirit-cooking/。

18 Ian Bogost and Alexis C. Madrigal, "How Facebook Works for Trump," *Atlantic*, April 18, 2020, at https://www.theatlantic.com/technology/archive/2020/04/how-facebooks-ad-technology-helps-trump-win/606403/。有關工程師 Guillaume Chaslot

fluence Machine: The Political Perils of Online Ad Tech (New York: Data & Society, 2018), https://datasociety.net/output/weaponizing-the-digital-influence-machine/; Whitney Phillips, *The Oxygen of Amplification: Better Practices for Reporting on Extremists, Antagonists, and Manipulators* (New York: Data & Society, 2018), https://datasociety.net/wp-content/uploads/2018/05/FULLREPORT_Oxygen_of_Amplification_DS.pdf; Martin Moore, *Democracy Hacked: Political Turmoil and Information Warfare in the Digital Age* (London: Oneworld, 2018)。

4 Philip N. Howard, *Lie Machines: How to Save Democracy from Troll Armies, Deceitful Robots, Junk News Operations, and Political Operatives* (Oxford: Oxford University Press, 2020); Siva Vaidhyanathan, *Anti-Social Media: How Facebook Disconnects Us and Undermines Democracy* (Oxford: Oxford University Press, 2018)。

5 Bence Kollanyi, Philip N. Howard, and Samuel C. Woolley, "Bots and Automation over Twitter During the Second U.S. Presidential Debate," COMPROP Data Memo, October 19, 2016, http://politicalbots.org/wp-content/uploads/2016/10/Data-Memo-Second-Presidential-Debate.pdf。

6 Mark Andrejevic, *Automated Media* (New York: Routledge, 2019), 62。

7 參見Nicholas Diakopolous, *Automating the News: How Algorithms Are Rewriting the Media* (Cambridge, MA: Harvard University Press, 2019)，相當專業地分析了當前記者與AI之間的關係。

8 我提議的改革也將幫助多數其他尋求線上觀眾的內容創作者，包括演藝人員在內。然而，本章聚焦在媒體自動化議題。

9 Amanda Taub and Max Fisher, "Where Countries Are Tinderboxes and Facebook Is a Match," *New York Times*, April 21, 2018, https://www.nytimes.com/2018/04/21/world/asia/facebook-sri-lanka-riots.html; Damian Tambini, "Fake News: Public Policy Responses," *London School of Economics Media Policy Brief* No. 20, March 2017, http://eprints.lse.ac.uk/73015/1/LSE%20MPP%20Policy%20Brief%2020%20-%20Fake%20news_final.pdf。

10 Stephan Russ-Mohl, "Bots, Lies and Propaganda: The New Misinformation Economy," European Journalism Observatory, October 20, 2016, https://en.ejo.ch/latest-stories/bots-lies-and-propaganda-the-new-misinformation-economy; Carole Cadwalladr, "Facebook's Role in Brexit—and the Threat to Democracy," TED talk, filmed April 2019 at TED2019 Conference, 15:16, https://www.ted.com/talks/carole_cadwalladr_facebook_s_role_in_brexit_and_the_threat_to_democracy/transcript?language=en。

11 Alex Shepard, "Facebook Has a Genocide Problem," *New Republic*, March 15, 2018,

86 Douglas Rushkoff, *Program or be Programmed: Ten Commands for a Digital Age* (New York: OR Books, 2010), 7–8。

87 Ibid., 9。

88 Ofcom, "Children and Parents: Media Uses and Attitudes Report: 2018," January 29, 2019, 11, https://www.ofcom.org.uk/__data/assets/pdf_file/0024/134907/children-and-parents-media-use-and-attitudes-2018.pdf; Gwenn Schurgin O'Keeffe and Kathleen Clarke-Pearson, "The Impact of Social Media on Children," *Pediatrics* 127, no. 4 (2011): 800, 802。

89 美國參議員伯尼・桑德斯（Bernie Sanders）提出了一項計畫，將補助資金從資助運動轉向「提高教學品質和學術成果的活動」，以協助大學實現這種數位化轉型。College for All Act of 2019, S.1947, 116th Cong. (2019)。

90 Todd E. Vachon and Josef (Kuo-Hsun) Ma, "Bargaining for Success: Examining the Relationship between Teacher Unions and Student Achievement," *Sociological Forum* 30 (2015): 391, 397–399。邁克・戈德西（Michael Godsey）認為「在地專家教師使用網路及其所有資源，來補充和改善他或她的課程，與一個教師促成大型組織的教育計畫之間，差異很大。為什麼沒有公開且清晰地劃出那條界線，甚至沒有普遍討論？」參見 Godsey, "The Deconstruction of the K–12 Teacher: When Kids Can Get Their Lessons from the Internet, What's Left for Classroom Instructors to Do?," *Atlantic*, March 25, 2015, https://www.theatlantic.com/education/archive/2015/03/the-deconstruction-of-the-k-12-teacher/388631/。

91 譯注：受任人義務責任（fiduciary duty）核心概念為「忠實義務」及「注意義務」。忠實義務指受託人（專業人士）應對其當事人（服務對象）忠實，應本於為當事人謀求最大利益的信念，執行業務，不得圖謀自己或第三人的利益。盡善良管理人之注意義務，則是指具有相當知識經驗且忠於職守之受任人，依交易上一般觀念所用的「注意」而言，不可有應注意而不注意的情形。

CHAPTER 4 —— AI自動化媒體的「異智慧」

1 Hartmut Rosa, *Social Acceleration: A New Theory of Modernity* (New York: Columbia University Press, 2015)。

2 一九五〇年到二〇一五年美國報紙廣告收入圖表，參見 Mark J. Perry, "US Newspaper Advertising Revenue: Adjusted for Inflation, 1950 to 2015," American Enterprise Institute: Carpe Diem, June 16, 2016, http://www.aei.org/publication/thursday-night-links-10/。關於有多少網路廣告收入從媒體轉移到數位中介服務商，參見 PricewaterhouseCoopers, *ISBA Programmatic Supply Chain Transparency Study* (2020)。

3 Anthony Nadler, Matthew Crain, and Joan Donovan, *Weaponizing the Digital In-*

www.alternet.org/education/online-public-schools-are-disaster-admits-billionaire-charter-school-promoter-walton; Credo Center for Research on Education Outcomes, Online Charter School Study 2015 (Stanford, CA: Center for Research on Education Outcomes, 2015), https://credo.stanford.edu/pdfs/OnlineCharterStudyFinal2015.pdf。

78 Audrey Watters, "Top Ed-Tech Trends of 2016: The Business of Education Technology," Hack Education (blog), December 5, 2016, http://2016trends.hackeducation.com/business.html; "Eschools Say They Will Appeal Audits Determining Inflated Attendance," Columbus Dispatch, October 4, 2016, http://www.dispatch.com/news/20161003/eschools-say-they-will-appeal-audits-determining-inflated-attendance/1; Benjamin Herold, "Problems with For-Profit Management of Pa. Cybers," Education Week, November 3, 2016, http://www.edweek.org/ew/articles/2016/11/03/problems-with-for-profit-management-of-pa-cybers.html; Benjamin Herold, "A Virtual Mess: Inside Colorado's Largest Online Charter School," Education Week, November 3, 2016, http://www.edweek.org/ew/articles/2016/11/03/a-virtual-mess-colorados-largest-cyber-charter.html; Erin McIntyre, "Dismal Performance by Idaho Virtual Charters Result in 20% Grad Rate," Education Dive, January 29, 2016, http://www.educationdive.com/news/dismal-performance-by-idaho-virtual-charters-result-in-20-grad-rate/412945/。

79 Watters, "Top Ed-Tech Trends of 2016." For an update of ever more bad ideas, see Audrey Watters, "The 100 Worst Ed-Tech Debacles of the Decade," Hack Education, December 31, 2019, http://hackeducation.com/2019/12/31/what-a-shitshow。

80 Watters, "The Business of Education Technology"。

81 Donald T. Campbell, "Assessing the Impact of Planned Social Change," in *Social Research and Public Policies*, ed. Gene M. Lyons (Hanover, NH: University Press of New England, 1975), 35; Brian Kernighan, "We're Number One!" *Daily Princetonian*, October 25, 2010。

82 Watters, "The Business of Education Technology"。

83 Lilly Irani, "Justice for 'Data Janitors,'" *Public Books*, January 15, 2015, http://www.publicbooks.org/nonfiction/justice-for-data-janitors; Trebor Scholz, *Introduction to Digital Labor: The Internet as Playground and Factory* (New York: Routledge, 2013), 1。

84 Phil McCausland, "A Rural School Turns to Digital Education. Is It a Savior or Devil's Bargain?" *NBC News*, May 28, 2018, https://www.nbcnews.com/news/us-news/rural-school-turns-digital-education-it-savior-or-devil-s-n877806。

85 譯注：Wild West，原指十九世紀末、二十世紀初美國拓荒時期的西部地區，由於當時法紀不全，拓荒者胡作非為，此處意指自動化內容提供產業缺乏規範。

Drones," *Connecticut Law Review* 48 (2015): 1–70。

66 Evgeny Morozov, *To Save Everything, Click Here: The Folly of Technological Solutionism* (New York: Public Affairs, 2013)。

67 Sherry Turkle, "A Nascent Robotics Culture: New Complicities for Companionship," in *Annual Editions: Computers in Society* 10 / 11, ed. Paul De Palma, 16th ed. (New York: McGraw-Hill, 2010), chapter 37。

68 Margot Kaminski, "Robots in the Home: What Will We Have Agreed to?," *Idaho Law Review* 51 (2015): 661–678; Woodrow Hartzog, "Unfair and Deceptive Robots," *Maryland Law Review* 74 (2015): 785–832; Joanna J. Bryson, "The Meaning of the EPSRC Principles of Robotics," *Connection Science* 29, no. 2 (2017): 130–136。

69 譯注：「模範少數族裔」（model minority）一詞，在討論美國種族議題時，泛指美國某些少數族裔，即使相對少數、備受歧視，仍在學業、社會經濟地位方面有所成就。例如，美國亞裔族群經常被認為是少數族裔中的模範生：工作努力，家庭穩固，重視教育，因此能在文化大熔爐裡成功。這種看法看似是對亞裔族群的讚美，但可能是強化種族等級、保護歧視行為的謬論，因此有學者認為「模範少數族裔」並不存在。

70 Neda Atanasoski and Kalindi Vora, *Surrogate Humanity: Race, Robots, and the Politics of Technological Futures* (Chapel Hill: Duke University Press, 2019)。

71 譯注：neuroplasticity，大腦會因應生活的新經驗而重組神經路徑。

72 Kentaro Toyama, *Geek Heresy: Rescuing Social Change from the Cult of Technology* (New York: Public Affairs, 2015)。

73 Paul Prinsloo offers a nuanced and insightful analysis of global power differentials' effects on the datafication of education. Paul Prinsloo, "Data Frontiers and Frontiers of Power in (Higher) Education: A View of/from the Global South," *Teaching in Higher Education: Critical Perspectives* 25, no. 4 (2019): 366–383。

74 Andrew Brooks, "The Hidden Trade in Our Second-Hand Clothes Given to Charity," *Guardian*, February 13, 2015, https://www.theguardian.com/sustainable-business/sustainable-fashion-blog/2015/feb/13/second-hand-clothes-charity-donations-africa。

75 譯注：cultural norms，指某個社會文化價值的具體化，在特定情境下應該採取何種行為的標準。文化規範會因社會和團體而異。

76 Shoshana Zuboff, "The Secrets of Surveillance Capitalism," *Frankfurter Allegemeine Zeitung*, March 5, 2016, http://www.faz.net/aktuell/feuilleton/debatten/the-digital-debate/shoshana-zuboff-secrets-of-surveillance-capitalism-14103616-p2.html。

77 Steven Rosenfeld, "Online Public Schools Are a Disaster, Admits Billionaire, Charter School-Promoter Walton Family Foundation," AlterNet, February 6, 2016, http://

的責任，在某種意義上與世界衝突：兒童需要特殊的保護和照顧，這樣世界才不會發生對兒童有破壞性的事情；但是，世界也需要被保護，以避免它被每一代新事物的衝擊所淹沒和摧毀」(182)。

57 Seymour Papert, *Mindstorms: Children, Computers and Powerful Ideas*, 2nd ed. (New York: Basic Books, 1993), 5。

58 Cathy O'Neil, *Weapons of Math Destruction: How Big Data Increases Inequality and Threatens Democracy* (New York: Crown, 2016), 8。

59 Jacqueline M. Kory, Sooyeon Jeong, and Cynthia Breazeal, "Robotic Learning Companions for Early Language Development," Proceedings of the 15th ACM on International Conference on Multimodal Interaction (2013), 71–72, https://dam-prod.media.mit.edu/x/files/wp-content/uploads/sites/14/2015/01/KoryJeongBrezeal-ICMI-13.pdf。

60 Jacqueline M. Kory and Cynthia Breazeal, "Storytelling with Robots: Learning Companion for Preschool Children's Language Development," Robot and Human Interactive Communication RO-MAN, The 23rd IEEE International Symposium on IEEE (2014), http://www.jakory.com/static/papers/kory-storybot-roman-v1-revisionA.pdf。

61 Deanna Hood, Severin Lemaignan, and Pierre Dillenbourg, "When Children Teach a Robot to Write: An Autonomous Teachable Humanoid Which Uses Simulated Handwriting," Proceedings of the Tenth Annual ACM / IEEE International Conference on Human-Robot Interaction Interaction ACM (2015), 83–90, https://infoscience.epfl.ch/record/204890/files/hood2015when.pdf。

62 Fisher Price, "Think & Learn Code-a-pillar," https://www.fisher-price.com/en-us/product/think-learn-code-a-pillar-twist-gfp25; KinderLab Robotics, "Kibo," http://kinderlabrobotics.com/kibo/; Nathan Olivares-Giles, "Toys That Teach the Basics of Coding," *Wall Street Journal*, August 20, 2015, https://www.wsj.com/articles/toys-that-teach-the-basics-of-coding-1440093255。

63 譯注：閾限空間（liminal space）所指的是兩個領域之間的中介地帶，在結構過渡之間的模稜兩可狀態或過程，具有在不同結構與狀態之間轉換的功能；此中介地帶的微妙之處在於不同空間特質的流竄、交會、碰撞和重疊，而顯示出這一微妙空間互動的，則是個人錯綜複雜的感受和經歷。（參考資料：張期敏（2015）城市的閾限空間：迪立羅的《大都會》之探討。文山評論：文學與文化：8（2），55-86）

64 Darling, "Extending Legal Protection to Social Robots"。

65 A. Michael Froomkin and P. Zak Colangelo, "Self-Defense against Robots and

和有力的干預，挪威消費者委員會在其公共服務影片中，以戲劇化的方式呈現監視娃娃的力量，德國聯邦網路管理局則建議父母銷毀這些監視娃娃，因為它們違反了禁止隱藏式間諜設備的法律。

47 Ibid., 10。

48 "Millions of Voiceprints Quietly Being Harvested as Latest Identification Tool," *Guardian*, October 13, 2014, https://www.theguardian.com/technology/2014/oct/13/millions-of-voiceprints-quietly-being-harvested-as-latest-identification-tool。

49 Nicola Davis, " 'High Social Cost' Adults Can Be Predicted from as Young as Three, Says Study," *Guardian*, December 12, 2016, https://www.theguardian.com/science/2016/dec/12/high-social-cost-adults-can-be-identified-from-as-young-as-three-says-study; Avshalom Caspi, Renate M. Houts, Daniel W. Belsky, Honalee Harrington, Sean Hogan, Sandhya Ramrakha, Richie Poulton, and Terrie E. Moffitt, "Childhood Forecasting of a Small Segment of the Population with Large Economic Burden," *Nature Human Behaviour* 1, no. 1 (2017): article no. UNSP 0005。

50 Mary Shacklett, "How Artificial Intelligence Is Taking Call Centers to the Next Level," *Tech Pro Research*, June 12, 2017, http://www.techproresearch.com/article/how-artificial-intelligence-is-taking-call-centers-to-the-next-level/。

51 對於教育科技所產生的問題，奇特的編年史可參見Audrey Watters, "The 100 Worst Ed-Tech Debacles of the Decade," Hacked Education (blog), http://hackeducation.com/2019/12/31/what-a-shitshow。

52 Scott R. Peppet, "Unraveling Privacy: The Personal Prospectus and the Threat of a Full-Disclosure Future," *Northwestern University Law Review* 105 (2011): 1153, 1201。

53 Lisa Feldman Barrett, Ralph Adolphs, Stacy Marsella, Aleix M. Martinez, and Seth D. Pollak, "Emotional Expressions Reconsidered: Challenges to Inferring Emotion from Human Facial Movements," *Psychological Science in the Public Interest* 20, no. 1 (2019), https://journals.sagepub.com/stoken/default+domain/10.1177%2F1529100619832930-FREE/pdf。

54 Kate Crawford, Roel Dobbe, Theodora Dryer, Genevieve Fried, Ben Green, Elizabeth Kaziunas, Amba Kak, et al., *AI Now 2019 Report* (New York: AI Now Institute, 2019), https://ainowinstitute.org/AI_Now_2019_Report.html。

55 Ben Williamson, Sian Bayne, and Suellen Shayet, "The datafication of teaching in Higher Education: critical issues and perspectives," *Teaching in Higher Education* 25, no. 4 (2020): 351–365。

56 Hannah Arendt, *Between Past and Future* (New York: Penguin, 1954)：「兒童發展

mindset_software.html。

37 參見例如 James Grimmelmann, "The Law and Ethics of Experiments on Social Media Users," *Colorado Technology Law Journal* 13 (2015): 219–227，其中討論了作者和Leslie Meltzer Henry在Facebook情感實驗中所寫的信; Chris Gilliard, "How Ed Tech Is Exploiting Students," Chronicle of Higher Education, April 8, 2018, https://www.chronicle.com/article/How-Ed-Tech-Is-Exploiting/243020。

38 Sarah Schwarz, "YouTube Accused of Targeting Children with Ads, Violating Federal Privacy Law," Education Week: Digital Education (blog), April 13, 2018, http://blogs.edweek.org/edweek/DigitalEducation/2018/04/youtube_targeted_ads_coppa_complaint.html; John Montgallo, "Android App Tracking Improperly Follows Follows Children, Study," QR Code Press, April 18, 2018, http://www.qrcodepress.com/android-app-tracking-improperly-follows-children-study/8534453/。

39 James Bridle, "Something Is Wrong on the Internet," Medium, November 6, 2017, https://medium.com/@jamesbridle/something-is-wrong-on-the-internet-c39c471271d2。

40 Nick Statt, "YouTube Will Reportedly Release a Kids' App Curated by Humans," Verge, April 6, 2018, https://www.theverge.com/2018/4/6/17208532/youtube-kids-non-algorithmic-version-whitelisted-conspiracy-theories。

41 Natasha Singer, "How Companies Scour Our Digital Lives for Clues to Our Health," *New York Times*, February 25, 2018, https://www.nytimes.com/2018/02/25/technology/smartphones-mental-health.html。

42 Sam Levin, "Facebook Told Advertisers It Can Identify Teens Feeling 'Insecure' and 'Worthless,' " *Guardian*, May 1, 2017, https://www.theguardian.com/technology/2017/may/01/facebook-advertising-data-insecure-teens。

43 Julie E. Cohen, "The Regulatory State in the Information Age," *Theoretical Inquiries in Law* 17, no. 2 (2016): 369–414。

44 Erving Goffman, *The Presentation of Self in Everyday Life* (New York: Anchor, 1959)。

45 以澳洲家事法院案件為例，法官拒絕採納來自兒童玩具錄音設備的證據，參見 Gorman & Huffman [2015] FamCAFC 127。

46 Complaint and Request for Investigation, Injunction, and Other Relief at 2, In re: Genesis Toys and Nuance Communications, submitted by the Electronic Privacy Information Center, the Campaign for a Commercial Free Childhood, the Center for Digital Democracy, and Consumers Union (December 6, 2016), https://epic.org/privacy/kids/EPIC-IPR-FTC-Genesis-Complaint.pdf。有些歐洲政府進行了有創意

27 Hashimoto Takuya, Hiroshi Kobayashi, Alex Polishuk, and Igor Verner, "Elementary Science Lesson Delivered by Robot," Proceedings of the 8th ACM / IEEE International Conference on Human-Robot Interaction (March 2013): 133–134; Patricia Alves-Oliveira, Tiago Ribeiro, Sofia Petisca, Eugenio di Tullio, Francisco S. Melo, and Ana Paiva, "An Empathic Robotic Tutor for School Classrooms: Considering Expectation and Satisfaction of Children as End-Users," in *Social Robotics: International Conference on Social Robotics*, eds. Adriana Tapus, Elisabeth André, Jean-Claude Martin, François Ferland, and Mehdi Ammi (Cham, Switzerland: Springer, 2015), 21–30。

28 Neil Selwyn, *Should Robots Replace Teachers?* (Medford, MA: Polity Press, 2019。

29 Bureau of Labor Statistics, "Employment Characteristics of Families Summary," news release, April 18, 2019, https://www.bls.gov/news.release/famee.nr0.htm。美國勞工部勞動統計局調查，2018年家有18歲以下孩子的家庭中，有63%的父母雙方都有工作。

30 Noel Sharkey and Amanda Sharkey, "The Crying Shame of Robot Nannies: An Ethical Appraisal," *Interaction Studies* 11 (2010): 161–163。

31 Amanda J. C. Sharkey, "Should We Welcome Robot Teachers?" Ethics and Information Technology 18 (2016): 283–297。關於那些與機器人互動者的潛在困惑，請參見 Ian Kerr, "Bots, Babes and the Californication of Commerce" *Ottawa Law and Technology Journal* 1 (2004): 285–325, 這篇論文討論一個名為 ElleGirlBuddy 的網路虛擬化身議題。

32 在我看來，這種接受AI人格性的情感教育，是理解圖靈經典「測試」的關鍵：不是作為評估AI成功的哲學標準，而是作為一種修辭手段，讓讀者習慣性去假定，若要AI執行某些任務時，就必須賦予它人格地位。

33 這很重要，因為如律師和哲學家米雷爾．希爾德布蘭特（Mireille Hildebrandt）所說的，演算法系統中常見的「資料驅動能動性」（data-driven agency）是建立在「資訊和行為，而不是在意義和行動」之上。Mireille Hildebrandt, "Law as Information in the Era of Data-Driven Agency," *Modern Law Review* 79 (2016): 1, 2。

34 本書第8章將詳細探論這兩者的區別。

35 Kate Darling, "Extending Legal Protection to Social Robots: The Effects of Anthropomorphism, Empathy, and Violent Behavior towards Robotic Objects," in *Robot Law*, eds. Ryan Calo, A. Michael Froomkin, and Ian Kerr (Cheltenham, UK: Edward Elgar, 2016)。

36 Benjamin Herold, "Pearson Tested 'Social-Psychological' Messages in Learning Software, with Mixed Results," Education Week: Digital Education (blog), April 17, 2018, http://blogs.edweek.org/edweek/DigitalEducation/2018/04/pearson_growth_

12 Jane Mansbridge, "Everyday Talk in the Deliberative System," in *Deliberative Politics: Essays on Democracy and Disagreement*, ed. by Stephen Macedo (New York: Oxford University Press, 1999), 1–211。
13 Matthew Arnold, *Culture and Anarchy* (New York: Oxford University Press 2006)。
14 Nikhil Goyal, *Schools on Trial: How Freedom and Creativity Can Fix Our Educational Malpractice* (New York: Doubleday, 2016)。
15 Audrey Watters, "The Monsters of Education Technology," Hack Education (blog), December 1, 2014, http://hackeducation.com/2014/12/01/the-monsters-of-education-technology。
16 Stephen Petrina, "Sidney Pressey and the Automation of Education 1924–1934," *Technology and Culture* 45 (2004): 305–330。
17 Sidney Pressey, "A Simple Apparatus Which Gives Tests and Scores—And Teaches," *School and Society* 23 (1926): 373–376。
18 B.F. Skinner, *The Technology of Teaching*, e-book ed. (1968; repr., Cambridge, MA: B.F. Skinner Foundation, 2003), PDF。
19 Audrey Watters, "Teaching Machines," Hack Education (blog), April 26, 2018, http://hackeducation.com/2018/04/26/cuny-gc。
20 Natasha Dow Schüll, *Addiction by Design* (Princeton: Princeton University Press, 2012)。
21 Rowan Tulloch and Holly Eva Katherine Randell-Moon, "The Politics of Gamification: Education, Neoliberalism and the Knowledge Economy," *Review of Education, Pedagogy, and Cultural Studies* 40, no. 3 (2018): 204–226。
22 Tristan Harris, "How Technology Is Hijacking Your Mind—From a Magician and Google Design Ethicist," Medium, May 18, 2016, https://medium.com/swlh/how-technology-hijacks-peoples-minds-from-a-magician-and-google-s-design-ethicist-56d62ef5edf3#.ryse2c3rl。
23 Kate Darling, "Extending Legal Protection to Social Robots: The Effects of Anthropomorphism, Empathy and Violent Behavior towards Robotic Objects," in *Robot Law*, ed. Ryan Calo, A. Michael Froomkin, and Ian Kerr (Northampton, MA: Edward Elgar, 2016), 213–233。
24 Hashimoto Takuya, Naoki Kato, and Hiroshi Kobayashi, "Development of Educational System with the Android Robot SAYA and Evaluation," *International Journal of Advanced Robotic Systems* 8, no. 3 (2011): 51–61。
25 Ibid., 52。
26 Ibid., 60。

CHAPTER 3——超越機器學習者

1 Xue Yujie, "Camera above the Classroom: Chinese Schools Are Using Facial Recognition on Students.But Should They?" Sixth Tone, March 26, 2019, http://www.sixthtone.com/news/1003759/camera-above-the-classroom。

2 Ibid. See also Louise Moon, "Pay Attention at the Back: Chinese School Installs Facial Recognition Cameras to Keep An Eye on Pupils," *South China Morning Post*, May 16, 2018, https://www.scmp.com/news/china/society/article/2146387/pay-attention-back-chinese-school-installs-facial-recognition。

3 "Notice of the State Council Issuing the New Generation of Artificial Intelligence Development Plan," State Council Document [2017] No. 35, trans. Flora Sapio, Weiming Chen, and Adrian Lo, Foundation for Law and International Affairs, https://flia.org/wp-content/uploads/2017/07/A-New-Generation-of-Artificial-Intelligence-Development-Plan-1.pdf。

4 Melissa Korn, "Imagine Discovering That Your Teaching Assistant Really Is a Robot," *Wall Street Journal*, May 6, 2016, http://www.wsj.com/articles/if-your-teacher-sounds-like-a-robot-you-might-be-on-to-something-1462546621。

5 IBM 也對旗下的華生機器人（與律師及醫生相關）的角色提出類似的觀點，也就是其主要目的是作為現有專業人士的工具，而不是取代他們的機器。

6 Tamara Lewin, "After Setbacks, Online Courses Are Rethought," *New York Times*, December 10, 2016, https://www.nytimes.com/2013/12/11/us/after-setbacks-online-courses-are-rethought.html。

7 Neil Selwyn, *Distrusting Education Technology: Critical Questions for Changing Times* (New York: Routledge 2014), 125。

8 David F. Labaree, "Public Goods, Private Goods: The American Struggle over Educational Goals," *American Educational Research Journal* 34, no. 1 (Spring 1997): 39, 46; Danielle Allen, "What is Education For?," *Boston Review*, May 9, 2016, http://bostonreview.net/forum/danielle-allen-what-education。

9 US Department of Education, "Education Department Releases College Scorecard to Help Students Choose Best College for Them," press release, February 13, 2013, https://www.ed.gov/news/press-releases/education-department-releases-college-scorecard-help-students-choose-best-college-them。

10 Claudia D. Goldin and Lawrence F. Katz, *The Race Between Education and Technology* (Cambridge, MA: Harvard University Press, 2009)。

11 Charles Taylor, *Human Agency and Language: Philosophical Papers, vol. 1* (Cambridge, UK: Cambridge University Press, 1985)。

92 Martha Fineman, "The Vulnerable Subject and the Responsive State," *Emory Law Journal* 60 (2010): 251–276。

93 Huei-Chuan Sung, Shu-Min Chang, Mau-Yu Chin, and Wen-Li Lee, "Robot-Assisted Therapy for Improving Social Interactions and Activity Participation among Institutionalized Older Adults: A Pilot Study," *Asia Pacific Psychiatry* 7 (2015): 1–6, https://onlinelibrary.wiley.com/doi/epdf/10.1111/appy.12131。

94 Nina Jøranson, Ingeborg Pedersen, Anne Marie Rokstad, Geir Aamodt, Christine Olsen, and Camilla Ihlebæk, "Group Activity with Paro in Nursing Homes: Systematic Investigation of Behaviors in Participants," *International Psychogeriatrics* 28 (2016): 1345–1354, https://doi.org/10.1017/S1041610216000120。

95 Aimee van Wynsberghe, "Designing Robots for Care: Care Centered Value-Sensitive Design," *Science and Engineering Ethics* 19, (2013):407–433。譯注：作者引用Wybsberghe的論文，藉以說明使用「價值敏感（中心）設計」方法作為創建適合醫療照護環境框架的手段。以醫療照護價值作為核心價值，整合到某項技術中，並使用醫療照護中的元素作為規範標準，由此產生的方法可以被稱為以醫療照護為中心的價值敏感設計。Wybsberghe的論文所提出的框架，允許對照護機器人進行追溯性和前瞻性的倫理評估。透過這種方式評估照護機器人，最終則會探問：作為一個社會，我們未來希望提供什麼樣的醫療照護。

96 *Ik ben Alice [Alice Cares]*, directed and written by Sander Burger (Amsterdam: KeyDocs, 2015), DCP, 80 min。

97 European Commission, "Special Eurobarometer 382: Public Attitudes Towards Robots," September 2012, http://ec.europa.eu/public_opinion/archives/ebs/ebs_382_en.pdf。

98 Eliot L. Freidson, *Professionalism: The Third Logic* (Chicago: University of Chicago Press, 2001)。

99 The "general wellness" category is defined and explored in U.S. Food and Drug Administration, *General Wellness: Policy for Low Risk Devices* (2019), at https://www.fda.gov/media/90652/download。

100 Jennifer Nicholas et al., "Mobile Apps for Bipolar Disorder: A Systematic Review of Features and Content Quality," *Journal of Medical Internet Research* 17, no. 8 (2015): e198。

101 Vinayak K. Prasad and Adam S. Cifu, *Ending Medical Reversal: Improving Outcomes, Saving Lives* (Baltimore: Johns Hopkins University Press, 2015)。

nascentroboticsculture.pdf。

81 Aviva Rutkin, "Why Granny's Only Robot Will Be a Sex Robot," *New Scientist*, July 8, 2016, https://www.newscientist.com/article/2096530-why-grannys-only-robot-will-be-a-sex-robot/。

82 譯注：生態法西斯主義（ecofacism）要求個人為「有機整體」犧牲自己的利益，並依靠極權主義、軍國主義、擴張主義和種族主義來保衛土地。

83 Ai-Jen Poo, *The Age of Dignity: Preparing for the Elder Boom in a Changing America* (New York: The New Press, 2015), 92–99。

84 例如，參見Berry Ritholtz, "Having Trouble Hiring? Try Paying More," *Bloomberg Opinion*, September 8, 2016, https://www.bloomberg.com/view/articles/2016-09-08/having-trouble-hiring-try-paying-more; Thijs van Rens, "Paying Skilled Workers More Would Create More Skilled Workers," *Harvard Business Review*, May 19, 2016, https://hbr.org/2016/05/paying-skilled-workers-more-would-create-more-skilled-workers。

85 See, for example, Swiss Business Hub Japan, *Healthcare Tech in Japan: A Booming Market*, 2018, https://swissbiz.jp/wp-content/uploads/2018/01/sge_healthcaretech_japan_infographic.pdf。

86 Joi Ito, "Why Westerners Fear Robots and the Japanese Do Not," *Wired*, July 30, 2018, https://www.wired.com/story/ideas-joi-ito-robot-overlords。

87 "Japan Is Both Obsessed With and Resistant to Robots," *Economist*, November, 2018, https://www.economist.com/asia/2018/11/08/japan-is-both-obsessed-with-and-resistant-to-robots。

88 Selina Cheng, " 'An Insult to Life Itself': Hayao Miyazaki Critiques an Animation Made by Artificial Intelligence," Quartz, December 10, 2016, https://qz.com/859454/the-director-of-spirited-away-says-animation-made-by-artificial-intelligence-is-an-insult-to-life-itself/。

89 Madhavi Sunder, "Cultural Dissent," *Stanford Law Review* 54 (2001): 495–568。

90 Amartya Sen, "Human Rights and Asian Values," Sixteenth Annual Morgenthau Memorial Lecture on Ethics and Foreign Policy, May 25, 1997, Carnegie Council for Ethics in International Rights, https://www.carnegiecouncil.org/publications/archive/morgenthau/254. https://papers.ssrn.com/sol3/papers.cfm?abstract_id=304619/。

91 Danit Gal, "Perspectives and Approaches in AI Ethics: East Asia," in The *Oxford Handbook of Ethics of Artificial Intelligence*, eds. Markus Dubber, Frank Pasquale, and Sunit Das (Oxford: Oxford University Press, 2020), chapter 32。

67 Gordon Hull and Frank Pasquale, "Toward a Critical Theory of Corporate Wellness," *Biosocieties* 13 (2017): 190–212; William Davies, *The Happiness Industry: How the Government and Big Business Sold Us Well-Being* (London: Verso Books, 2016)。

68 Martha Nussbaum, *Upheavals of Thought: The Intelligence of Emotions* (New York: Cambridge University Press, 2001), 22。

69 Davies, *The Happiness Industry*。

70 Frank Pasquale, "Professional Judgment in an Era of Artificial Intelligence," *boundary2* 46 (2019): 73–101。

71 Brett Frischmann and Evan Selinger, *Re-engineering Humanity* (New York: Cambridge University Press, 2018)。

72 Larissa MacFarquhar, "A Tender Hand in the Presence of Death," *New Yorker*, July 11, 2016, http://www.newyorker.com/magazine/2016/07/11/the-work-of-a-hospice-nurse。

73 Nellie Bowles, "Human Contact Is Now a Luxury Good," *New York Times*, March 23, 2019, https://www.nytimes.com/2019/03/23/sunday-review/human-contact-luxury-screens.html。

74 GeriJoy, "Care.Coach Intro Video," YouTube, February 2, 2019, https://www.youtube.com/watch?v=GSTHIG4vx_0, at 0:50。

75 Kathy Donaghie, "My Robot Companion Has Changed My Life," Independent IE, April 15, 2019, https://www.independent.ie/life/health-wellbeing/health-features/my-robot-companion-has-changed-my-life-38009121.html。

76 Byron Reeves and Clifford Nass, *The Media Equation: How People Treat Computers, Television, and New Media Like Real People and Places* (New York: Cambridge University Press, 1996), 252。

77 Kate Darling, " 'Who's Johnny?' Anthropomorphic Framing in Human-Robot Interaction, Integration, and Policy," in *Robot Ethics 2.0: From Autonomous Cars to Artificial Intelligence*, eds. Patrick Lin, Ryan Jenkins, and Keith Abney (New York: Oxford University Press, 2017), 173–192。

78 當可能涉及記錄和報告老年人的行為時，尤其如此。Ari Ezra Waldman, *Privacy as Trust* (New York: Cambridge University Press, 2018)。

79 78. "Green Nursing Homes," *PBS, Religion and Ethics Newsweekly*, July 20, 1997, http://www.pbs.org/wnet/religionandethics/2007/07/20/july-20-2007-green-house-nursing-homes/3124/。

80 Sherry Turkle, "A Nascent Robotics Culture: New Complicities for Companionship," *AAAI Technical Report Series*, July 2006, 1, http://web.mit.edu/~sturkle/www/

Regulation at the FDA (Princeton: Princeton University Press, 2010)。

57 Jennifer Akre Hill, "Creating Balance: Problems with DSHEA and Suggestions for Reform," *Journal of Food Law & Policy* 2 (2006): 361–396; Peter J. Cohen, "Science, Politics, and the Regulation of Dietary Supplements: It's Time to Repeal DSHEA," *American Journal of Law & Medicine* 31 (2005): 175–214。

58 譯注：畢馬龍為古希臘神話一位精於雕刻的國王，他塑造了一座美麗少女雕像，並且愛上了這座自己創作的少女雕像。他視少女雕像如真人，且立誓長相廝守，感動天神，因而使其心愛的雕像少女變成真人。這個神話借用到人類行為相關研究，在行政管理方面，畢馬龍效應是指管理人員擬定原則、設立結構、發展體系，讓其下屬學習掌握這些抽象概念，最終轉為實際工作的操作行為。在教育領域中，通常是與「自我實現預言」（self-fulfilling prophecy）互用，指教師期望對學生學業成績和智商發展所產生的影響。

59 Joseph Weizenbaum, *Computer Power and Human Reason: From Judgment to Calculation* (San Francisco: W. H. Freeman, 1976)。

60 Enrico Gnaulati, *Saving Talk Therapy: How Health Insurers, Big Pharma, and Slanted Science Are Ruining Good Mental Health Care* (Boston: Beacon Press, 2018)。

61 Elizabeth Cotton, "Working in the Therapy Factory," *Healthcare: Counselling and Psychotherapy Journal* 20, no. 1 (2020): 16–18; Catherine Jackson and Rosemary Rizq, eds., *The Industrialisation of Care: Counselling, Psychotherapy and the Impact of IAPT* (Monmouth, UK: PCCS Books, 2019)。

62 Peter Kramer, *Against Depression* (New York: Viking, 2005)。

63 例如參見 Jessica Leber, "This New Kind of Credit Score Is All Based on How You Use Your Cell Phone," Fast Company, April 27, 2016, https://www.fastcompany.com/3058725/this-new-kind-of-credit-score-is-all-based-on-how-you-use-your-cellphone, which discusses the assurances of Equifax that their privacy and data security practices were appropriate。

64 Frank A. Pasquale, "Privacy, Autonomy, and Internet Platforms," in *Privacy in the Modern Age: The Search for Solutions*, ed. Marc Rotenberg, Julia Horwitz, and Jeramie Scott (New York: New Press, 2015), 165–173。

65 勞動法相關制度也很重要；相較於美國法，針對在工作場所進行健康介入，法國保護勞工權益的模式可以提供更好基礎。Julie C. Suk, "Preventive Health at Work: A Comparative Approach," *American Journal of Comparative Law* 59, no. 4 (2011): 1089-1134.

66 Natasha Dow Schüll, *Addiction by Design: Machine Gambling in Law Vegas* (Princeton: Princeton University Press, 2014)。

醫學訓練及專科醫師訓練（資料來源：臺灣醫學會，http://www.fma.org.tw/2011/E-11-5.html）。

48 Gerd Gigerenzer, Wolfgang Gaissmaier, Elke Kurz-Milcke, Lisa M. Schwartz, and Steven Woloshin, "Helping Doctors and Patients Make Sense of Health Statistics," *Psychological Science in the Public Interest* 8 (2008): 53；本文批評醫生缺乏統計素養，尤其是與醫學相關的「益一需治數」（number needed to treat，NNT）有關。

49 Geoff White, "Child Advice Chatbots Fail to Spot Sexual Abuse," *BBC News*, December 11, 2018, https://www.bbc.com/news/technology-46507900。

50 Dinesh Bhugra, Allan Tasman, Sounitra Pathare, Stefan Prebe, Shubalade Smith, John Torous, Melissa Arbuckle et al., "The WPA Lancet Psychiatry Commission on the future of Psychiatry," *The Lancet Psychiatry* 4, no. 10 (2017):775–818。

51 有關這類隱私議題的優秀概述，參見 Piers Gooding, "Mapping the Rise of Digital Mental Health Technologies: Emerging Issues for Law and Society," *International Journal of Law and Psychiatry* 67 (2019): 1–11。在美國，有個關鍵問題是「不同於有執照的專業人員提供傳統心理健康服務，聊天機器人不受保密義務的約束」，參見 Scott Stiefel, "The Chatbot Will See You Now: Protecting Mental Health Confidentiality in Software Applications," *Columbia Science and Technology Law Review* 20 (2019): 333–387。

52 例如，澳洲研究人員發現「商業經營者，包括強大的應用程式通路商和商業第三方，儘管具有相當大的力量影響應用程式用戶，卻很少成為政策規範的對象」，見 Lisa Parker, Lisa Bero, Donna Gillies, Melissa Raven, and Quinn Grundy, "The 'Hot Potato' of Mental Health App Regulation: A Critical Case Study of the Australian Policy Arena," *International Journal of Health Policy and Management* 8 (2019): 168–176。

53 Simon Leigh and Steve Flatt, "App-Based Psychological Interventions: Friend or Foe?" *Evidence Based Mental Health* 18 (2015): 97–99。

54 Jack M. Balkin, "Information Fiduciaries and the First Amendment," *UC Davis Law Review* 49 (2016): 1183–1234。

55 Maurice E. Stucke and Ariel Ezrachi, "Alexa et al., What Are You Doing with My Data?" *Critical Analysis of Law* 5 (2018): 148–169; Theodore Lee, "Recommendations for Regulating Software-Based Medical Treatments: Learning from Therapies for Psychiatric Conditions," *Food and Drug Law Journal* 73 (2018): 66–102。有關信任和隱私不錯的處理方式，參見 Ari Ezra Waldman, *Privacy as Trust* (Cambridge, UK: Cambridge University Press, 2018)。

56 Daniel Carpenter, *Reputation and Power: Organizational Image and Pharmaceutical*

Robot Rules: Regulating Artificial Intelligence (Cham, Switzerland: Palgrave MacMillan, 2019), 115。

37 National Academy of Sciences, *Best Care at Lower Cost: The Path to Continuously Learning Health Care in America* (Washington, DC: National Academies Press, 2013)。

38 Frank Pasquale, "Health Information Law," in *The Oxford Handbook of U.S. Health Law*, eds. I. Glenn Cohen, Allison Hoffman, and William M. Sage (New York: Oxford University Press, 2016), 193–212; Sharona Hoffman, *Electronic Health Records and Medical Big Data: Law and Policy* (New York: Cambridge University Press, 2016)。

39 Steven E. Dilsizian and Eliot L. Siegel, "Artificial Intelligence in Medicine and Cardiac Imaging: Harnessing Big Data and Advanced Computing to Provide Personalized Medical Diagnosis and Treatment," *Current Cardiology Reports* 16 (2014): 441, 445。

40 Melissa F. Hale, Mark E Mcalindon, and Reena Sidhu, "Capsule Endoscopy: Current Practice and Future Directions," *World Journal of Gastroenterology* 20 (2014): 7752。

41 James H. Thrall, "Data Mining, Knowledge Creation, and Work Process Enhancement in the Second Generation of Radiology's Digital Age," *Journal of the American College of Radiology* 10 (2013): 161–162。

42 Simon Head, *Mindless: Why Smarter Machines Are Making Dumber Humans* (New York: Basic Books, 2014)。

43 Nina Bernstein, "Job Prospects Are Dimming for Radiology Trainees," *New York Times*, March 27, 2013, http://www.nytimes.com/2013/03/28/health/trainees-in-radiology-and-other-specialties-see-dream-jobs-disappearing.html?pagewanted=all&_r=1&; European Society of Radiology, "The Consequences of the Economic Crisis in Radiology," *Insights into Imaging* 6, no. 6 (2015): 573–577。

44 Giles W. L. Boland, "Teleradiology Coming of Age: Winners and Losers," *American Journal of Roentgenology* 190 (2008): 1161。

45 相關政策制定者將重點放在削減成本，而非預先投資。關於放射醫學不斷變化中的經濟學，參見Frank Levy and Max P. Rosen, "How Radiologists Are Paid: An Economic History, Part IV: End of the Bubble," *Journal of the American College of Radiology* (2020), https://doi.org/10.1016/j.jacr.2020.02.016。

46 Sharona Hoffman, "The Drugs Stop Here," *Food and Drug Law Journal* 67, no. 1 (2012): 1。

47 譯注：醫學界將醫學教育分為校院醫學教育、學士後醫學教育和持續性專業發展（醫學繼續教育）等3個階段。醫師培育以校院醫學教育為起點，以學士後醫學教育為重點，並透過持續性專業發展把教育培養訓練與保持終身的專業能力統合起來，形成完整的現代醫學教育連續統一體。畢業後醫學教育又可再分為一般

2005); Alex Stein, "Toward a Theory of Medical Malpractice," *Iowa Law Review* 97 (2012): 1201–1258。

23 Meredith Broussard, *Artificial Unintelligence: How Computers Misunderstand the World* (Cambridge, MA: MIT Press, 2018), 32。

24 LeighAnne Olsen, J. Michael McGuinnis, and Dara Alsner, eds., *Learning Healthcare System: Workshop Summary* (Washington, DC: Institute of Medicine, 2007)。

25 例如，Eric Topol, *Deep Medicine: How Artificial Intelligence Can Make Healthcare Human Again* (New York: Basic Books, 2019), which cites concerns about "cherry-picking results or lack of reproducibility"; Matthew Zook, Solon Barocas, danah boyd, Kate Crawford, Emily Keller, Seeta Peña Gangadharan, Alyssa Goodman et al., "10 Simple Rules for Responsible Big Data Research," *PLoS Computational Biology* 13, no. 3 (2017): e1005399, identifying similar limits; danah boyd and Kate Crawford, "Critical Questions for Big Data," *Journal of Information, Communication and Society* 15 (2012): 662–679。

26 Carolyn Criado Perez, *Invisible Women: Data Bias in a World Designed for Men* (New York: Abrams, 2019)。

27 參見前註, 199–200。

28 Jack Balkin, "The Three Laws of Robotics in the Age of Big Data," *Ohio State Law Journal* 78 (2017): 1, 40。

29 Nathan Cortez, "The Mobile Health Revolution?," *University of California at Davis Law Review* 47 (2013): 1173–1230。

30 Wendy Wagner, "When All Else Fails: Regulating Risky Products through Tort Regulation," *Georgetown Law Journal* 95 (2007): 693, 694。

31 Wagner, "When All Else Fails"。

32 John Villasenor, *Products Liability and Driverless Cars: Issues and Guiding Principles for Legislation* (Brookings Institution, 2014), https://www.brookings.edu/wp-content/uploads/2016/06/Products_Liability_and_Driverless_Cars.pdf。

33 Martha T. McCluskey, "Defining the Economic Pie, Not Dividing or Maximizing It," *Critical Analysis of Law* 5, no. 1 (2018): 77–98; Mariana Mazzucato, *The Value of Everything: Making and Taking in the Global Economy* (New York: Hachette, 2018)。

34 參見例如Tunkl v. Regents of the University of California, 383 P.2d 441 (Cal. 1963)及其衍生的判決先例。

35 Margaret Jane Radin, *Boilerplate: The Fine Print, Vanishing Rights, and the Rule of Law* (Princeton: Princeton University Press, 2012)。

36 有幾位評論者都提出了將成本轉嫁給保險公司的想法，參見例如Jacob Turner,

257, 274. 管制者終究可能希望審查「(藥物交互作用警示)忽略率過高的醫師」此一情況，以確定CDSS或醫師的判斷是否有問題。Karen C. Nanji, Sarah P. Slight, Diane L. Seger, Insook Cho, Julie M. Fiskio, Lisa M. Redden, Lynn A. Volk, and David W. Bates, "Overrides Of Medication-Related Clinical Decision Support Alerts in Outpatients," *Journal of American Medical Informatics Association* 21, no. 3 (2014): 487–491。(譯注：「警示疲乏」(alert fatigue)指臨床上採用電腦醫囑警示方式，在醫師開立處方時，即時提供訊息避免錯誤的處方，然而在藥物交互作用警示實務上，卻顯示有偏高比例是被臨床醫師所「略過」(override)，因為醫師不認同過多或與臨床相關性不高的警示。參見許杏如、陳瑞芳、黃美佳，2018/03/31，"藥物交互作用電腦警示之臨床效益"，藥學雜誌，Vol. 34, no.1, http://jtp.taiwan-pharma.org.tw/134/025.html。)

18 A. Michael Froomkin, Ian Kerr, and Joelle Pineau, "When AIs Outperform Doctors: Confronting the Challenges of a Tort-Induced Over-Reliance on Machine Learning," *Arizona Law Review* 61 (2019): 33–100。

19 在人臉辨識的案例中，有足夠的記錄證明AI系統無法識別有色人種的臉。Joy Buolamwini, "Actionable Auditing: Coordinated Bias Disclosure Study," MIT Civic Media Project, https://www.media.mit.edu/projects/actionable-auditing-coordinated-bias-disclosure-study/overview/。這些有色人種臉部辨識失敗的情形，與美國醫療保險中的不平等相似。Dayna Bowen Matthew, *Just Medicine: A Cure for Racial Inequality in American Health* Care (New York: New York University Press, 2015)。

20 Ziad Obermeyer, Brian Powers, Christine Vogeli, and Sendhil Mullainathan, "Dissecting Racial Bias in an Algorithm Used to Manage the Health of Populations," *Science* 366 no. 6464 (2019): 447–453; Ruha Benjamin, "Assessing Risk, Automating Racism," *Science* 366, no. 6464 (2019): 421–422。另外，也有許多減少這種不公平的方法，參見Frank Pasquale and Danielle Keats Citron, "Promoting Innovation while Preventing Discrimination: Policy Goals for the Scored Society," *Washington Law Review* 89 (2014): 1413–1424。

21 Adewole S. Adamson and Avery Smith, "Machine Learning and Health Care Disparities in Dermatology," *JAMA Dermatology* 154, no. 11 (2018): 1247. This lack of diversity also afflicts genomics research. Alice B. Popejoy, Deborah I. Ritter, Kristy Crooks, Erin Currey, Stephanie M. Fullerton, Lucia A. Hindorff, Barbara Koenig, et al., "The Clinical Imperative for Inclusivity: Race, Ethnicity, and Ancestry (REA) in Genomics," *Human Mutation* 39, no. 11 (2018): 1713–1720。

22 Tom Baker, *The Medical Malpractice Myth* (Chicago: University of Chicago Press,

Fernandes, Bo Li, Amir Rahmati, Chaowei Xiao, Atul Prakash, et al., "Robust Physical-World Attacks on Deep Learning Visual Classification," arXiv:1707.08945v5 [cs.CR] (2018)。

11 Eric Topol, *Deep Medicine: How Artificial Intelligence Can Make Healthcare Human Again* (New York: Basic Books, 2019)。

12 Kim Saverno, "Ability of Pharmacy Clinical Decision-Support Software to Alert Users about Clinically Important Drug-Drug Interactions," *Journal of American Medical Informatics Association* 18, no. 1 (2011): 32–37。

13 Lorenzo Moja, "Effectiveness of Computerized Decision Support Systems Linked to Electronic Health Records: A Systematic Review and Meta-Analysis," *American Journal of Public Health* 104 (2014): e12–e22; Mariusz Tybinski, Pavlo Lyovkin, Veronika Sniegirova, and Daniel Kopec, "Medical Errors and Their Prevention," *Health* 4 (2012): 165–172。

14 Committee on Patient Safety and Health Information Technology Board on Health Care Services, Health IT and Patient Safety: Building Safer Systems for Better Care (Washington, DC: The National Academies Press, 2012), 39。

15 Lorenzo Moja, Koren Hyogene Kwag, Theodore Lytras, Lorenzo Bertizzolo, Linn Brandt, Valentina Pecoraro et al., "Effectiveness of Computerized Decision Support Systems Linked to Electronic Health Records: A Systematic Review and Meta-Analysis," *American Journal of Public Health* 104 (2014): e12–e22. 另可參見 Elizabeth Murphy, "Clinical Decision Support: Effectiveness in Improving Quality Processes and Clinical Outcomes and Factors that May Influence Success," *Yale Journal of Biology and Medicine* 87 (2014): 187–197, 該論文研究顯示，在某些情況下（如深層靜脈栓塞和肺栓塞），風險降低了百分之四十一。

16 例如，在補貼方面，美國某些受補貼的醫療服務提供者，必須使用CDSS來檢查藥物與藥物之間或藥物與過敏之間的相互作用。參見例如Health Information Technology for Clinical and Economic Health Act, 42 U.S.C. § 300jj(13) (2009), which stipulates that "qualified electronic health record[s]" must be able to "provide clinical decision support"; see also 45 C.F.R. § 170.314 (2015); Medicare and Medicaid Programs; Electronic Health Record Incentive Program—Program—Stage 3 and Modifications to Meaningful Use in 2015 through 2017, 80 Fed. Reg. 62761, 62838 (October 16, 2015).

17 M. Susan Ridgely and Michael D. Greenberg, "Too Many Alerts, Too Much Liability: Sorting through the Malpractice Implications of Drug-Drug Interaction Clinical Decision Support," *St. Louis University Journal of Health Law & Policy* 5, no. 2 (2012):

CHAPTER 2 ——療癒人類

1 此想法引自 Richard K. Morgan, *Altered Carbon* (New York: Ballantine, 2003) 書中身體作為心靈的「袖子」之概念，這種加速醫療終結或長期延緩衰老的一般主題，在醫學未來主義中相當常見，參見 Aubrey De Grey, *Ending Aging: The Rejuvenation Breakthroughs That Could Reverse Human Aging in Our Lifetime* (New York: St. Martin's, 2008).

2 甚至從這種更為務實立場，發展出非常傑出的法律及政策議題全面性檢視作品，參見 Ian Kerr and Jason Millar, "Robots and Artificial Intelligence in Healthcare" in *Canadian Health Law & Policy*, eds. Joanna Erdman, Vanessa Gruben and Erin Nelson (Ottawa: Lexis Nexis: 2017), 257–280.

3 二〇二〇年 COVID 新冠肺炎大流行之際，許多醫療保健系統充分暴露出其資料缺陷，甚至許多富裕國家也都缺乏檢測的基礎設施，以便可以瞭解問題的範圍和嚴重性。

4 Sarah L. Cartwright and Mark P. Knudson, "Evaluation of Acute Abdominal Pain in Adults," *American Family Physician* 77 (2008): 971–978。

5 Sharifa Ezat Wan Puteh and Yasmin Almualm, "Catastrophic Health Expenditure among Developing Countries," *Health Systems Policy and Research* 4, no. 1 (2017), doi:10.21767/2254-9137.100069; Daniel Callahan and Angela A. Wasunna, "The Market in Developing Countries: An Ongoing Experiment," in *Medicine and the Market: Equity v. Choice* (Baltimore: The Johns Hopkins University Press, 2006), 117。

6 Veronica Pinchin, "I'm Feeling Yucky: Searching for Symptoms on Google," *Keyword*, June 20, 2016, https://googleblog.blogspot.com/2016/06/im-feeling-yucky-searching-for-symptoms.html。

7 Kelly Reller, "Mayo Assists Google in Providing Quick, Accurate Symptom and Condition Information," *Mayo Clinic*, June 21, 2016, http://newsnetwork.mayoclinic.org/discussion/mayo-clinic-assists-google-in-providing-quick-accurate-symptom-and-related-condition-information/。

8 Ian Steadman, "IBM's Watson Is Better at Diagnosing Cancer than Human Doctors," *Wired*, February 11, 2013, http://www.wired.co.uk/article/ibm-watson-medical-doctor。

9 Ajay Agrawal, Joshua Gans, and Avi Goldfarb, *Prediction Machines: The Simple Economics of Artificial Intelligence* (Cambridge, MA: Harvard Business Review Press, 2018)。

10 例如，假如在停車標誌上貼了一些膠帶，自駕車的「視覺」系統就可能會將停車標誌解讀成「每小時四十五英里」標誌。Kevin Eykholt, Ivan Evtimov, Earlence

in Health Care 30, no. 9 (2018):731-735, https://doi.org/10.1093/intqhc/mzy092。
77 Anna B. Laakmann, "When Should Physicians Be Liable for Innovation?," *Cardozo Law Review* 36 (2016):913-968。
78 Andy Kiersz, "These Are the Industries Most Likely to Be Taken Over by Robots," World Economic Forum, April 25, 2019, https://www.weforum.org/agenda/2019/04/these-are-the-industries-most-likely-to-be-taken-over-by-robots; Andrew Berg, Edward F. Buffie, and Luis-Felipe Zanna, "Should We Fear the Robot Revolution? (The Correct Answer is Yes)," IMF Working Paper WP/18/116, May 21, 2018, https://www.imf.org/en/Publications/WP/Issues/2018/05/21/Should-We-Fear-the-Robot-Revolution-The-Correct-Answer-is-Yes-44923。
79 Pedro Domingos, *The Master Algorithm: How the Quest for the Ultimate Learning Machine Will Remake Our World* (New York: Basic Books, 2015)。
80 Hugo Duncan, "Robots to Steal 15 Million of Your Jobs, Says Bank Chief: Doom-Laden Carney Warns Middle Classes Will Be 'Hollowed Out' by New Technology," *Daily Mail*, December 5, 2008, http://www.dailymail.co.uk/news/article-4003756/Robots-steal-15m-jobs-says-bank-chief-Doom-laden-Carney-warns-middle-classes-hollowed-new-technology.html#ixzz4SDCt2Pql.
81 參見，例如Clayton M. Christensen, Clayton Christensen, Curtis W. Johnson, and Michael B. Horn, *Disrupting Class* (New York: McGraw-Hill, 2008) and Clayton M. Christensen, Jerome Grossman, and Jason Hwang, *The Innovator's Prescription: A Disruptive Solution for Health Care* (New York: McGraw-Hill, 2009)（該書檢視了醫療照護領域的破壞式創新）。
82 Kenneth Scheve and David Stasavage, *Taxing the Rich: A History of Fiscal Fairness in the United States and Europe* (Princeton: Princeton University Press, 2016)。
83 Alondra Nelson, "Society after Pandemic," *Items: Insights from the Social Sciences*, April 23, 2020, at https://items.ssrc.org/covid-19-and-the-social-sciences/society-after-pandemic/。約翰．厄里（John Urry）也主張「未來的研究樣貌，應該回歸由社會科學主導，以及（某程度上）回到人們的日常生活。」Urry, *What Is the Future?* (Malden: Polity, 2016)。
84 Joseph Weizenbaum, *Computer Power and Human Reason: From Judgment to Calculation* (New York: Freeman, 1976).
85 Aaron Smith and Monica Anderson, *Automation in Everyday Life* (Washington, DC: Pew Research Center, October 4, 2017), https://www.pewresearch.org/internet/2017/10/04/automation-in-everyday-life/。

mous Vehicles," *Communications of the ACM* 63, no. 3(2020): 31-34。

68 不只如此，嚴格的科技挑戰也不容易解決。Roberto Baldwin, "Self-Driving Cars are Taking Longer to Build Than Everyone Thought," *Car and Driver*, May 10, 2020, https://www.caranddriver.com/features/a32266303/self-driving-cars-are-taking-longer-to-build-than-everyone-thought/。

69 AI Now Institute, *AI Now 2019 Report*, December 2019, 8, 45-47, https://ainowinstitute.org/AI_Now_2019_Report.pdf.

70 Henry Mance, "Britain Has Had Enough of Experts, says Gove," *Financial Times*, June 3, 2016, https://www.ft.com/content/3be49734-29cb-11e6-83e4-abc22d5d108c。

71 Gil Eyal, *The Crisis of Expertise* (Cambridge, UK: Polity Press, 2019), 20。

72 美國特種作戰司令部將軍Raymond Thomas回憶，2016年6月Google總裁Eric Schmidt對他說了這句話。Kate Conger and Cade Metz, "'I Could Solve Most of Your Problems': Eric Schmidt's Pentagon Offensive," *New York Times*, May 2, 2020, https://www.nytimes.com/2020/05/02/technology/eric-schmidt-pentagon-google.html。

73 Will Davies, "Elite Power under Advanced Neoliberalism," Theory, *Culture and Society* 34, nos. 5-6 (2017): 233（「所有事物」為該書原文斜體強調）。

74 我相信這種民主與專家政治的價值，可能是解決科學與科技研究領域中「掘地派」（diggers）與「平等派」（levelers）分岐的方法，相關犀利論述詳見Philip Mirowski最近的文章。Philip Mirowski, "Democracy, Expertise and the Post-Truth Era: An Inquiry into the Contemporary Politics of STS," (working paper, version 1.1, April 2020), https://www.academia.edu/42682483/Democracy_Expertise_and_the_Post_Truth_Era_An_Inquiry_into_the_Contemporary_Politics_of_STS。（譯注1：「掘地派」（diggers）與「平等派」（levelers）源自於政治學中關於人民政治參與及民主自由的概念，「平等派」主張政治平等、社會正義、選舉權與平均地權，其平均地權的觀念主要來自平等派中的「掘地派」；而「掘地派」更積極主張財產的平等，將國內公地與無人使用的土地讓無土地者使用，藉以脫離地主階級的控制。）（譯注2：Philip Mirowski文章的「掘地派」與「平等派」，則是指一九九〇年代「科學戰爭」辯論以來，關於科學與技術研究領域中的社會建構之價值及方法論/知識論相對主義的問題；這裡主要反映的是科學民主化的問題，即辯論公民與專家在科學與專業知能上的角色。）

75 Hubert L. Dreyfus, *What Computers Still Can't Do* (Cambridge, MA: MIT Press, 1992)。

76 Gert P Westert, Stef Groenewoud, John E Wennberg, Catherine Gerard, Phil DaSilva, Femke Atsma, and David C Goodman, "Medical Practice Variation: Public Reporting a First Necessary Step to Spark Change," *International Journal for Quality*

Journal 125, no. 5 (2016): 1238-1303。

57 如Gil Eyal所述，專業技能可能會存在於專家「之外」，不只是在知識系統中，也在體制中。Gil Eyal, *The Crisis of Expertise* (Medford, MA: Polity Press, 2019)。

58 參見有關社會測量裝置的討論，Alex (Sandy) Pentland, *Honest Signals: How They Shape Our World* (Cambridge, MA: MIT Press, 2008)。（譯注：社會測量裝置（sociometric badge）是在工作場合中，利用各種工具，蒐集工作績效資料；從簡單的網絡分析，一直到能擷取人際互動、溝通和所在地點等資料。）

59 參見Andrew Abbott, *The System of Professions: An Essay on the Division of Expert Labor* (Chigaco: University of Chicago Press, 2014); Eliot Freidson, *Professionalism, The Third Logic: On the Practice of Knowledge* (Chicago: University of Chicago Press, 2001)。

60 有關「美德的自動化」（automation of virtue）周延的觀點，參見Ian Kerr, "Digital Locks and the Automation of Virtue," in *From Radical Extremism to Balanced Copyright: Canadian Copyright and the Digital Agenda*, ed. Michael Geist (Toronto: Irwin Law, 2010), 247-303。

61 Hope Reese, "Updated: Autonomous Driving Levels 0 to 5: Understanding the Differences," TechRepublic, January 20, 2016, https://www.techrepublic.com/article/autonomous-driving-levels-0-to-5-understanding-the-differences/。

62 Cathy O'Neil, *Weapons of Math destruction: How Big Data Increases Inequality and Threatens Democracy* (New York: Crown, 2016); Frank Pasquale, *The Black Box Society: The Secret Algorithms That Control Money and Information* (Cambridge, MA: Harvard University Press, 2015); danah boyd and Kate Crawford, "critical Questions for Big Data: Provocations for a Cultural, Technological, and Scholarly Phenomenon." *Information, Communication, and* Society 15, no.5 (2012):662-679。

63 Bryan Walker Smith, "How Governments Can Promotes Automated Driving," *New Mexico Law Review* 47 (2017): 99-138。

64 Ibid., 114。

65 這裡我只舉幾個明顯的例子，關於更多更有想像力的未來工作研究，主要著重在新科技的適應，參見Thomas Frey, "55 Jobs of the Future," Futurist Speaker, November 11, 2011, https://futuristspeaker.com/business-trends/55-jobs-of-the-future/。

66 US Department of Transportation, Federal Automated Vehicles Policy: Accelerating the Next Revvolution in Roadway Safety (September 2016), 9, https://www.transportation.gov/AV/federal-automated-vehicles-policy-september-2016。

67 在此脈絡下，責任相關法規將會非常重要。Marc Canellas and Rachel Haga, "Unsafe at Any Level: The U.S. NHTSA's Levels of Automation Are a Liability for Autono-

Rhetoric Used to Frustrate Consumer Protection Efforts," ScienceBlogs, February 9, 2007, https://scienceblogs.com/denialism/the-denialists-deck-of-cards.。

46 Frank Pasqual, "Technology, Competition, and Values," *Minnesota Journal of Law, Science, and Technology* 8 (2007): 607-622; Peter Asaro, "Jus Nascendi, Robotic Weapons and the Martens Clause," in Robot Law, eds. Ryan Calo, A. Michael Froomkin, and Ian Kerr (Cheltenham, UK: Edward Elgar, 2016), 367-386.

47 Frank Pasquale, "Technology, Competition, and Values," *Minnesota Journal of Law, Science, and Technology* 8 (2007): 607–622。

48 參見例如Kenneth Anderson and Matthew C. Waxman, "Law and Ethics for Autonomous Weapon Systems: Why a Ban Won't Work and How the Laws of War Can," *Hoover Institution Stanford University Task Force on National Security and Law* (2013)，其內容對於停止殺手機器人宣傳運動的回應。

49 P. W. Singer, *Wired for War: The Robotics Revolution and Conflict in the 21st Century* (New York: Penguin, 2009), 435。

50 Ray Kurzweil, *The Age of Spiritual Machines* (New York: Penguin, 1999)。

51 Rebecca Crootof, "A Meaningful Floor for Meaningful Human Control," *Temple International and Comparative Law Journal* 30 (2016): 53–62; Paul Scharre, "Centaur Warfighting: The False Choice of Humans vs. Automation," *Temple International and Comparative Law Journal* 30 (2016): 151–166。

52 Jeffrey L. Caton, *Autonomous Weapon Systems: A Brief Survey of Developmental, Operational, Legal, and Ethical Issues* (Carlisle, PA: US Army War College Press, 2015); Liang Qiao and Xiangsui Wang, *Unrestricted Warfare: China's Master Plan to Destroy America, trans. Al Santoli* (Panama City: Pan American Publishing, 2000)。

53 此段所提之人臉分析計畫，請參見Frank Pasquale, "When Machine Learning is Facially Invalid," *Communications of the ACM* 61, no. 9 (2018): 25–27。

54 David Castelvecchi, "Can We Open the Black Box of AI?," *Scientific American*, October 5, 2016, https://www.scientificamerican.com/article/can-we-open-the-black-box-of-ai/。

55 Jennifer Kavanagh and Michael D, Rich, *Truth Decay: An Initial Exploration of the Diminishing Role of Facts and Analysis in American Public Life*, Santa Monica, CA: RAND Corporation, 2018, https://www.rand.org/pubs/research_reports/RR2314.html; Alice Marwick and Rebecca Lewis, *Media Manipulation and Disinformation Online* (New York: Data and Society, 2017), https://datasociety.net/wp-content/uploads/2017/05/DataAndSociety_MediaManipulationAndDisinformationOnline.pdf.

56 言論與行為的差別，請參見如Claudia Haupt, "Professional Speech," *Yale Law*

20, 2011, https://www.wsj.com/articles/SB10001424053111903480904576512250915629460。

34 Ryan Calo, "Robotics and the Lessons of Cyberlaw," *California Law Review* 103, no. 3 (2015): 513–563。

35 Ian Kerr, "Bots, Babes and the Californication of Commerce," *Ottawa Law and Technology Journal* 1 (2004): 285–325。

36 Rachel Lerman, "Be Wary of Robot Emotions; 'Simulated Love Is Never Love,' " Phys.org, April 26, 2019, https://phys.org/news/2019-04-wary-robot-emotions-simulated.html。

37 Natasha Dow Schüll, *Addiction by Design: Machine Gambling in Las Vegas* (Princeton: Princeton University Press, 2014); Ryan Calo, "Digital Market Manipulation," *George Washington Law Review* 82 (2014): 995; Neil Richards, "The Dangers of Surveillance," *Harvard Law Review* 126 (2019): 1934。

38 Mark Andrejevic, "Automating Surveillance," *Surveillance and Society* 17 (2019): 7。

39 Neil Selwyn, *Distrusting Educational Technology: Critical Questions for Changing Times* (New York: Routledge, 2014)。

40 Laurence H. Tribe, *Channeling Technology through Law* (Chicago: Bracton, 1973)。

41 Deborah G. Johnson, "The Role of Ethics in Science and Technology," *Cell* 29 (2010): 589–590; Deborah G. Johnson, "Software Agents, Anticipatory Ethics, and Accountability," in *The Growing Gap between Emerging Technologies and Legal-Ethical Oversight*, eds. Gary E. Marchant, Braden R. Allenby, and Joseph R. Herkert (New York: Spring, 2011), 61–76; Ari Ezra Waldman, *Privacy as Trust* (Oxford: Oxford University Press, 2018)。

42 Mary Flanagan and Helen Nissenbaum, *Values at Play in Digital Games* (Cambridge, MA: MIT Press, 2014)。

43 參見Ann Cavoukian, "Privacy by Design: The 7 Foundational Principles," *Office of the Information and Privacy Commissioner of Canada* (2009)。

44 更多有關機器人與預測性分析（predictive analytics）所引發的隱私議題，參見Drew Simshaw, Nicolas Terry, Kris Hauser, and M. L. Cummings, "Regulating Healthcare Robots: Maximizing Opportunities while Minimizing Risks," *Richmond Journal of Law and Technology* 27, no. 3 (2016): 1–38, 3。有關有效通知法律與設計的整合原則，參見Ari Ezra Waldman, "Privacy, Notice, and Design," *Stanford Technology Law Review* 21, no. 1 (2018): 129–184。

45 Hoofnagle稱這類論證策略為「否定論者的牌」（denialists' deck of cards）。Christopher Jay Hoofnagle, "The Denialists' Deck of Cards: An Illustrated Taxonomy of

務，會要求對人工智慧系統的功能與能耐做一些限制，因而其無法完全取代人類、人性功能，及/或『人本思維的活動』，例如判決、裁量權以及判決理由…也防止人工智慧系統欺騙或操弄人類」。

25 雖然我跟Moravec對於機器人的未來看法很不一樣，但我從Moravec書中借用「心靈小孩」(mind children)一詞。Hans Moravec, *Mind Children: The Future of Robot and Human Intelligence* (Cambridge, MA: Harvard University Press, 1990)。

26 但即使是先進自駕車的情況，也可能同時強制要求「負擔自我保險」的責任。David C. Vladeck, "Machines without Principals: Liability Rules and Artificial Intelligence," *Washington Law Review* 89, no. 1 (2014): 117, 150。

27「潛在責任方」(potentially responsible parties)一詞是受到美國《全面性環境對策、賠償及責任法》(Comprehensive Environmental Response, Compensation and Liability Act，簡稱CERCLA)的啟發，這在該立法中定義了四種潛在責任當事人(譯注：此處指負責清除污染危害的義務人)。Comprehensive Environmental Response, Compensation and Liability Act or CERCLA. 42 U.S.C. §9607(a)(2012)。

28 Helena Horton, "Microsoft Deletes 'Teen Girl' AI after It Became a Hitler-Loving Sex Robot," *Telegraph*, March 24, 2017, https://www.telegraph.co.uk/technology/2016/03/24/microsofts-teen-girl-ai-turns-into-a-hitler-loving-sex-robot-wit/。

29 有關封閉式與開放式機器人技術的區別，參見M. Ryan Calo, "Open Robotics," *Maryland Law Review* 70 (2011): 571, 583–591; Diana Marina Cooper, "The Application of a 'Sufficiently and Selectively Open License' to Limit Liability and Ethical Concerns Associated with Open Robotics," in *Robot Law*, eds. Ryan Calo, A. Michael Froomkin, and Ian Kerr (Cheltenham, UK: Edward Elgar, 2016), 163, 164–165。

30 Staff of the US Securities and Exchange Commission and Staff of the US Commodity Futures Trading Commission, Joint Study on the Feasibility of Mandating Algorithmic Descriptions for Derivatives (April 2011), 16, 16n77, 24, https://www.sec.gov/news/studies/2011/719b-study.pdf。

31 John Markoff, "The Creature That Lives in Pittsburgh," *New York Times*, April 21, 1991, http://www.nytimes.com/1991/04/21/business/the-creature-that-lives-in-pittsburgh.html?pagewanted=all; Rodney Brooks, *Flesh and Machines: How Robots Will Change Us* (New York: Pantheon, 2002)。

32 參見John Markoff, *Machines of Loving Grace* (New York: HarperCollins, 2015)，書中描述IA智能增強先驅者Doug Engelbart及其門生後進的工作。另可參見Doug Engelbart, *Augmenting Human Intellect: A Conceptual Framework* (Washington, DC: Air Force Office of Scientific Research, 1962)。

33 Marc Andreessen, "Why Software Is Eating the World," *Wall Street Journal*, August

How Our Computers Are Changing Us (New York: Norton, 2015)。然而，自動駕駛也可以被設計成維持或加強飛行員技能，保存其基本專業能力。David Mindell, *Our Robots, Ourselves: Robotics and the Myths of Autonomy* (New York: Viking, 2015)。

17 因此，即使是居於AI革命前線地位的公司，例如微軟，也指出他們的目標「不在於用機械取代人力，而是用AI無可比擬的學習技能（ability）來補充人類的才能（capabilities），去分析極為大量的資料，並且找到以前無法發現的模式」。Microsoft, "The Future Computed: Artificial Intelligence and Its Role in Society" (2018), https://blogs.microsoft.com/wp-content/uploads/2018/02/The-Future-Computed_2.8.18.pdf。

18 Kate Crawford and Vladan Joler, *Anatomy of an AI System* (2018), https://anatomyof.ai。

19 Information Technology Industry Council (ITI), *AI Policy Principles Executive Summary* 5 (2017), https://www.itic.org/public-policy/ITIAIPolicyPrinciplesFINAL.pdf。

20 The Agency for Digital Italy, *Artificial Intelligence at the Service of Citizens* 37, 54, 62 (2018), https://ia.italia.it/assets/whitepaper.pdf。另外還可參見中國的「人工智能產業發展聯盟」（Artificial Intelligence Industry Alliance）所制定的《人工智能產業自律公約》（Joint Pledge on Artificial Intelligence Industry Self-Discipline (2019), https://www.newamerica.org/cybersecurity-initiative/digichina/blog/translation-chinese-ai-alliance-drafts-self-discipline-joint-pledge/），認為AI的發展應該「防止人工智能削弱和取代人類的地位」。

21 Frank Pasquale, "A Rule of Persons, Not Machines," *George Washington Law Review* 87, no. 1 (2019): 1–55。

22 北京智源人工智能研究院，《人工智能北京共識》（2019），https://www.baai.ac.cn/blog/beijing-ai-principles。

23 Daniella K. Citron and Robert Chesney, "Deep Fakes: A Looming Challenge for Privacy, Democracy, and National Security," *California Law Review* 107 (2019): 1753–1819。

24 *European Group on Ethics in Science and New Technologies, European Commission, Statement on Artificial Intelligence, Robotics and 'Autonomous' Systems* 16 (2018), https://publications.europa.eu/en/publication-detail/-/publication/dfebe62e-4ce9-11e8-be1d-01aa75ed71a1。歐盟執委會此一人工智慧、機器人與自主控制系統宣言，揭示是以「人性尊嚴」（human dignity）為其基本原則。另見IEEE, *Global Initiative on Ethics of Autonomous and Intelligent Systems, Ethically Aligned Design* 39 (1st. ed., 2019), https://standards.ieee.org/content/ieee-standards/en/industry-connections/ec/autonomous-systems.html則是指出「尊重人性尊嚴的義

8 就這個重點來說，我追隨的是英國工程與物理科學研究委員會（United Kingdom Engineering and Physical Sciences Research Council，簡稱UK EPSRC）所提出的機器人技術第二原則「人類是負責任的行動者，不是機器人」。Margaret Boden, Joanna Bryson, Darwin Caldwell, Kirsten Dautenhahn, Lillian Edwards, Sarah Kember, Paul Newman et al., *Principles of Robotics* (2010), https://epsrc.ukri.org/research/ourportfolio/themes/engineering/activities/principlesofrobotics/。

9 政府、公民團體、公司及專業社群已經發展出各種AI倫理指引；關於這些指引的後設研究，可詳見Anna Jobin, Marcello Ienca, and Effy Vayena, "The Global Landscape of Ethics Guidelines," *Nature Machine Intelligence* 1, 389–399 (2019), https://doi.org/10.1038/s42256-019-0088-2。法規倡導與指引也越來越多，根據歐盟基本權利署（Fundamental Rights Agency）的統計，歐盟境內就有超過二五〇個相關倡議。雖然本書主張的機器人（robotics）四大新律不太可能評判這些多元的文本，但仍可從中萃取核心概念，以便反映受到更廣泛認同的共同價值。

10 我聚焦在「機器人」技術（robotics）而非個別「機器人」（robots），目的在傳達感應器（sensor）/處理器（processor）/致動器（actuator）技術是如何鑲嵌在社會體系之中。

11 譯注：盧德主義（Luddite）是十九世紀英國民間對抗工業革命、反對紡織工業化的社會運動。十九世紀工業革命新技術、新科技的發展，工業自動化大量取代人力，令工人工資下降、失業，於是工人採用極端的方式向資本家報復，將怒火發洩在破壞紡織機器上。

12 譯注：意即，必須意識到有些勞工的工作的確會被機器人取代，但應讓機器優先做的事危險或有損人格的工作，並且應該確保協助被機器人取代工作的勞工另闢專長和轉業。

13 Harold Wilensky, "The Professionalization of Everyone?," *American Journal of Sociology* 70, no. 2: 137–158（在這篇論文中，描述專業職能狀態的核心是一種「對獨家技術能力的成功宣稱，以及對服務理想的堅持」）。

14 無論是歐洲或美國，這些法律層面的保護，也反映出對於補充性AI（complementary AI）的某種更強烈的社會承諾（social commitment）。*The Federal Government of Germany, Artificial Intelligence Strategy* 25 (2018), https://ec.europa.eu/knowledge4policy/publication/germany-artificial-intelligence-strategy_en（「AI為整體社會服務的潛力，在於它對於生產力的助益，同時可改善勞動力，由機械代勞單調或危險工作，因而讓人類可以將其創意聚焦在解決問題」）。

15 Lucas Mearian, "A. I. Guardian-Angel Vehicles Will Dominate Auto Industry, Says Toyota Exec," *Computerworld*, June 3, 2016。

16 有些自動駕駛形式是傾向於降低飛行員的技能。Nicholas Carr, *The Glass Cage:*

注釋

CHAPTER 1——緒論

1 Kevin Drum提出一種極繁主義（maximalist）觀點的預測，也就是「無論你如何命名工作，機器人都可以做那些工作。」Kevin Drum, "You Will Lose Your Job to a Robot—and Sooner Than You Think," *Mother Jones*, November / December 2017, at https://www.motherjones.com/politics/2017/10/you-will-lose-your-job-to-a-robot-and-sooner-than-you-think/。

2 許多重要的書籍都闡述了這種經濟意涵論述，例如Martin Ford, *Rise of the Robots: Technology and the Threat of a Jobless Future* (New York: Basic Books, 2015); Jerry Kaplan, *Humans Need Not Apply: A Guide to Wealth and Work in the Age of Artificial Intelligence* (New Haven: Yale University Press, 2015); Robin Hanson, *The Age of Em: Work, Love, and Life When Robots Rule the Earth* (Oxford: Oxford University Press, 2016)。

3 譯注：Robotics泛指跨電腦科學與機械工程學的各種機器人設計、建構與應用技術。此處譯為「機器人」，因艾西莫夫的「機器人三定律」影響甚大，且中文「機器人」一詞亦有單一特定機器人與機器人技術的意涵，所以將robotics譯為「機器人」，對中文閱讀者而言，較為親近易懂。

4 Eric Brynjolffson and Andrew McAfee, *Race against the Machine: How the Digital Revolution Is Accelerating Innovation, Driving Productivity, and Irreversibly Transforming Employment and the Economy* (Lexington, MA: Digital Frontier Press, 2014)。

5 Isaac Asimov, "Runaround," *Astounding Science Fiction*, March 1942。艾西莫夫後來追加了一條後設原則作為「機器人第零定律」（Zeroth Law of Robotics），也就是機器人絕不能傷害人性」／人類群體。Isaac Asimov, *Robots and Empire* (New York: Doubleday, 1985), 291。

6 Jack Balkin, "The Three Laws of Robotics in the Age of Big Data," *Ohio State Law Journal* 78 (2017): 1, 10。就此而言，艾西莫夫完全知道這些曖昧模糊，但他也藉由小說的戲劇性強化了這些曖昧模糊。

7 如同艾西莫夫定律，這些機器人定律給了一般性的指引，也受限於例外及意義的闡明。如同行政法律師均相當熟悉的，多數法規都是模糊的，必須由行政部門或法院闡述其意義（而且必須調和其他歧義甚至是衝突的法規）。

左岸科學人文　353

二十一世紀機器人新律 如何打造有AI參與的理想社會？

NEW LAWS of ROBOTICS

Defending Human Expertise in the Age of AI

作　　者　法蘭克・巴斯夸利（Frank Pasquale）
譯　　者　李姿儀
總 編 輯　黃秀如
責任編輯　林巧玲
行銷企劃　蔡竣宇

社　　長　郭重興
發 行 人　曾大福
出　　版　左岸文化／遠足文化事業股份有限公司
發　　行　遠足文化事業股份有限公司
　　　　　231新北市新店區民權路108-2號9樓
電　　話　(02) 2218-1417
傳　　真　(02) 2218-8057
客服專線　0800-221-029
E-Mail　rivegauche2002@gmail.com
左岸臉書　facebook.com/RiveGauchePublishingHouse
法律顧問　華洋法律事務所　蘇文生律師
印　　刷　呈靖彩藝有限公司
初版一刷　2023年3月

定　　價　550元
I S B N　978-626-7209-27-1
I S B N　9786267209295（PDF）
I S B N　9786267209288（EPUB）
歡迎團體訂購，另有優惠，請洽業務部，(02) 2218-1417分機1124、1135

二十一世紀機器人新律：如何打造有AI參與的理想社會？
／法蘭克・巴斯夸利（Frank Pasquale）著；李姿儀譯.
－初版.－新北市：左岸文化出版：
遠足文化事業股份有限公司發行, 2023.03
　面；　公分.－(左岸科學人文；353)
譯自：New laws of robotics : defending human expertise in the age of AI
ISBN 978-626-7209-27-1（平裝）
1.CST: 科技社會學 2.CST: 人工智慧 3.CST: 機器人
440.015　　112001124